トランジスタ技術 SPECIAL

2014 Autumn No.128

USB3.1, PCI Express, LVDS…10Gbps超までバッチリ受け渡し

Gビット時代の高速データ伝送技術
［シミュレーションCD付き］

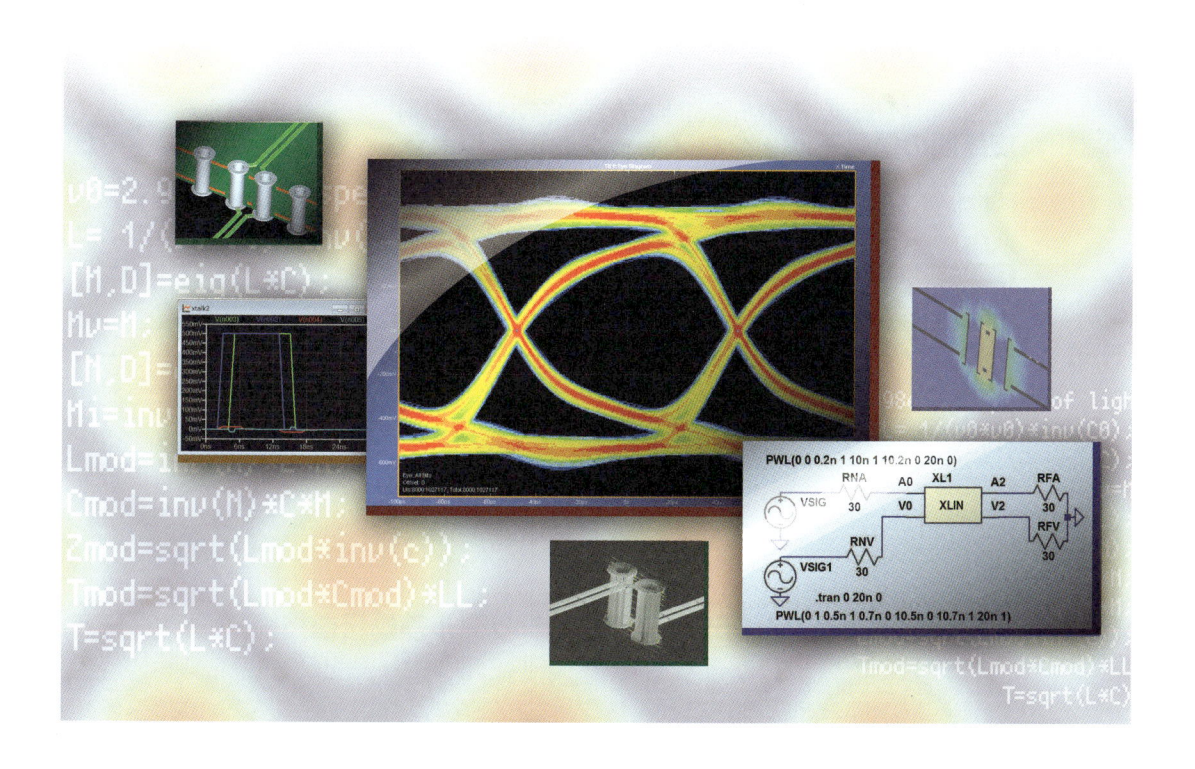

CQ出版社

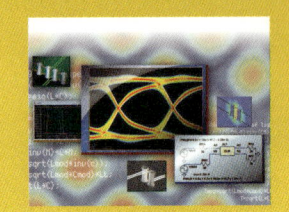

CONTENTS
トランジスタ技術 SPECIAL

執筆　志田　晟

特集　Gビット時代の高速データ伝送技術

Introduction　カラーで見るギガビット伝送波形の評価技術 ……………………… 4
　Column　本書のナビゲーションと活用法　高速データ伝送超入門

第1部　ギガビット伝送の基本をマスタしよう

第1章　電線を伝わる電気信号の実体は？
電気信号は電子の流れでなく電磁波で伝わる ……………………… 9
■ 電気信号は先端オープンの電線でも伝わる　■ 負荷との間の線が切れていても電気信号は線路を進んでいく　■ 1本の電線だけではディジタル信号はうまく伝えられない　■ 基板パターンを伝わる電気信号　■ 電気信号が伝わる速度　Column　銅線を流れる電子の速度は 0.07 mm/s と超スロー　Column　周波数ドメインと時間ドメイン計算がある電磁界シミュレーション

第2章　高速信号から見ると伝送線路は純抵抗に見える!!
特性インピーダンスについて徹底的に理解しよう ……………………… 18
■ 線路端のスイッチによるばたつき波形の原因と対策　■ 線路を進む電気信号の電界と磁界の関係　■ 特性インピーダンスとは何か　■ 特性インピーダンスは線路の断面形状によって決まる　■ 基板パターン線路の特性インピーダンス　Column　表皮効果，表皮厚さ

第3章　線路端をショートしても電気信号は消えてなくならない
ディジタル伝送回路の反射とメカニズム ……………………… 29
■ IC の出力に線路をつなぐと立ち上がり波形に段付きが生じる　■ IC の出力に線路をつないで終点をショートしても出力ピンに電圧が生じる　■ 線路に印加された信号は終点に到達すると始点に戻る　■ 線路の終点がショートされていると信号は反転する　■ 終点がオープンの線路はコンデンサが延びたものと見なされる　■ いったん線路に出ていった電気信号は電源とは無関係に線路を進む　■ 線路端の状態と位相の関係　■ 階段状波形の信号を線路に加えたときの動作　■ リンギングの対策

第4章　電気信号は電磁波，だから線路間で結合するのは当たり前
線路間の信号干渉・クロストークを理解しよう ……………………… 37
■ フラット・ケーブルで安易にデータを送ると誤動作　■ クロストークのメカニズム　■ 内層パターンでは遠端ノイズが消える　■ クロストークを減らすには　Column　クロストークのシミュレーション

Appendix 1　高速信号を正しく観測するプロービング ……………………… 43
　Column　クロストークの波形は線路や信号の条件によって異なる

第5章　小振幅でも安定に高速に送るには
ギガビット伝送では差動伝送が主流 ……………………… 45
■ ギガビット・ディジタル伝送では差動伝送が使われる　■ 差動伝送ならノイズがあっても小振幅で信号を送ることができる　■ 差動インピーダンスとは　■ 差動インピーダンスをきちんと理解する　■ 差動信号とコモン・モード成分の両方を終端する必要がある　■ n 本線路への拡張　■ 差動線路シミュレーション用パーツ
　Column　一般的なインダクタンスの説明図は正しいか？

第2部　ギガビット伝送を実現する様々な技術

第6章　シリアル伝送の技術がオンパレードでギガビット化
安定したギガビット伝送を実現するシリアル差動伝送技術 ……………………… 53
■ パラレル伝送の速度限界　■ シリアル・ディジタル伝送が高速化する過程で差動伝送化　■ LVDS は産業機器などで広く使われている　■ パラレル・データをシリアル・データに変換・逆変換　■ データにクロックを埋め込む技術　■ ISI と 8B10B 変換　■ プリエンファシスとイコライザ　■ AC カップリング　■ 高速差動伝送回路は電流ロジック回路が基本　■ ケーブル・ロスをコネクタ部のアンプで補償する方法
　Column　高速シリアル・データ伝送規格の種類と概要

CONTENTS

表紙・扉デザイン　ナカヤ デザインスタジオ（柴田 幸男）

2014 Autumn
No.128

第7章　シングルエンド伝送がギガビットでも生き残っているわけは？
ギガビットでも使われるシングルエンド伝送 …………………………… 64
■ シングルエンド伝送が使われている高速メモリ回路　■ PCI は TTL をそのままつないだだけに近いシングルエンド伝送　■ AGP は信号伝送を 1：1 に送ることで高速化したシングルエンド伝送　■ CPU の周辺回路の高速化　■ SDRAM の回路方式 SSTL　■ SDRAM の高速化　■ 回路の分岐部分の対処方法　■ DDR2 SDRAM のクロックとデータの波形を観測　■ メモリ・モジュール内部の高速化対応　■ DDR2 では終端抵抗がチップ内に入っている　■ DDR3 に高速化するための技術　■ DDR4 高速化のポイント　■ DDR3，DDR4 のパターン設計

第8章　1 mm の無駄なパターンも無視できない
ギガビット回路のパターン設計 ……………………………………………… 74
■ 内外層パターンの信号速度の違い　■ ビアを信号が通過するときのべた層間の状態　■ 差動パターンの設計ポイント　【Column】ロジック・アナライザのプローブの当て方

第9章　電源系もギガビット領域での動作に対応する必要がある
ギガビット回路のパワー・インテグリティ ………………………………… 82
■ 同時スイッチング・ノイズ SSN　■ グラウンド層が共振して誤動作を起こす　■ 電源系のインピーダンスとターゲット・インピーダンス　■ 内層共振を抑えるためのコンデンサの付け方　■ パワー・インテグリティ対策ソフト　■ EMI 対策とパワー・インテグリティ対策の兼ね合い

第3部　ギガビット伝送を計測・シミュレーションする

第10章　オシロプローブでは測れない!?
ギガビット信号波形を観測するにはテクニックがいる ………………… 87
■ ギガビット信号をオシロプローブで見るテクニック　■ 差動プローブの使い方　■ 同軸コネクタにも周波数上限がある　■ さらに高い周波数用の同軸コネクタ　■ パッケージされた IC のチップ内部波形を見る

第11章　1兆回の伝送に1回のエラーも許さない
データ伝送のジッタ測定と対策 ……………………………………………… 95
■ 頻度の少ないエラーも高速伝送では対応が必要　■ ジッタとは時間方向の信号の変動　■ ビット・エラー・レートと測定　■ アイ・ダイアグラムとバスタブ曲線　■ ビット・エラーの見積もりと対策　【Column】ジッタ耐性テスト

第12章　基板の中の見えないパターンを測る
線路の特性インピーダンスと周波数特性を測定する ………………… 101
■ 12-1　特性インピーダンスを実測する　■ 12-2　伝送損失の周波数特性を評価する　【Column】S パラメータ⇔Y パラメータ変換式　【Column】高精度同軸コネクタと実用上限周波数

第13章　付属 CD-ROM の LTspice と FreeMat を活用する
シミュレーションで高速ディジタル回路を体験しよう ………………… 111
■ 概　要　■ 収録プログラムの紹介　■ LTspice の活用　■ LTspice 回路図作成入門　■ 伝送線路回路のシミュレーション　■ クロストークのシミュレーション　■ アイ・ダイアグラムを LTspice で描かせる　■ マトリクス演算をフリー・ソフトで容易に実行［FreeMat］　■ FreeMat プログラム例　【Column】IBIS ファイル・データをデバイス・シミュレーションへ反映させるには

Appendix 2　モード分解　＝結合線路の結合を分離し単線の計算に置き換える＝ … 124
Appendix 3　結合線路のキャパシタンス行列とインダクタンス行列の計算 ……… 126

第14章　高速 LVDS 回路をシミュレーションしてみる
ギガビット ADC 基板の実際を見てみよう ……………………………… 129
■ LVDS の実際…デバイスと波形　■ 確実に伝送できる差動回路を設計するには

Supplement　ギガビット用コモン・モード・フィルタの動作 …………………… 139

CD-ROM の内容と使い方 ……… 127　　索　引 ………… 142　　執筆者紹介 ………… 144

▶ 本書の各記事は，「トランジスタ技術」に掲載された記事を再編集したものです．初出誌は各章の章末に掲載してあります．記載のないものは書き下ろしです．

Introduction カラーで見るギガビット伝送波形の評価技術

　ディジタル信号を扱う回路で導体線路を進む信号の速度が1秒間に1ギガビット（10^9ビット/sec）を超えるのが当たり前になってきました．高速化に伴って，毎秒数メガビット程度のディジタル信号を扱う一般のロジック基板回路では問題となってこなかった現象が表面化してきます．数百メガビットを超え，ギガビット・クラスで信頼性の高い回路を実現するにはそれらの問題を理解しておくことが必要といえるでしょう．本書では電気信号が伝わる基本的なメカニズムからギガビット回路設計に必要となる多面的な技術，評価技術について説明します．

● アイ・ダイアグラムとバスタブ曲線

　導体にギガビットを通す伝送信号も10ギガビットクラスあるいはそれ以上のものが実用化されてきていますした．図1は毎秒10ギガビットで伝送された信号の波形を重ねて見たものです．横軸は時間で20 psec/div，縦軸は0.2 V/divです．波形中央の部分が目のように見えることからこのような波形をアイ・ダイアグラムと呼んでいます．目の部分が広がっていれば受信側で誤動作が起きにくいことから高速伝送の波形品質を確認するための基本的な手法となっています．

　図2は線路の損失によってアイ・ダイアグラムが変化する様子です．HDMIケーブルに通したの信号の場合で，初めの二つ三つは同じ3mのケーブルで伝送していますが伝送速度が異なります．高速伝送ほどアイ・ダイアグラムのアイがつぶれてくることが分かります．また最後の図(c)は10mのケーブルにした場合でさらにアイがつぶれてきていることが分かります．アイ・ダイアグラムを広げる手法については第6章で，測定については第11章で詳しく説明します．テクトロニクス社のオシロスコープ（MSO73304DX）で測定されたものです．

　図3は2.5 GbpsのPCI Expressのアイ・ダイアグラム（上）とバスタブ曲線（下）を示したものです．毎秒数ギガビットの伝送では毎秒10^9個のデータが送られます．10^9に1回の伝送エラーがあっても毎秒誤動作が起きることになります．そこで，ギガビット伝送では10^{12}データに1回以下の伝送エラーに収まる伝送路であることを確認することになっています．この確認にはバスタブ曲線という手段が使われています．図3は

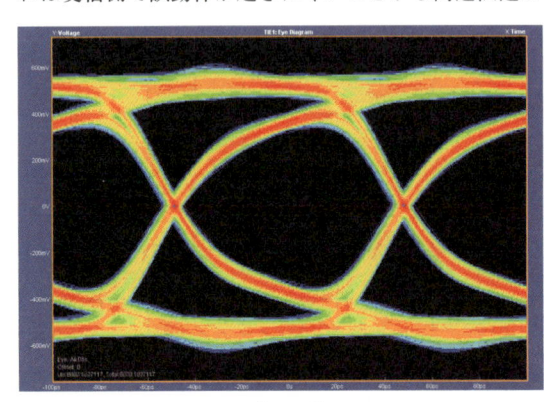

図1　10 Gbps波形のアイ・ダイアグラム

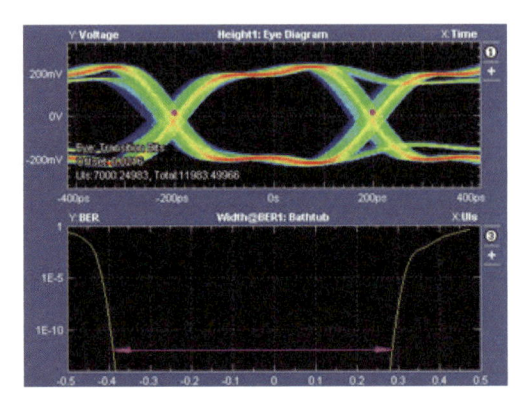

図3　アイ・ダイアグラム（上）とバスタブ（下）曲線

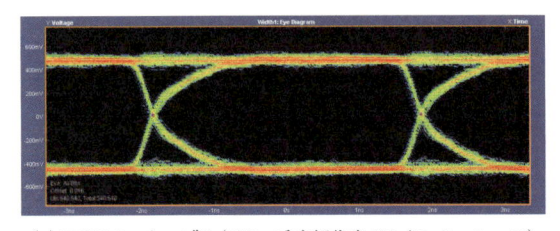

（a）HDMI 3 mケーブル（480i；垂直解像度480インターレース）

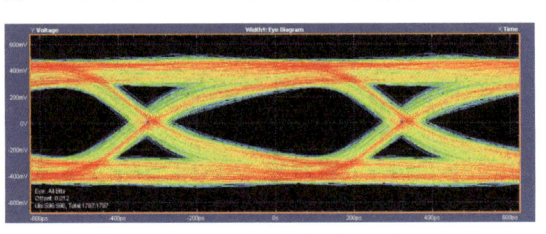

（b）HDMI 3 mケーブル（pc1900）

図2　線路の損失とアイ・ダイアグラムの変化

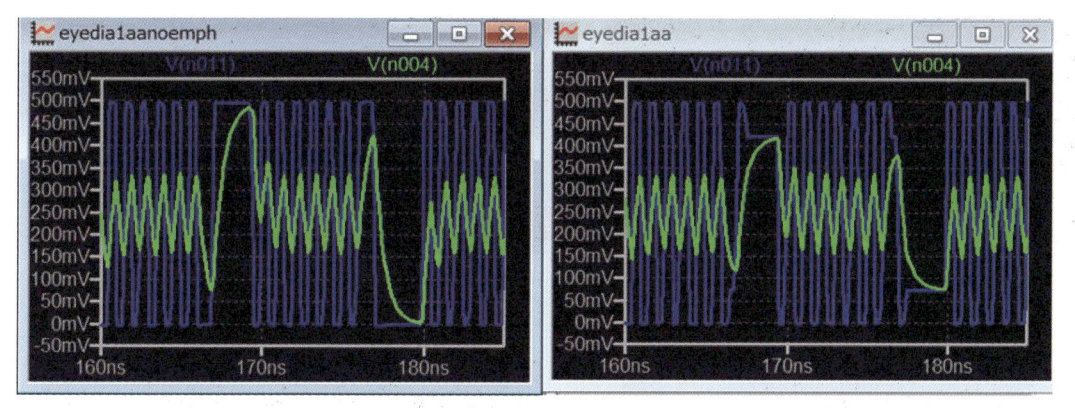

図4(a)アイ・ダイアグラムを書かせる前の波形　青：送信波形，緑：受信波形（左：補正なし，右：補正あり）

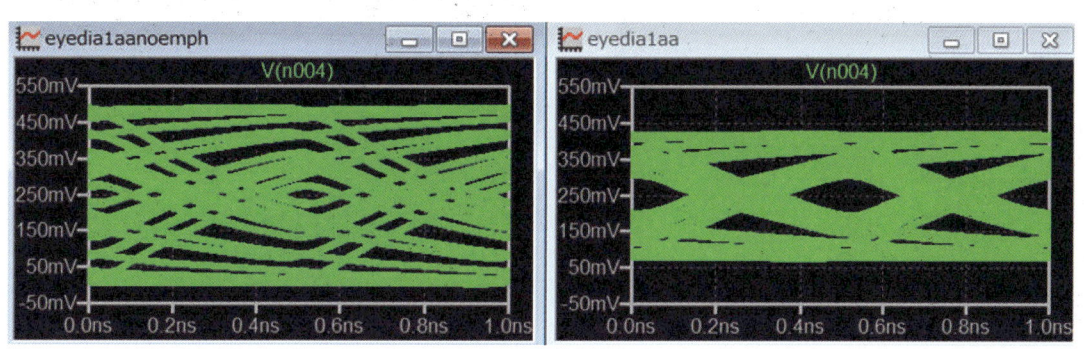

図4(b)LTspiceでアイ・ダイアグラムを描かせる（左：補正なし，右：補正あり）

アイ・ダイアグラム測定時に同時にビット・エラーの程度を表すバスタブ曲線（下）です．横方向の矢印の位置が，10^{-12}の頻度のエラーの範囲を示します．バスタブ曲線について詳しくは第11章に示します．

● シミュレータでアイ・ダイアグラムを描かせる

図4(b)はアイ・ダイアグラムをフリーのシミュレータLTspiceで描いたものです．図4(a)は重ね書きする前の波形の一部を示します．アイ・ダイアグラムの中央部の開口をアイと呼んでいますが，このアイが受信側でできるだけ大きく空いている必要があります．

そのための手段の一つがプリエンファシスです．信号が切り替わる立ち上がり/立ち下がりの部分の振幅を大きくすることで受信側でのアイを大きく開くようにする方法です．図4(a)で青色の波形は損失のある線路に通す前の波形で緑色の波形は線路に通した後の波形です．プリエンファシスを使うと開口が大きくなることがシミュレータで示されています．

● 結合線路のクロストークのシミュレーション

本書では，LTspiceを使って図4(b)のようなアイ・ダイアグラムだけでなく単線の伝送線路を使って信号を送る時の波形や結合線路の線路間の干渉（クロストーク）についてのシミュレーションの方法も説明しています（第4章，第13章）．

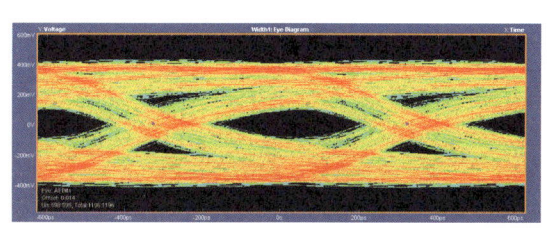

(c)HDMI 10mケーブル（pc1900）

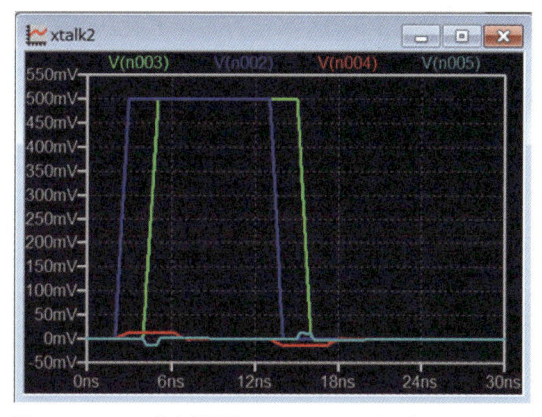

図5　LTspiceで結合線路間のクロストークをシミュレーション

Introduction　カラーで見るギガビット伝送波形の評価技術

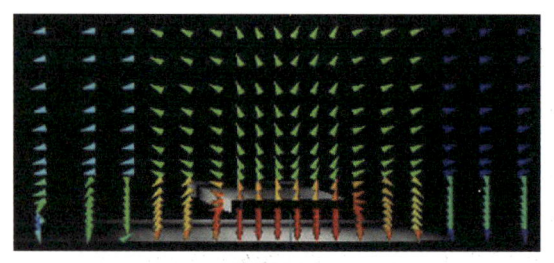

(a) 電界分布

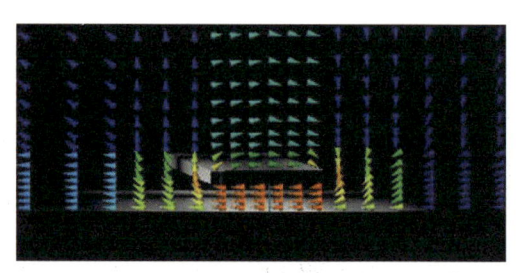

(b) 磁界分布

図6　マイクロストリップ路線周囲の電磁界分布

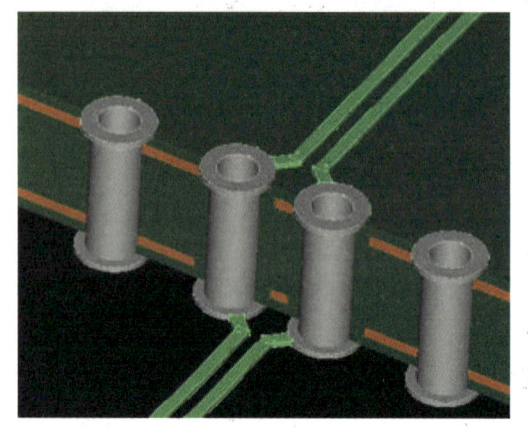

図7　表面から裏面へ抜ける差動ビアの断面

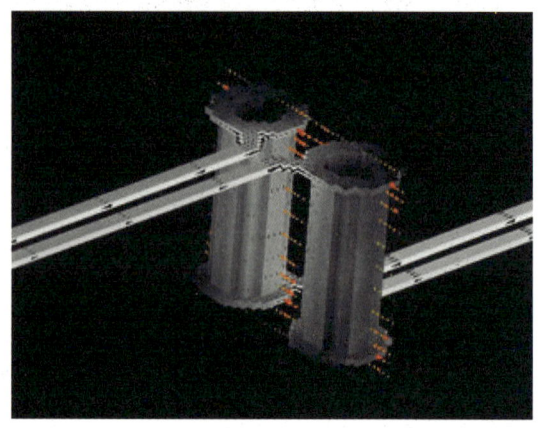

図8　差動ビアの表面電流

図5は結合線路で一方の線路に通した信号が隣の線路に結合して現れる様子をLTspiceで描かせたものです（第4章の図4-10に説明がある）．

LとCの集中定数を並べてシミュレーションさせる方法では実際の伝送線路では発生しないリンギングが出ることがあります．図5はリンギングが発生しない線路モデルで計算させたものです．本書ではLC分布によらない方法（モード分解法）によるサブサーキットの作成方法について説明しています．すぐに結合線路のシミュレーションができるように，典型的な差動線

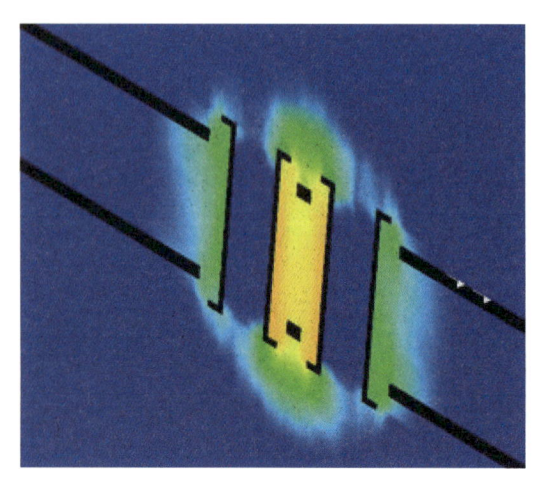

図9　信号が差動ビアを通る時の磁界強度

路にモデルも提示しています（付属CD-ROMに収録）．

● マイクロストリップ線路を通る電気信号は電磁波

図6はマイクロストリップ線路に電気信号が進む時の様子を断面方向から見たものです．図6(a)は電界分布，図6(b)は磁界分布を示します．赤い色の部分が強い個所を示します．

● ビアを通る電気信号

図7は，差動信号パターンが表面から裏面にビアで抜ける個所（差動ビア）の3Dモデルを示したものです．図8は電磁界シミュレータでパルス波をこの差動ビアに通した時の表面電流のシミュレーション結果を示します．白くなっているところが"電流"の多いところです．また図9は，そのビアの部分の磁界分布をカットして示したものです．

これらの図から分かるように，差動信号はペア線路の間の空間を進んでおり，ビアの部分でグラウンド層が途切れてもそれなりに通過していきます．詳しくは第8章で説明します．

● グラウンド層が共振して誤動作を起こす

数百Mbps以上の信号伝送では20～30cm程度の大きさの基板を使うとグラウンド面が共振することがあります．電源層やグラウンド層は直流的には一定電圧

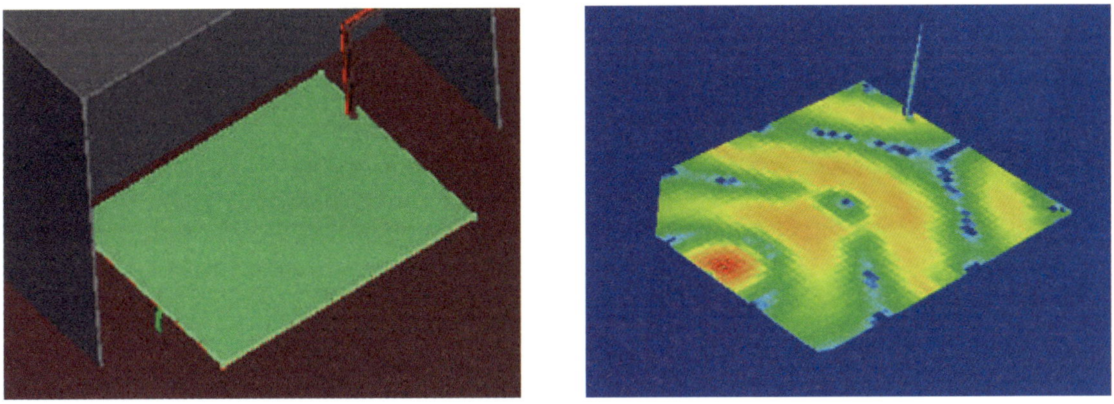

(a) 25 cm角の基板　　　　　　　　　　　(b) 1 Gbpsを印加している様子

図10 グラウンド層の共振

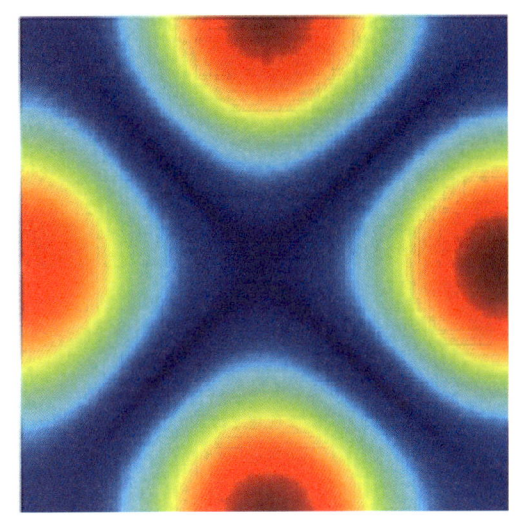

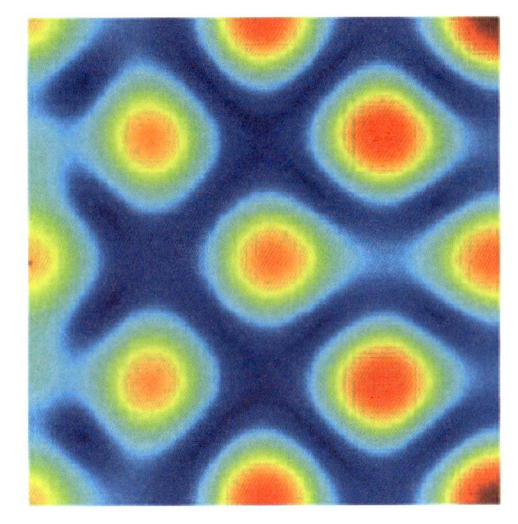

(a) 25 cm□ 1.2 Gbps　　　　　　　　　(b) 25 cm□ 2.4 Gbps

図11 一辺25 cmの基板に左端の中央から各周波数の信号が入った場合の共振の様子

ですが高周波的には大きく電位が変動する場合があります．図10は20 cm程度の大きさの基板のグラウンド層ですが左側から高周波が層間に印加されると図のようにグラウンド層の電圧が波打つように変動することがあります．このような電源・グラウンド系が変動する誤動作が起きにくくすることをパワー・インテグリティの向上と呼びます．

図10(b)は25 cm角の基板のグラウンド層の左端中央部分から500 MHz(1 Gbps)の信号が入った場合［図10(a)］のグランド基板上の電圧分布状態を示します．この図で分かるように基板のサイズより波長(の1/4)が短い信号が基板で使われている場合にはグラウンド層や電源層であっても共振現象が起きることがあります．図11は一辺25 cmの基板に左端の中央から周波数が入った場合の共振状況を2次元で表したものです．全面べた層になっている両面基板で層間にはビアなど

の接続がない単純な場合です．プリント基板の内層共振と波長の関係を図12に示します．

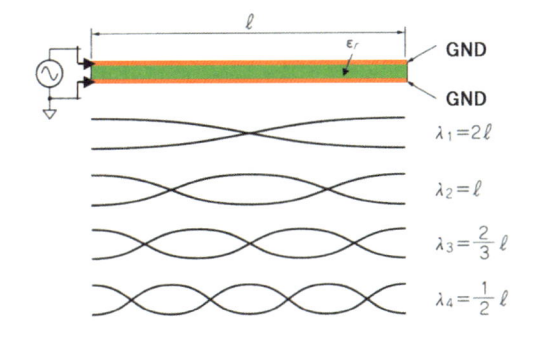

図12 プリント基板の内層共振と各波長 λ の関係
E_r：比誘電率．

$\lambda_1 = 2\ell$
$\lambda_2 = \ell$
$\lambda_3 = \frac{2}{3}\ell$
$\lambda_4 = \frac{1}{2}\ell$

本書のナビゲーションと活用法 高速データ伝送超入門 Column

高速データ伝送に必要なこと

ディジタル・テレビのHDMIケーブルでの接続や携帯電話・パソコンと周辺機器で接続するUSBケーブルなど，身の回りのディジタル信号は毎秒数百メガビットからギガビットという非常に高速な伝送が当たり前になってきました．

大量のデータを高速に伝送するには，単に電線でディジタル回路間をつなぐだけでは実現できません．特に短時間で大量のデータが伝送されるため，データ・エラーの発生率も1兆個に一つ以下という高信頼性も同時に実現しなければなりません．ギガビット・クラスのデータ伝送は，高周波数で信号が劣化するさまざまな原因の深い理解といろいろな対処技術を組み合わせることで実現されています．

本書では高速データ伝送の電気回路面を開発・設計・評価する場合に必要となる幅広い知識・技術について，実験・シミュレーションを交えて分かりやすく解説しています．PCI ExpressやUSBなどの規格に沿って適合させた機器を作る場合だけでなく，FPGAなどを用いてLVDSなどを活用し，独自方式でユニット間での高速伝送を行う回路や機器を開発・設計・評価する場合などに活用できます．

高速データ伝送が使われるところ

● ボード内データ伝送

ギガビット・サンプリングのADCとFPGA間など，導体線路上の実際の信号速度が数百メガビットからギガビットでデータ伝送する個所です．

PCのマザーボードに挿して使うインターフェースではPCI Expressが主に使われます．特にPCI Express規格に準拠する必要がなければハード面の規定だけのLVDSなどが使われます．LVDSは規格の665 Mbpsを越えて2 Gbps程度まで使われます．2 Gbps以上ではCMLデバイスを使って送受信する方法があります．

● ボード間データ伝送

ユニット内のボード間で高速データ伝送が必要な個所に使われます．

PCI Expressに準拠する必要があるボードの場合はPCI Expressを採用することになります．そのような準拠が必要ない場合はLVDSやCMLなどが使われます．液晶表示器の内部での高速データ伝送ではLVDSやDisplayPortが使われます．

● ユニット間データ伝送

ユニット間で数m程度のケーブルを使用して高速データ伝送を行うことが必要な場合です．

汎用機器ではUSBが多く使われるようです．USB-IFの認証を受けずに独自機器内でUSBを使うことも可能です．ただし，USBのロゴを使うこともUSB準拠機器として販売することもできません．

シールド・ツイスト・ペア線のケーブルなどを使ってLVDSでユニット間の伝送を行う方法も採用されています．10Gbpsを超えて数mのケーブルでデータ伝送する方法がUSBでも規格化されていますが，ケーブルのロスを補償するデバイスを使えば，独自規格で対応することも可能です．

付属CD-ROMにより差動線路のシミュレーションが試せる

伝送線路を使って信号を伝送する場合，電気信号は一般の回路と異なる動きをします．

LTspiceを使ってその様子を簡単に体験できるようにプログラムと回路例を付属CD-ROMに収録しました．

LTspice標準で，単線（シングルエンド線）のモデルは入っていますが，差動線路など結合線路のモデルは入っていません．

本書では，外層パターンと内層パターンの差動線路モデルの作り方を説明しています．両モデルともLC結合によらないモード分解という解析手法を採用し，LC結合モデルで問題となる不要なリンギングもシミュレーションでは出ません．これにより，外層および内層線路間のクロストークのシミュレーションもできるようになっています．

さらに上級者向けとして，一般の断面形状の場合の結線のLTspice用モデルを行列演算に強いフリーソフトFreeMatで算出する方法をプログラムとともに紹介しています．

第1部　ギガビット伝送の基本をマスタしよう

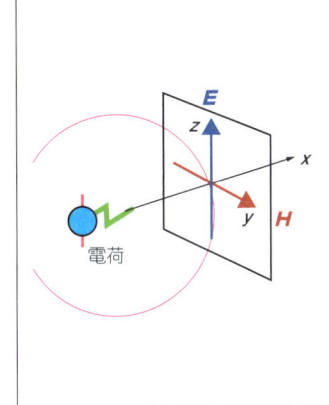

第1章　電線を伝わる電気信号の実体は？

電気信号は電子の流れでなく電磁波で伝わる

電気回路を扱っていると線路途中がオープンになっていれば電流は流れず，従って電気信号も伝わらないという考えになっています．しかしこれは電子が流れて伝わる直流の場合です．電子の流れによらない電気信号の伝わり方を理解しましょう．

　この章では，基板パターンなど導体線をほぼ光速で伝わる電気信号は実は導体の中を電子が進んで伝えているのではなく，導体周囲の絶縁体の中を進む電磁波で伝わっているということを説明します．電気回路の専門家でも，導体の中の電子がほぼ光速で移動して高速電気信号を伝えていると思っている場合があるようです．高周波信号は表皮効果のため導体の表面部にしか電気が浸透しないわけですが，このことも表面部分の電子が移動して信号が伝わると思い込まれる一因となっているのかもしれません．

　従来の回路設計では，信号が実際に導体線路を伝わる姿を無視して設計しても，あまり問題は起きませんでした．しかし，導体の線路上に実際に通す信号が毎秒数百メガビットから数ギガビットになる場合は，信号は実際にはどこを通って高速に伝わっているのかが把握できていないと信頼性のある回路設計は難しいでしょう．

電気信号は先端オープンの電線でも伝わる

　図1-1は，一般的なCMOSロジック回路で信号を伝える様子を簡単に示したものです．図1-1の左側のIC_1は信号を送り出す側で，内部動作をスイッチで表しています．線路端はCMOSロジックICで受けています．受け側の内部を見ると，グラウンドあるいは電源との間の直流抵抗はMΩ以上と高抵抗であり，直流的には実質オープンに近い状態になっています（図1-2）．そこで，線路端がオープンの場合に線路上の波形がどうなっているのか実験しました．

　写真1-1は木製のテーブルの上に2mの電線を置いて，これに電気信号を加えて波形を見ている様子です．図1-3はそれを回路図で示したものです．スイッチでは接点で何度もひげ状の波形が出るために，波形が奇麗に出るパルス発生器をスイッチの代わりに使用しています．

　電気信号がどのように伝わるのかはオシロスコープで観測します．ここでは，2GHzでサンプリングできるディジタル・オシロスコープを使いました．オシロスコープの観測帯域は広い方がよいのですが，比較的入手しやすい500MHz帯域のものを使用しました．観測帯域とは，オシロスコープの中で波形を増幅する

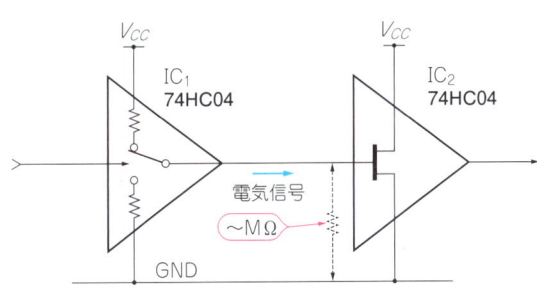

図1-1　ディジタルIC（HCMOS）間の信号伝送

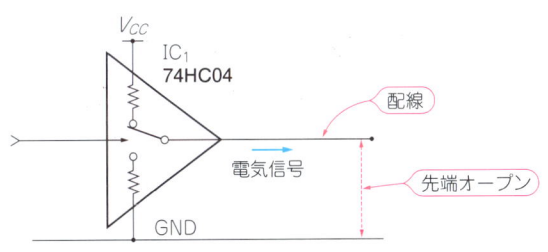

図1-2　先端オープンの線路を接続したときの信号伝送

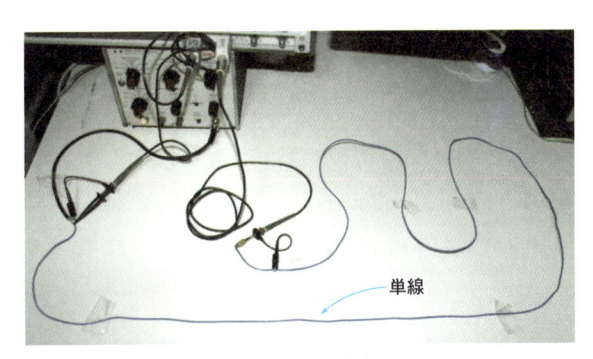

写真1-1　単線に通る電気信号を見る実験

電気信号は先端オープンの電線でも伝わる　9

パルス・ジェネレータ

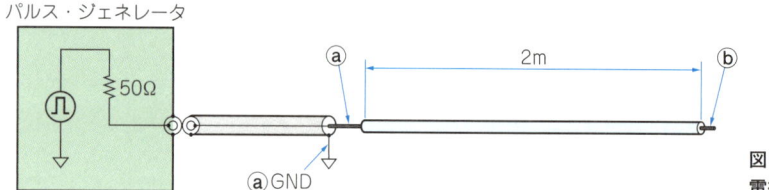

図1-3 電線へのパルス印加と観測点

アンプなどの総合的な周波数帯域のことです．

図1-4は，このとき得られた波形です．図1-4の上の波形は図1-3のⓐ点，下の波形はⓑ点です．ⓑ点では，波形がある程度崩れていますが，波形の立ち上がり時間の差を見ると9 nsと読み取れます．電子の平均速度に比べると非常に高速で信号が伝わっていることが分かります．

2 mを9 nsで伝わっていることから速度を計算すると，$v = 2/(9 \times 10^{-9}) = 2.2 \times 10^8$ m/sとなります．光の速度3×10^8 m/sに比べると少し遅いですが，ほぼ

銅線を流れる電子の速度は0.07 mm/sと超スロー[4]

Column

金属の中で電気伝導にかかわる自由電子自体は，電圧が加わっていない状態でも金属の中を毎秒1500 kmという高速で動き回っています．しかし，その向きがばらばらのために，平均すると線路のどちらの方向にも動いていません（図1-A）．

この線に電圧が加わると電子の速度の平均がプラス電圧の方向に移動します（図1-B）．ところが，金属の中は図1-Aに示すように金属原子（+イオン）が多くを占めていて電子がスムーズに通れないようになっています．さらに，これらの金属原子は熱により大きく振動しており，電子の動きを跳ね返しています．実際の分子レベルにおける電子は，図1-Aのような粒子の形ではなく雲のように広がったもので，単に粒子がイオンにぶつかって跳ね返るのとは異なっています．

抵抗がない真空中で電子に電圧が加わるとどんどん加速していきますが，金属の中では抵抗があるために，ちょうど雨粒が空気の抵抗を受けて一定の速度で落下するように，電子も金属内では電圧と抵抗で決まる一定の速度で流れます．詳しくは参考文献(4)などを見てください．

1 Aの電流を流すと線路の断面を1秒間に1 C（クーロン）の電荷が通過します．1 m³内の自由電子の数をn［個/m³］，線路の断面積をS［m²］，電子の電荷をeとすると，I［A］流れるときの電子の移動速度v［m/s］は$v = I/(enS)$となります．銅線は$n = 8.5 \times 10^{28}$なので，$e = -1.6 \times 10^{-19}$Cとすると1 mm²の断面の銅線に1 Aの電流が流れるときの電子の平均移動速度は，計算上，約0.07 mm/sと非常に遅いことになります．

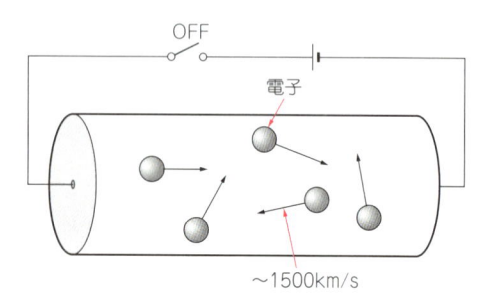

図1-A　金属の中の自由電子の動き（電圧がかからない状態）

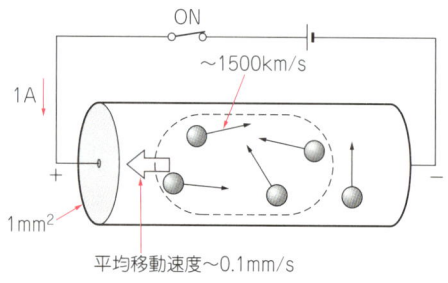

図1-B　金属の中の自由電子の動き（電圧がかかった状態）

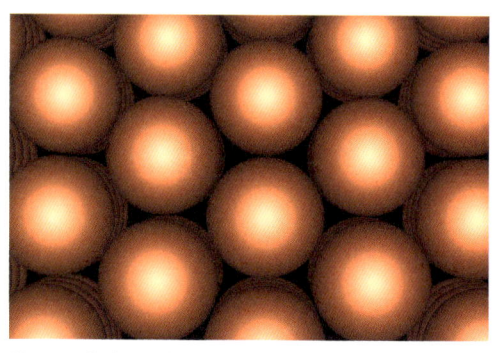

図1-C　銅金属の中の銅イオン
電子はこれらの球（銅イオン）の隙間しか通れない．しかもイオンは熱振動している．

光の速さで伝わっていることになります．少し遅くなったのはビニル線を用いたためです．

● 線路を変形すると波形に影響が出る

写真1-1では，線路の始めⓐと終わりⓑにオシロスコープのプローブを付けて見ていますが，線路の始めのみ，あるいは終わりのみにプローブを付けた場合でもそれぞれ同じ波形が得られます．

また，図1-3では線路を直線に描いていますが，直線の場合でも写真のように大きなループにした場合でも波形はほとんど同じです．ただし，線路をコイル状に巻いたり重ねて置くと波が変形します．また，電線側は同じでも，プローブの線の置き方を変えると波が変形することがあります．

ⓐ点では，パルス発生器からの同軸線のグラウンドに，プローブのグラウンドをつないでいますが，ⓑ点ではグラウンドは浮いています．このため，ⓑ点側の波形はプローブの配置で大きく変化します．

負荷との間の線が切れていても電気信号は線路を進んでいく

● 線路を伝わる電気信号の性質

直流回路では，線路の途中が開いている場合はスイッチSを閉じても電流は流れないはずです（図1-5）．写真1-1の実験ではスイッチの代わりにパルス発生器を使用して線路の途中が大きく離れています．しかし，図1-4から分かるように，パルス信号は線路の端までほぼ光速で伝わっています．

電気信号が線路を伝わるには，直流回路のように電源と負荷の間が線路でつながれている必要はありません．写真1-2は携帯電話のアンテナの例ですが，アンテナは1本の線路だけでできています．電気信号は導体の先がループ状になっていなくとも導体を伝わっていく性質を持っています．

● 電荷の変化は光の速度で金属表面を伝わる

図1-6は物理の教科書などによく出ている静電気を実験する検電器です．図1-6(a)は始めの状態で箔は閉じています．図1-6(b)は検電器の上部に正電荷に帯電した絶縁材のアクリル棒を近づけたところです．検電器の上の金属部に負電荷が誘起されていますが，金属部は電気的にグラウンドから絶縁されているので全体として電荷はゼロです．このため，箔部分には正電荷が集まり，箔が大きく開いています．次に，図1-6(c)では正電荷に帯電した棒を少し離してみたところです．箔が少し閉じています．

この実験から，導体表面の一部の近くに正（あるいは負）電荷が近づけられると，導体が絶縁されていれば近づけられた部分の表面にその電荷と反対の符号の

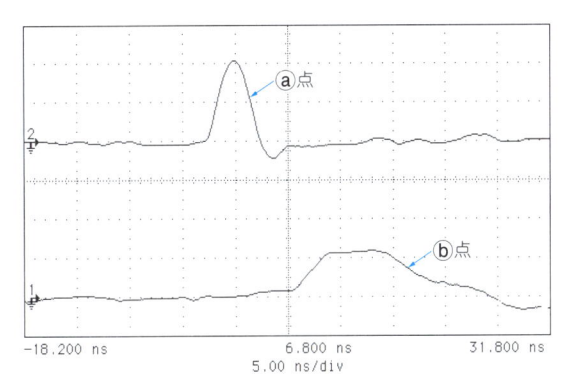

図1-4 単線に電気信号（パルス）を通したときの波形（0.2 V/div, 5 ns/div）

写真1-2 携帯電話のアンテナ
アンテナは1本の線路でできている．

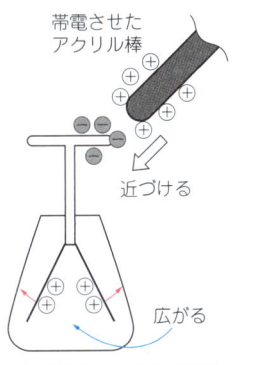

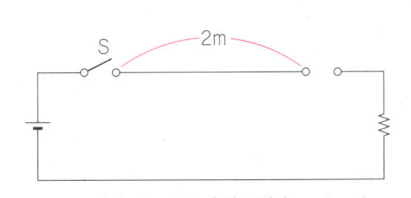

図1-5 途中が切れた直流回路とスイッチ

図1-6 箔検電器に電荷を近づけたときの様子
(a) 始めの状態．箔は閉じている
(b) 検電器の上部に正電荷に帯電した絶縁材の棒を近づけたところ
(c) 正電荷に帯電した棒を少し離したところ

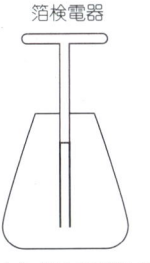

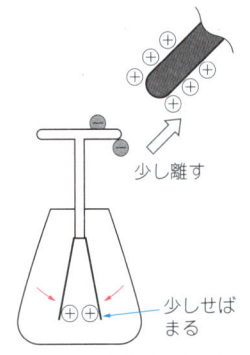

電荷が現れることが分かります．

図1-6では，箔は棒を近づけたり離したりする動作に応じてゆっくり開いたり閉じたりしますが，電荷が表面を伝わる速さは，基本的に光の速度です．

● 電気信号は水を伝わる波にたとえられる

直流で電子が移動する速度は毎秒0.1 mm以下と遅く，電気信号が線路を伝わる速度はほぼ光速と，全く異なっています(Column参照，p.10)．

水の場合に例えると，電子の流れは水が実際に流れる場合に相当します．一方，電気信号は水を伝わる波に例えることができます．水が全く流れていないプールやふろ桶のような所でも石を投げ入れると波が周囲に伝わっていきます．深い海を津波が伝わる場合はジェット機並みの速さで伝わります．水がその速さで伝わるわけではなく，あくまで「波」が伝わるわけです．このように波は，媒体そのものが移動するよりはるかに速く伝わることができます．

ディジタル信号などの高速に変化する電気信号は，電子が直流のように導体の内部を流れて伝わるのでなく，図1-6で示した金属表面を移動する電荷と同じ性質のもので，基本的に光の速度で導体表面を進みます．このときの表面電荷の移動は，電子自体が移動するのでなく，図1-7に示すように電子の雲のようなつながりの中を，波のような形で伝わります[3]．

● パルス信号が伝わっている導体周囲の電界と磁界の様子

図1-8(a)は，導体の単線が空間に伸びていて周囲に導体がない場合に，線路の端に電圧パルスを加えて，一定時間後のパルスが進んでいる部分の導体表面電流と周囲の電界を示したものです．また，図1-8(b)は，同じ時間経過後の線路周囲の磁界を示しています．

この図から分かるように，先がオープンの単線導体が空中に伸びているような場合でも，線路の端に電圧パルス(電荷の変化)を加えると光速で導体表面を伝わり，線路の周囲に放射状の電界と円周状の磁界を作りながら進むことが分かります．

なお，一般の電磁界解析ソフトウェアでは，ある高い周波数のサイン波を連続的に入れたときの様子を計算します．このため，電気信号は進まないように見える結果となることがあります．しかし，単独のパルス波を印加した後，時間経過を計算できる電磁界解析ソフトウェアの場合は，図のように光速で金属導体表面を伝わっていく様子が示されます(Column参照，p.17)．

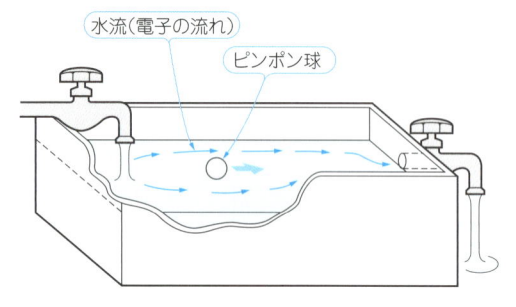

(a) 水の流れはピンポン球の移動で分かる…直流電流は電子の移動

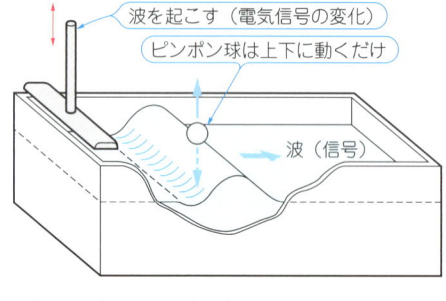

(b) 波が起きてもピンポン球は上下に動くだけ…電気信号は電子の移動ではない

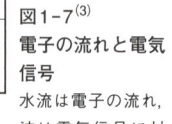

図1-7[3] 電子の流れと電気信号
水流は電子の流れ，波は電気信号に対応する．

(a) 電界分布

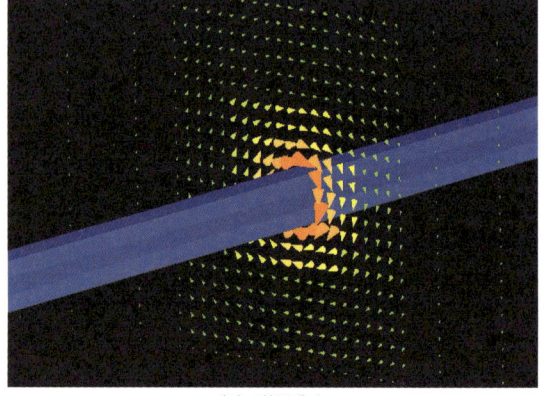

(b) 磁界分布

図1-8 単線に電荷パルスを加えた後の線路表面電流と周囲の電界分布/磁界分布(シミュレーション．△：電界，磁界の向き，大きさを表す)

1本の電線だけではディジタル信号はうまく伝えられない

● 線路をコイル状にすると波形が乱れる

　写真1-3は，写真1-1で線路をコイル状に置いた場合を示します．このときの波形は，図1-9に示すようにかなり乱れています．どうしてこのようなことが起きるのでしょうか．

　図1-10は，1本の線路を電気信号が進むときの周囲の磁界（磁場）と電界（電場）の分布の様子を簡単に示したものです．線路の周囲に電界と磁界が広がっていることが分かります．塩化ビニルのような絶縁材で線路が覆われている場合でも，同じように線路の周囲に電界と磁界が広がっています．

　線路をコイル状に重ねて置いたりすると，このように空間に広がっている電界や磁界が影響し合って単なる線路としての働き以外に，コイルやコンデンサなどの動作が加わることになります．このことから，1本の電線でも電気信号は伝わることは伝わるが，うまく伝えるには1本の電線では難しい，ということが分かります．

● 電気信号をうまく伝えるには2本の線路を組にする

　線路に電気信号を通すために，一般にはどのような工夫がなされているのでしょうか．写真1-4はイーサネット・ケーブルの例です．2本ずつより線（ツイスト線）になっていることが分かります．また，写真1-5は高周波で使用される同軸線を拡大したものです．これらから分かるように，電気信号，特に高速な信号を通すケーブルは，二つの導体を近接してペアにして使用していることが分かります．

　写真1-6は，図1-11の回路図で示すように，写真1-3の波形観測実験の電線をより線にしたものです．この場合の波形を図1-12に示します．終端側の波形が入力側の波形と似た形になり，波形がより正しく線路端に伝わるようになったことが分かります．これは，図1-13に示すように，線路を進む電気信号による電磁界が線路の間に集まっているため，周囲の影響を受けにくくなっていると考えられます．図1-13では，一方の線路上にプラスの電荷を，ペアにした線路上にマイナスの電荷を示しています．

　図1-11のように，パルス発生器のグラウンドをペアにした線路につないでいます．したがって，元はペアに

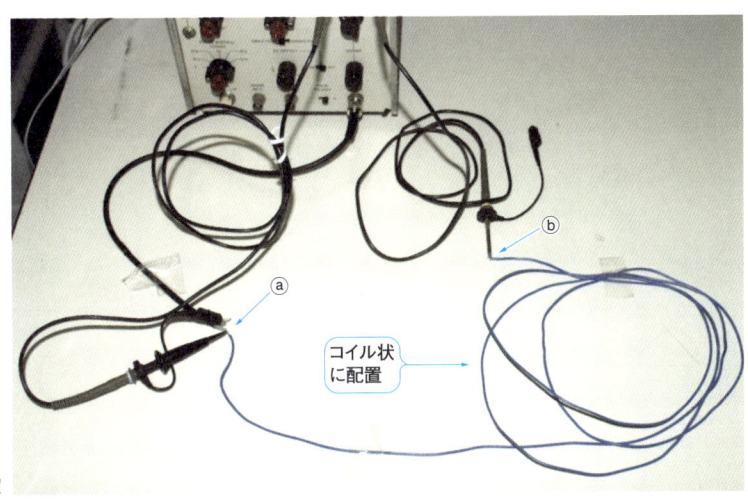

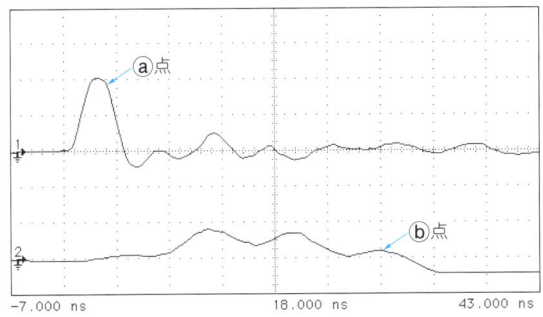

写真1-3　線路をコイル状に配置した場合の波形測定

図1-9　線路をコイル状に配置した場合の波形（20 mV/div, 5 ns/div）．ⓐ点，ⓑ点は，線路をコイル状にしただけで図1-3と同じ位置

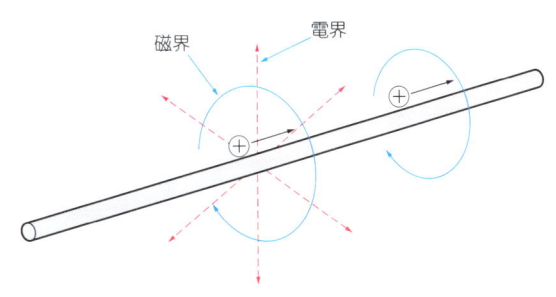

図1-10　電気信号が進むときの単線の周囲の磁界と電界

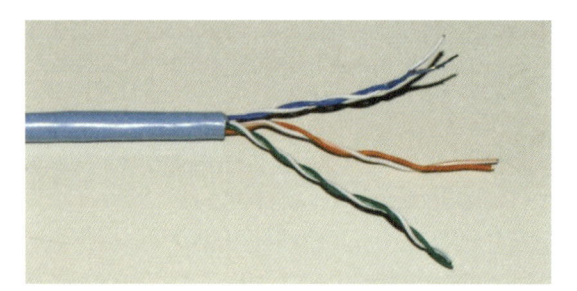

写真1-4 イーサネット用の非シールド・ツイスト線の外観
(100 BASE-TX用4ペアのうち1ペアを取り除いた状態)

写真1-5 高周波用同軸線の例(RG-58A/U50同軸線)

した線路側はグラウンド電位ですが，信号線路の近くに置かれた導体に反対の電荷が現れるという近接効果によってマイナスの電荷が現れて，プラス電荷とペアになって線路を進むと考えることができます．この電荷のペアは，図1-12のオシロスコープによる観測の結果から，ほぼ光速で線路上を進んでいることになります．

● ペア導体周囲の電界と磁界の様子

図1-14は，ペア線の線間に電荷のパルスを印加したときのシミュレーション結果です．図(a)は電界，図(b)は磁界の様子です．

一方，図1-15は片方の線路のみに電荷を印加し，もう一方の線路はすぐそばにあるだけでどこにもつながっていない場合です．図(a)は電界，図(b)は磁界の様子です．

図1-14と図1-15を比べると，浮いている線路でも，パルスのように短い時間の電気信号が流れる線路のそばに導体が置かれていると，その導体の表面に信号線路側と反対方向の表面電流が現れていることが分かります．

基板パターンを伝わる電気信号

以上の実験から，二つの導体を近くに並べた線路を用いると電気信号がより正しく伝わりそうです．ディジタル回路設計では，ベタ層上にパターンをはわせる基板を使用することが多いと思われます．この場合について考えてみましょう．

ベタ層とパターンは図1-16から分かるように，一種のコンデンサを形成していると言えます．電池をコンデンサに金属線路でつなぐと，金属線路を通ってプラス極からはプラスの電荷がコンデンサの片方の極板に移動します．電池のマイナス極側からはマイナスの電

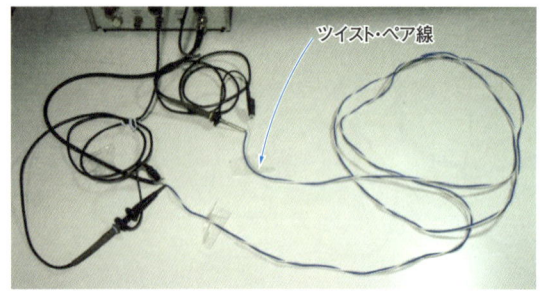

写真1-6 ツイスト・ペア線にした場合の波形測定

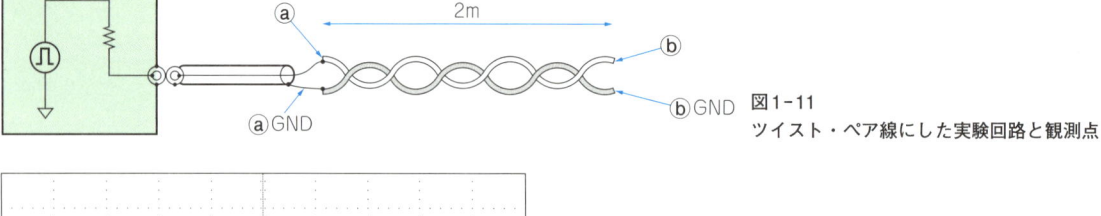

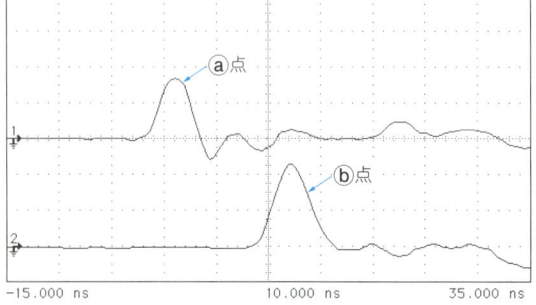

図1-11 ツイスト・ペア線にした実験回路と観測点

図1-12 ツイスト・ペア線を使用したときの波形(20 mV/div, 5 ns/div)

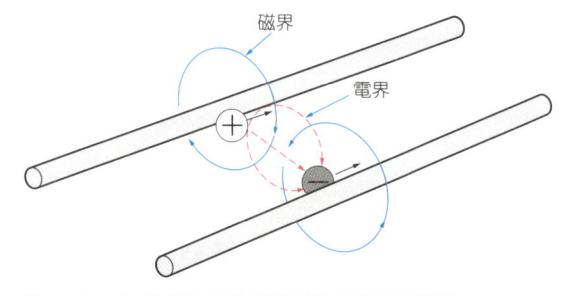

図1-13 ペア線を通る電気信号が作る周囲の電磁界

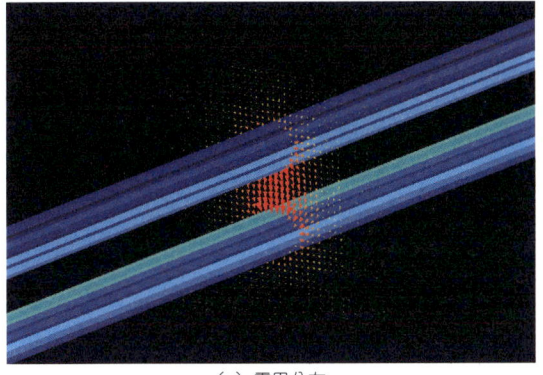

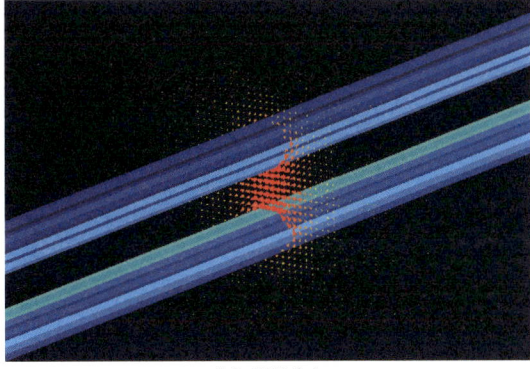

(a) 電界分布　　　　　　　　　　　　　　　　　　　　(b) 磁界分布

図1-14　ペア線間に電荷パルスを加えた後の線路表面電流と周囲の電界分布/磁界分布（シミュレーション．△：電界，磁界の向き，大きさを表す）

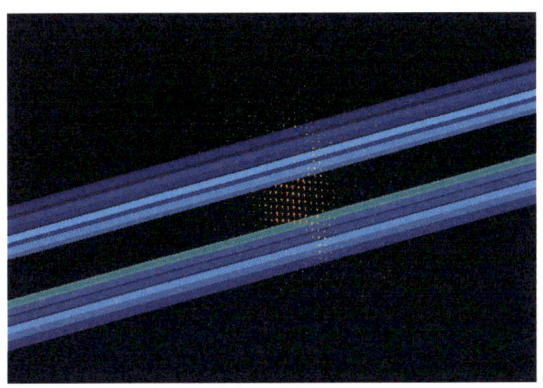

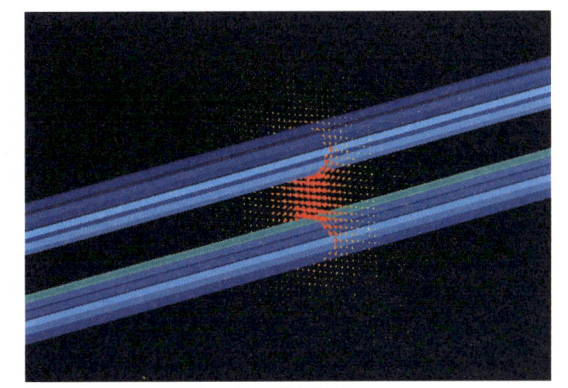

(a) 電界分布　　　　　　　　　　　　　　　　　　　　(b) 磁界分布

図1-15　ペア線の片方に（単線の近くに導体がある場合）電荷パルスを加えた後の線路表面電流と周囲の電界分布/磁界分布（シミュレーション．△：電界，磁界の向き，大きさを表す）

荷が極板に向かって進みます．このとき電荷が移動する速度はほぼ光速となります．このコンデンサは，間に誘電体がない場合であっても極板が近ければ，それぞれの極板に符号の異なる電荷が集まることになります．

　ベタ層上の基板パターンに電気信号が加えられる場合は，細長いコンデンサの片方から電荷を充電する動作に相当します．**図1-13**のペア線を通る電気信号の説明と同じように，信号パターン上をプラス電荷が進むとベタ層上のパターンに対抗する部分にマイナスの電荷が現れます（**図1-17**）．この電荷はほぼ光速でパターンを進んでいくことになります．マイクロストリップ線路を進む電気信号のイメージは**図1-18**のようになります．

　基板パターンを設計する際には，パターンとベタ層の間を電気信号が進んでいくという**図1-18**のイメージを頭において設計すると，内層が切れている個所をまたぐパターンなどに注意しやすくなり，誤動作にくい設計にもつながります．

　また，内層のない両面基板でのディジタル回路設計は，ベタ層を間にはさまないパターン同士が強く結合して干渉し合うので，基本的には避ける方が無難です．

電気信号が伝わる速度

　図1-19は真空中に短い電線を置き，これにパルス状の電気信号を一つ与えた後の様子を示しています．

　パルスが出終わった後も，空間には球状に電磁波の波が広がっていきます．このときの様子は，マックスウェルの式をもとに計算できることが知られています[2, 3]．ここではマックスウェルの式および導出を特に記載しませんが，興味のある方は参考文献(3)な

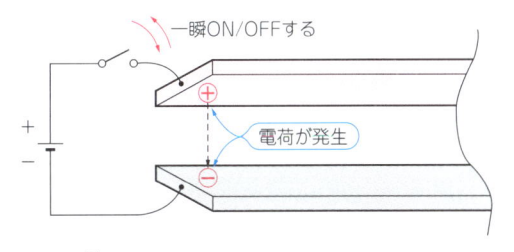

図1-16[3]　基板パターンは極板を細長くしたコンデンサ

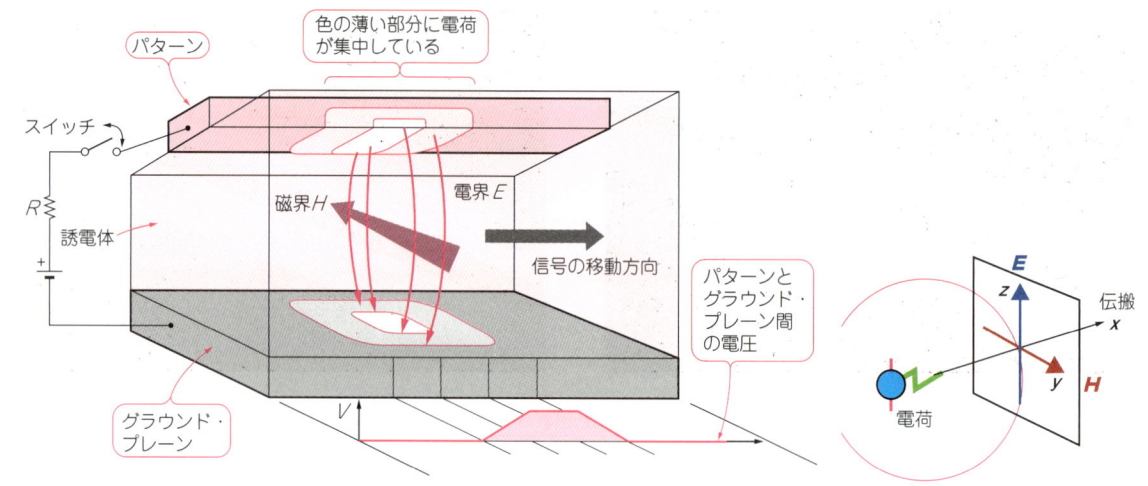

図1-18 マイクロストリップ線路を進むパルス信号のイメージ

図1-19 空間を平面状に進む電磁波

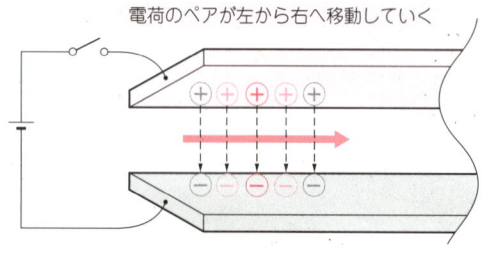

図1-17[(3)] 基板パターンの電荷の移動

どを参照してください．

　信号源からある程度離れたところでは，波はほぼ平面と見なすことができ，平面波の進む方向をxとすると電界Eはz方向，磁界Hはy方向でz-y平面内で直交して振動することが示されます（**図1-19**）．このように進む電磁波は，TEM（Transversal ElectroMagnetic）波と呼ばれます．同軸線路や基板表面パターンを進む電気信号もTEM波の電磁波が基本となります．TEM波という言葉と内容はディジタル回路設計者も覚えておく方がよいでしょう．TEM波でない電磁波としては，中心導体のない導波管を伝わる波などがあります．

　TEM波については，ここでは導出については示しません．マックスウェルの式から電界あるいは磁界について次のような式が求まります［式(1-1)］[(3)]．ここで真空の誘電率をε_0，透磁率をμ_0としています．

$$\left.\begin{array}{l}\dfrac{\partial^2 E_z}{\partial x^2} = \varepsilon_0 \mu_0 \dfrac{\partial^2 E_z}{\partial t^2} \\[6pt] \dfrac{\partial^2 H_y}{\partial x^2} = \varepsilon_0 \mu_0 \dfrac{\partial^2 H_y}{\partial t^2}\end{array}\right\} \cdots\cdots (1-1)$$

$$\dfrac{d^2 \bigcirc}{dx^2} = \dfrac{1}{v^2}\dfrac{d^2 \bigcirc}{dt^2} \cdots\cdots (1-2)$$

　式(1-2)の形の式は変化量○がx方向に速度vで進んでいく波を表し，波動方程式と呼ばれます．

　真空中の電磁波の速度c_0は$c_0 = 1/(\varepsilon_0 \cdot \mu_0)^{0.5}$となります．

　一般の絶縁体の場合，比誘電率をε_r，比透磁率をμ_rとすると誘電率$\varepsilon = \varepsilon_r \varepsilon_0$，透磁率$\mu = \mu_r \mu_0$となり，電磁波の速度は$v = 1/(\varepsilon_r \varepsilon_0 \cdot \mu_r \mu_0)^{0.5} = c_0/(\varepsilon_r \cdot \mu_r)^{0.5}$です．また一般の絶縁材は比透磁率は1と見なすことができるので速度は$v = c_0/(\varepsilon_r)^{0.5}$と簡単化できます．比誘電率が4の場合，信号の速度は真空中光速の1/2ということになります．

　ここまでの電磁波の速度は，導体の周囲の誘電体が1種類で満たされている場合です．基板表面層パターンのマイクロストリップ線路のような場合は，信号の電磁波が比誘電率ε_rの誘電体と1の空気の両方を進みます．それぞれの媒質をどの程度の比率で電磁波が通っているかで決まる実効誘電率と呼ばれるものを求めて，そこから速度を計算する必要があります．実効誘電率については第2章で説明します．

　水面の波の場合でも分かるように，波は発生源が止まっても波自体が次々に媒質をどこまでも伝わっていく性質をもっています．このため直流電流のように回路がループを形成していない先端オープンの単線（**図1-2**）の場合であっても伝わっていきます．

◆参考文献◆

(1) 志田 晟：ディジタル・データ伝送技術入門，CQ出版社，2006年．
(2) 吉田 武：マクスウェル・場と粒子の舞踏 − 60小節の電磁気学素描，共立出版，2000年．
(3) 為近和彦：カラー改訂版理系なら知っておきたい物理の基本ノート［電磁気学編］，2014年，中径出版．
(4) 黒沢達美：物理学 One Point − 23 電流と電気伝導，1983年，共立出版．
(5) P. Huray: Maxwell's Equations, John Wiley & Sons, 2010.

（初出：「トランジスタ技術」2008年1月号）

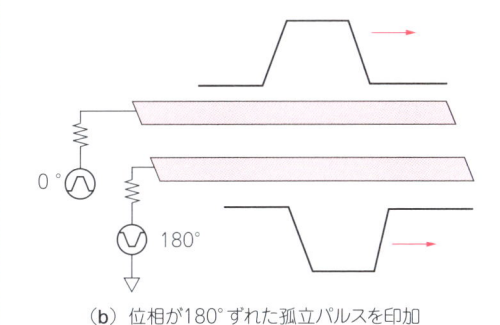

周波数ドメインと時間ドメイン計算がある電磁界シミュレーション　Column

　線路に沿って進む電気信号が電磁波であることを分かりやすく示すため，本書では電磁界シミュレーションを行っています．

　電磁界シミュレーションはモデルを細かなメッシュに分けます．そしてマックスウェルの式に従って，そのメッシュごとに，電磁界が進む際に電界と磁界が連携して変化する様を計算して求めていきます．この計算には，一定の周波数で計算する周波数ドメイン計算と，電磁界が進む時間ごとにメッシュを計算する時間ドメイン計算の2通りがあります．本書では時間ドメインの計算を行っています．

　図B-1は差動線路の場合で，周波数ドメインと時間ドメインの場合の違いを概念的に示したものです．図B-2は印加ポートの例です．

　周波数応答，つまりある範囲の周波数での回路の応答（Sパラメータ；第12章参照）を求める場合，周波数ドメイン方式では，複数の周波数点でシミュレーションを行って間を補間する方法を採ります．多くの周波数ピークがある場合は，ピークごとに計算する必要があるため時間がかかります．

　一方，時間ドメイン法の場合は，時間パルスを入れた時の時間応答を計算後にフーリエ変換して周波数応答を見るため，比較短い時間で周波数応答を見ることができます．なお図B-1の(b)のような単一パルスではDC的に偏りができるため，パルスを微分してDC的に0Vとなる"パルス"を印加し，計算でパルス応答を求める方法もあります．

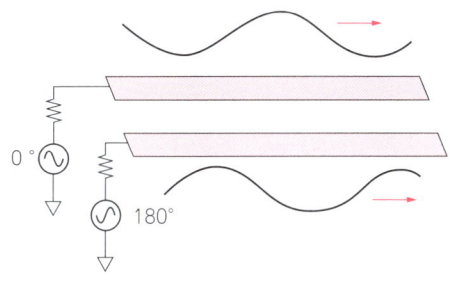

(a) 位相が180°ずれた連続する正弦波を印加

(b) 位相が180°ずれた孤立パルスを印加

図B-1　周波数ドメインと時間ドメイン・シミュレーション

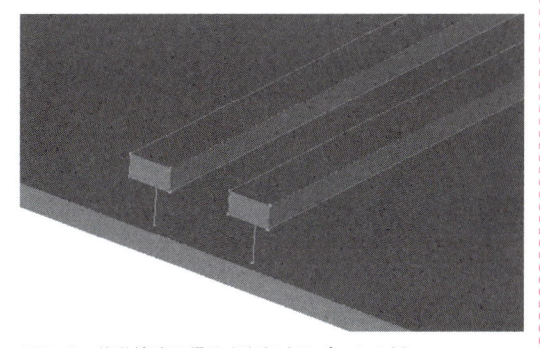

図B-2　差動線路に信号を印加するポートの例
線路とグラウンド面との間に細い線を置いてそれに印加．

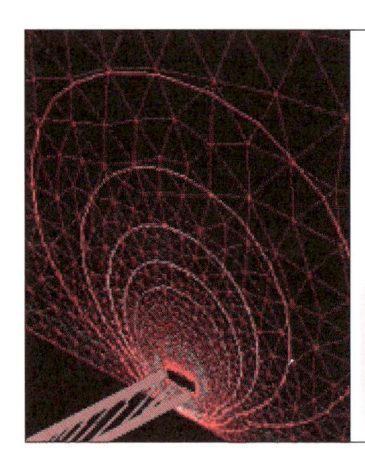

第2章 高速信号から見ると伝送線路は純抵抗に見える!!
特性インピーダンスについて徹底的に理解しよう

線路の特性インピーダンスは50Ωといわれても，テスタでは測れないし何となく分かりにくい印象を持ちがちです．高速伝送回路設計で避けて通れないこの特性インピーダンスを本章では多面的に解説しています．

まず，線路の一方にスイッチをつないだ回路を使って，スイッチON時に生じるばたつき波形を観測し，その原因を探ります．その原因を考察することで，高速伝送技術，高周波領域に欠かせない概念である**特性インピーダンス**の真意を明らかにしていきます．

線路端のスイッチによるばたつき波形の原因と対策

● スイッチによる誤動作の原因はスイッチだけではなかった

スイッチのON/OFF時に生じる機械的振動は**チャタリング**と呼ばれ，電子回路の誤動作の一因とされています．では，誤動作の原因はスイッチだけでしょうか？　この現象を詳しく調べてみましょう．

実験に使用した回路を**図2-1**に示します．スイッチS_1と回路基板の間は，1mのビニル電線をツイストした線でつないでいます．検出回路側では10kΩで5Vにプルアップしています．**図2-1**の実際の接続状態を**写真2-1**に示します．

スイッチS_1をONしたときの回路入力部ⓐ点の波形をオシロスコープで観測しました．**図2-2(a)**はスイッチON直後の数ミリ秒程度の時間，**図2-2(b)**は数マイクロ秒程度の時間を観測したものです．**図2-2(a)**から，スイッチON直後1ms程度の間，接点が機械

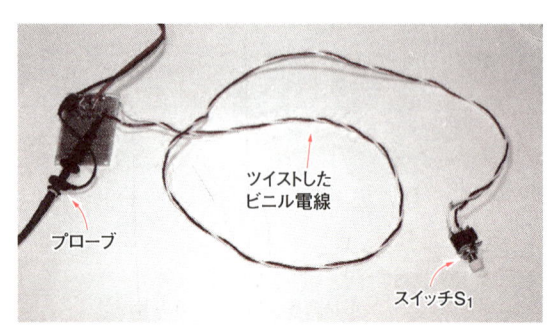

写真2-1　実験の様子（スイッチと1mのツイスト・ペア・ケーブル）

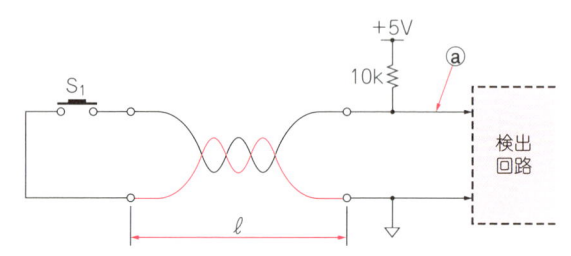

図2-1　スイッチON時のばたつき波形を調べる実験回路（ⓐ点で波形観測）

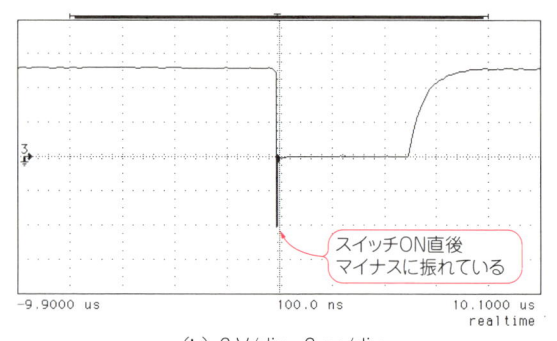

(a) 2V/div, 500μs/div

(b) 2V/div, 2μs/div

スイッチON直後マイナスに振れている

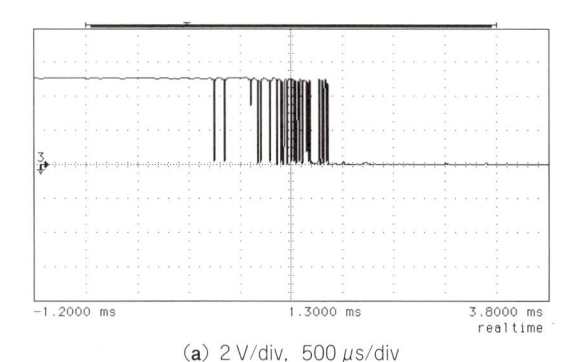

図2-2　図2-1のスイッチS_1をONしたときのⓐ点の波形

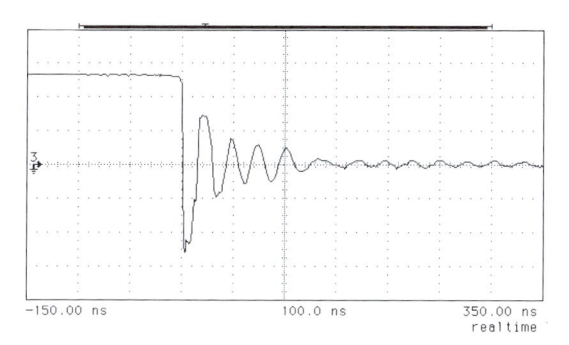

図2-3 ケーブル長1mのときの⑨点の波形(ばたつき部の拡大．約25nsの繰り返しが見られる．2V/div, 50ns/div)

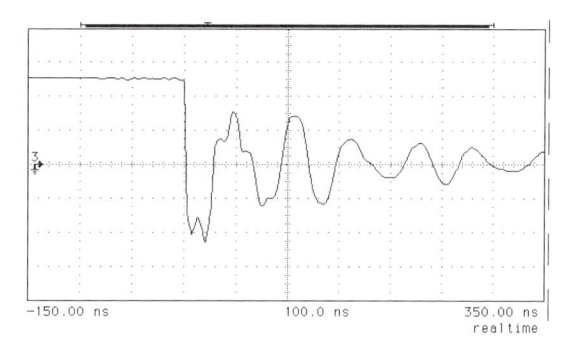

図2-4 ケーブル長2mのときの⑨点の波形(ばたつき部の拡大．約50nsの繰り返しが見られる．2V/div, 50ns/div)

的にON/OFFを繰り返していることが分かります．図2-2(b)からは，スイッチON直後マイクロ秒以下の部分では，電圧がマイナス電圧側に振れている現象が確認できます．

図2-3はさらにこの部分の時間軸を拡大したものです．何度もプラスとマイナスを繰り返すばたつき波形が観測できます．従来，このような波形も機械的な接触動作の一部として説明されることが多かったようです．

ところが，図2-3の波形の間隔を見てみると，25nsです．これは，機械的な動作としてはかなり速い周期で，また同じ間隔で繰り返されています．スイッチ動作を何度繰り返してもこの繰り返し波形の時間間隔は同じでした．この繰り返し波形はスイッチが原因ではありません．

では，この繰り返し波形は，何が原因で起きているのでしょうか？

● ばたつき波形の周期はスイッチではなく線路長に関係する

原因を探るために，ケーブルの長さを変えて実験しました．図2-4は，図2-3のケーブルの長さを1mから2mに変えた場合の波形です．図2-3と図2-4から，線路の長さを2倍にするとマイクロ秒以下で見られるばたつき波形の周期が約2倍に延びています．

線路の長さと関係があるということは，線路を伝わる信号の時間と関連があると考えられます．そこで，線路を伝わる信号の時間を求めてみましょう．

電気信号の速度v_s [m/s]は線路の周囲絶縁材の比誘電率をε_rとすると，光の速さをc [m/s]として，

$$v_s = c/\sqrt{\varepsilon_r}$$

で表されます．また，電気信号が長さl [m]の線を1往復する時間t [ns]は，

$$t = 2l \times 3.3\sqrt{\varepsilon_r}$$

となります．

図2-1の回路で使用したケーブルはビニル電線で，ビニルの比誘電率は4程度です．比誘電率を4として1mを1往復する時間を計算すると約13nsとなります．

図2-3の場合は，プラスあるいはマイナスのピークどうしの間隔は25nsですが，1往復ごとにプラスとマイナスのピークを繰り返していると解釈できるのです．

● CR回路による対策と高速伝送への影響

図2-1のように，スイッチの機械的振動が原因で生じるミリ秒にわたる波形を回路に取り込む場合は，図2-5のように波形を大きくなまらせる*CR回路*を使って対策することがあります[2]．あるいは，一定の間隔でスイッチが押されていることをサンプリングする方法なども用いられています．

図2-6は，図2-5の回路を通してICから出力した波形を示したものですが，スイッチ部はマイクロ秒以下で動作しているのに出力は数十ミリ秒も遅れています．

ここで注目したいのは，機械的な原因ではない線路の長さによって周期が変化する，マイクロ秒以下の非常に短い時間のばたつきです．繰り返し周期が25nsということは，その逆数から40Mbpsの信号伝送に相当します．10nsであれば100Mbpsです．高速に電気信号を伝送する場合には，マイクロ秒以下のばたつきを大きな時定数のCRでなまらせるわけにはいきません．

すなわち，機械的ばたつきと線路長によるばたつきの対策は別に考える必要があります．

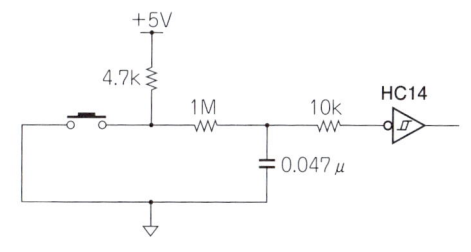

図2-5[2] スイッチON/OFF時のばたつき波形をなまらせるスイッチ入力回路の例

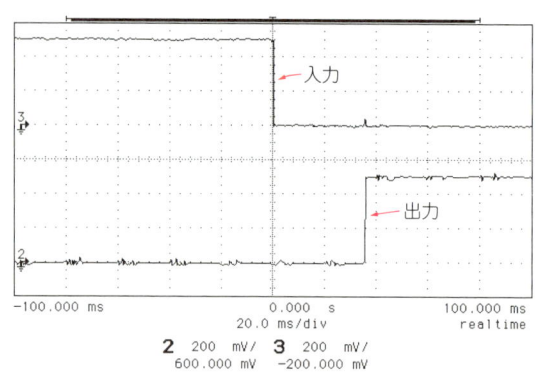

図2-6 図2-5の回路の入出力波形(2 V/div, 20 ms/div)

● ダンピング抵抗と挿入個所の関係

　図2-7は，スイッチのところに直列に100Ωの抵抗を入れた回路です．図2-8(a)は，このときのⓐ点の波形です．図2-2(b)で波形の立ち下がりの部分にあったひげのような波形が見られなくなっています．図2-8(b)は，時間軸を50 ns/divにして図2-3と同じ条件で見ています．スイッチを繰り返し押してもこのような波形です．

　このように，回路の途中に入れてばたつき(リンギング)などを減らす抵抗をダンピング抵抗と呼ぶことがあり，よく使用されています．

　ここで，線路を単にインダクタンスと考えたときのダンピング抵抗であれば，抵抗を検出回路側に入れても同じように効果があるはずです．

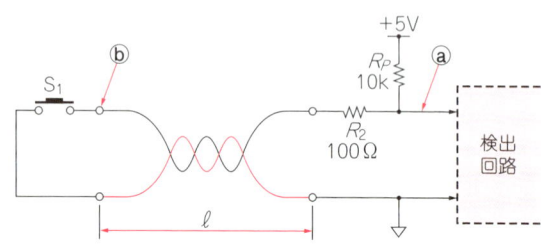

図2-9 ケーブルの端に抵抗100Ωを入れた実験回路

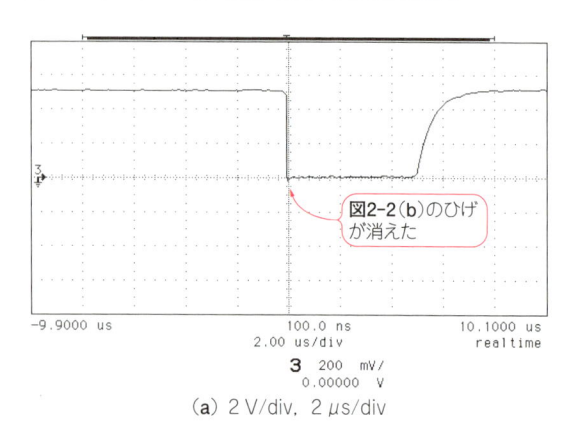

(a) 2 V/div, 2 μs/div

図2-8 図2-7のスイッチS₁をONしたときのⓐ点の波形

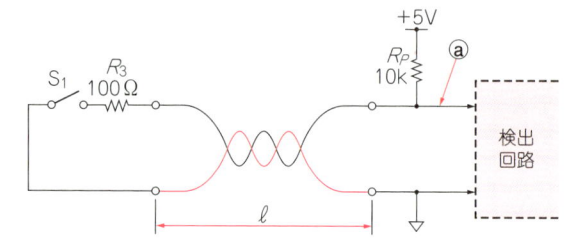

図2-7 スイッチのところに直列に抵抗100Ωを入れた実験回路

　図2-9は，図2-7でスイッチのところに付けた100Ωを外して検出回路側に付けた回路を示します．図2-10はこのときの波形です．図2-8(b)と同じ条件ですが，波形のばたつきには効果が出ていません．すなわち，ダンピング抵抗は挿入個所によって効果が異なることが分かります．

　次節からは，これらの現象を詳しく解説します．

線路を進む電気信号の電界と磁界の関係

● 空間を進む電磁波と空間インピーダンス

　図2-11は，空間を電磁波が進む様子を示したもの

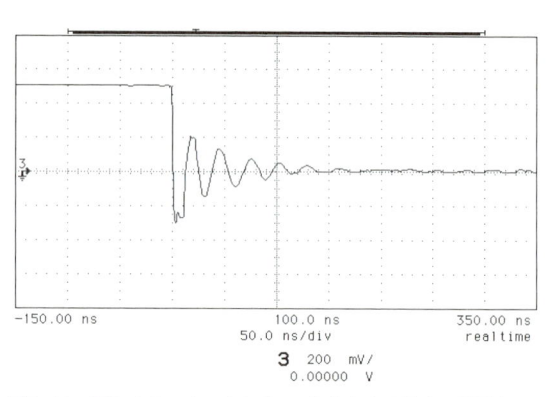

図2-10 図2-9のスイッチS₁をONしたときのⓐ点の波形(2 V/div, 50 ns/div)
リンギングには実質効果が出ていない．

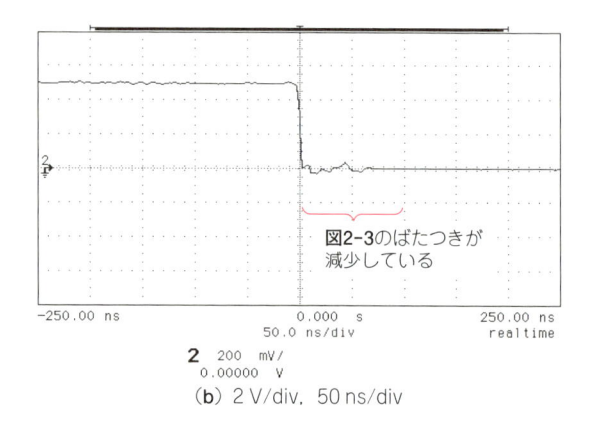

(b) 2 V/div, 50 ns/div

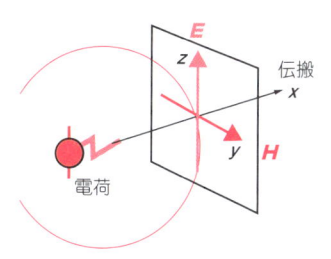

図2-11 空間を通る電磁波の電界 [V/m] と磁界 [A/m] の大きさの比 [V/A] は抵抗と類似

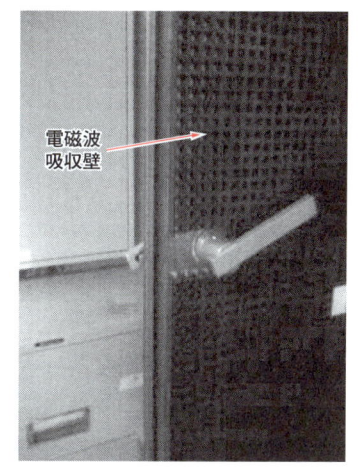

写真2-2 電波暗室の電磁波吸収壁

です．小さいアンテナのような電荷が変化する個所を発生源として，電磁波は球状に空間に広がっていきます．電磁波の進む方向に垂直の面内で電界Eと磁界Hは直交しています（図1-19再掲）．

空間を電磁波が進むときの電界と磁界の比は一定で空間インピーダンスと呼ばれます．空気の場合，空間インピーダンスは約377Ωです．電界の単位がV/m，磁界の単位がA/mなので，これらの比はV/Aの単位となり抵抗と同様になるからです．

平面電磁波から見て，インピーダンスが約377Ωになるようにフェライト材などを壁に貼った部屋は壁で電磁波が反射しないため電波暗室と呼ばれ，機器からの漏洩電磁波の測定などに使われます．写真2-2は電波暗室の電磁波吸収壁の例です．

● ペア線の間を進む電気信号

図2-12は，ツイスト線のようなペア線の間を電気パルスが進む様子を電磁界解析シミュレーションで示したものです．一様な断面の導体の線路を進む電気信号は，電界と磁界が線路に垂直な面内で直交しながら線路に沿って光に近い速度で進んでいきます．導体の中を通るのではありません．

また，図2-13はべた面上のマイクロストリップ線路の場合を示しています．図2-13では円錐の明るさで強度を示しています．線路とベタ面の間で磁界と電界が直角に交差していることが分かります．

ある程度の長さの導体の線路を使って回路から回路まで電気信号を送る場合，電気信号は電磁波として線路に沿って伝わります．回路から伝送線路に信号を加えたり伝送線路から回路に信号を取り込む個所は，いわば電子の流れから電磁波への変換あるいは逆変換部といえます．

変換のための主要なパラメータが線路の特性インピーダンスです．以降では主に特性インピーダンスとその求め方について説明します．

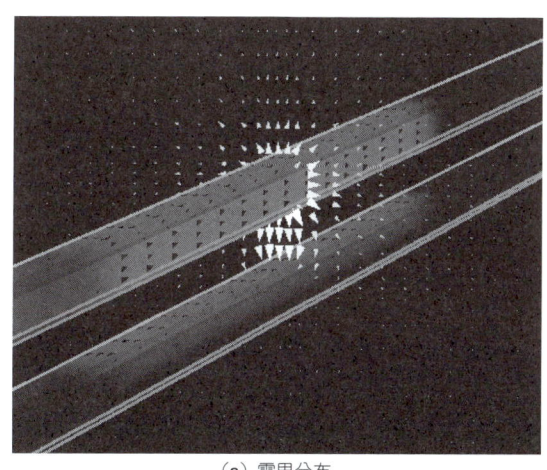

(a) 電界分布

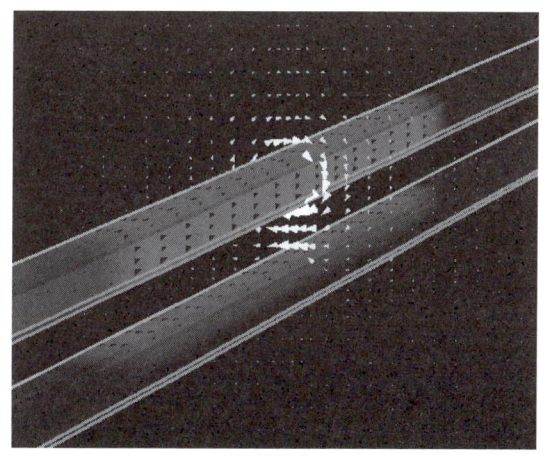

(b) 磁界分布

図2-12 ペア線を通る電気信号の電界／磁界分布（シミュレーション．△：電界，磁界の向き，大きさを表す）
電界と磁界が線路に垂直な面内で直交しながら進む．

特性インピーダンスとは何か

第1章では1本の信号線路だけでも一応電気信号が伝わることを実験などで示しました．さらに断面が一様なペア線で信号を送ると，波形が乱れずに送れそうだということも実験で分かりました．図2-13に示したマイクロストリップ線路や，あるいは同軸線路など，導体で電気信号を送る線路を伝送線路と呼んでいます．このような伝送線路を電気回路につないで使う（回路設計する）場合は，線路に流れる電流と電圧の関係を知る必要があります．

伝送線路が示す電圧 V を電流 I で割った V/I は通常の回路では抵抗に相当します．そこで伝送線路が示す V/I を線路の特性インピーダンスと呼んでいます．この V/I は，線路の導体間が真空のように直流抵抗無限大でもガラス・エポキシのような場合でもほぼ同じ値になっています．特性インピーダンス50Ωの線路の導体間を測ると抵抗はMΩ以上となり，テスタでは測れない数値です．

ここでは，線路の形状からこの特性インピーダンスを求めるいろいろな方法について説明します．線路途中のどこの断面も，形状や絶縁材などの構造が一様な伝送線路を基本として扱います．なお，差動線路などの近接した複数の信号線路に異なる電気信号を加える場合の特性インピーダンスについては第5章で説明します．

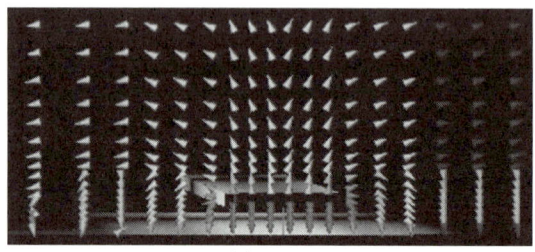

(a) 電界E

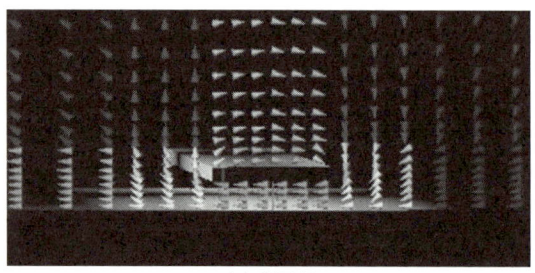

(b) 磁界H

図2-13 べた面上のマイクロストリップ線路を通る電気信号の電界/磁界分布（シミュレーション．△：電界，磁界の向き，大きさを表す）
電界と磁界が線路に垂直な面内で直交し進む．Introduction（図6）にカラー画像あり．

第1章で，空間に置かれた電荷が時間的に変動すると電荷から電磁波が周囲に球状に広がる様子を示し，その時平面的に進む波をTEM波と呼ぶことを説明しました（図1-1）．TEM波の電界 E（単位はV/m）と磁界 H（単位はA/m）の比 V/A は電圧/電流ということから抵抗と同様になります．

この比はTEM波のウェーブ・インピーダンスなどとも呼ばれ，真空の場合377Ωです．単位Ωで表しているこの値を抵抗と"同様"と書いたのは，厳密には抵抗とは少し物理的な次元が異なるためです．実際，真空の空間に電磁波のエネルギーを与えても"抵抗"による発熱などは発生しません．

電磁波がTEM波で進む空間の誘電率が ε（単位はF/m），透磁率が μ（単位はH/m）の場合，電界と磁界の比はマックスウェルの式の変形により式(2-1)で表されます．

$$\frac{E}{H} = \sqrt{\frac{\mu}{\varepsilon}} \quad \cdots\cdots\cdots\cdots\cdots\cdots\cdots\cdots\cdots\cdots (2-1)$$

電気信号を基板上などを伝わるとき，導体内を電子がほぼ光速で移動するのではなく，導体に沿って導体周囲の絶縁体の中を電磁波としてほぼ光速で進んで伝わります．

図2-13は，マイクロストリップ線路に沿って電気信号が進む時の電磁界の様子を3Dシミュレータで計算し，その結果を断面方向から見たものです．この図はIntroductionに図6として示したものです．マイクロストリップ線路は手前から奥の方に引かれており，下はグラウンド面です．図では分かりにくいのですが，線路とグラウンド面の間にはガラス・エポキシ層があります．この図の場合，線路に沿った3次元空間を直方体の細かなメッシュに切り，メッシュごとにマックスウェルの式に沿って電磁界が進む時間計算（TLM法）をして電磁界の様子を求めています．

図(a)は電界，図(b)は磁界分布を示します．線路方向に垂直な面内の電界と磁界を表示していますが，電界や磁界の方向は円錐の3Dの方向で表されます．電界も磁界の円錐の方向が線路に垂直な面内を向いており，基本的にはTEM波であることが分かります．また，電界は線路表面から垂直方向に出ていることも分かります．一方，磁界は線路を囲むようになっており，電界と磁界はほとんどの各点で直交しています．電界も磁界も線路とグラウンド面の間の部分が強くなっています．Introductionの図6では赤で表示されています．

これからマイクロストリップ線を進む電気信号のほとんどの部分は，線路とグラウンド面の間を進んでいることが理解できます．なお，導体の表面が白くなっている部分が電流の強いところです．既に第1章で説明したように，この電流は電子が流れて移動している

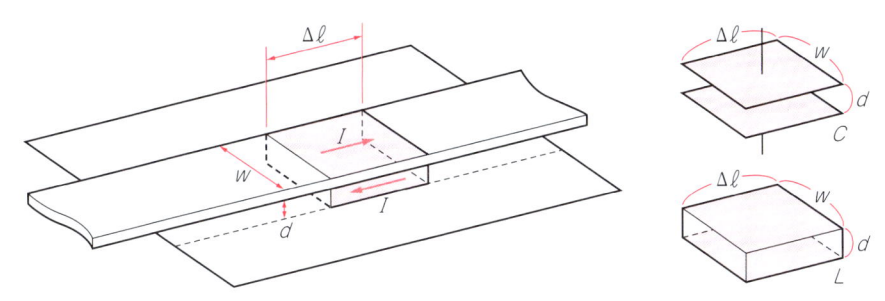

図2-14 マイクロストリップ線路の特性を決める寸法

線路に対向したグラウンド面に，線路側とは反対方向に電流の赤い矢印が示されている．電気信号が信号線路に書かれた矢印の方向（図では左から右）にほぼ光速で進む時，グラウンド面に反対方向の矢印で示された"電流"も図では左から右にほぼ光速で移動する．$\Delta \ell$は微小長さなので，微小のコイル・ループを回るループ電流が信号の移動に伴って左から右に移動すると考えればよい．

ものではなく，白い部分ほど導体表面付近の電子が強く変動していることを表しています．

図2-14はグラウンド面上に引かれたマイクロストリップ線路の寸法を示しています．図では明記していませんが，グラウンド面と線路の間はガラス・エポキシなどの材料で絶縁されています．

線路の微小長さ$\Delta \ell$の部分について見ると，図の右側の上に示したように幅w，長さ$\Delta \ell$の極板が間隔dを離しておかれたコンデンサと見ることができます．線路間周囲誘電体の誘電率がεで簡素化した計算の場合，式(2-2)でこのコンデンサを表せます．

$$C = \varepsilon \cdot \frac{w}{d} \text{ [F/m]} \quad \cdots\cdots (2\text{-}2)$$

また同時に，図の右下に示したように，この微小部分はコイル面積が$\Delta \ell \cdot d$の1ターンのインダクタンスと見ることができます．高さdの部分は導体ではないので考えにくい面がありますが，高速信号に対しては導体が近接している個所は導体が切れていても変位電流が流れるとしてコイルのループができていると考えられます．線路周囲の絶縁体の透磁率がμの時，このコイルのインダクタンスは式(2-3)で表されます．

$$L = \mu \cdot \frac{d}{w} \text{ [H/m]} \quad \cdots\cdots (2\text{-}3)$$

図2-14のマイクロストリップ線路のコンデンサ図で極板間の電界Eは極板間の電圧Vと距離dとから$E = V/d$．これを変形して$V = d \cdot E$となります．またコイル図でコイルで発生する磁界Hは電流Iとコイル線路の幅wから$H = I/w$．これを変形して$I = w \cdot H$となります．

この電圧Vを電流Iで割った抵抗に相当する値Z_0（特性インピーダンス）を式(2-1)の関係を考慮して計算すると式(2-4)のようになります．

$$Z_0 = \frac{V}{I} = \frac{d}{w} \cdot \frac{E}{H} = \frac{d}{w} \sqrt{\frac{\mu}{\varepsilon}} \quad \cdots\cdots (2\text{-}4)$$

式(2-4)に式(2-2)と式(2-3)の関係を代入すると式(2-5)を得ます．線路に信号を与えた時の電圧と電流の関係（特性インピーダンス）は線路の微小区間のCとLからも求められます．

$$Z_0 = \sqrt{\frac{L}{C}} \quad \cdots\cdots (2\text{-}5)$$

式(2-5)で，導体の抵抗は0Ω，絶縁体部の抵抗は無限大の理想的な状態を考えています．特性インピーダンス50Ωの線路とグラウンド間をテスタなどで測っても直流的には非常に大きな値となります．

式(2-4)から分かるように，グラウンド層と線路の間隔dが同じであれば，線路幅wが大きいほど単位長さ当たりのCが大きくなり特性インピーダンスは低くなります．またd/wの比が同じ相似形であればサイズが大きくても小さくても特性インピーダンスが同じになります．

表2-1は，特性インピーダンスがおおよそ50Ωになる FR4絶縁層の厚さとパターンの幅を示しています．ただし，あまりdやwが大きくなって線路を通す

表2-1 特性インピーダンスが50Ωになるストリップ線路の寸法

FR4の比誘電率 = 4.2

エポキシ層の厚さ t_d [mm]	50Ωパターン幅 w [mm]
0.1	0.16
0.5	0.8
1.0	1.6
1.6	2.7

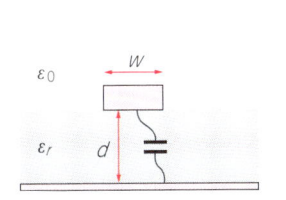

(a) 外層パターン ＝マイクロストリップ線路

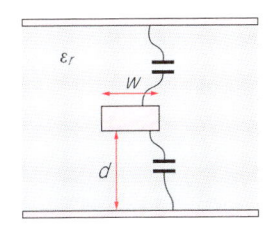

(b) 内層パターン ＝ストリップ線路

図2-15 外層パターンと内層パターンの単位長さ容量

特性インピーダンスとは何か　23

信号の最大の周波数成分の波長の1/8程度よりも大きくなるとTEM波として伝送させることができなくなります．10 Gbps（周波数成分は5 GHz）ではFR4中の波長の1/8は約0.3 mmですからwは0.3 mm程度までに抑えることが望ましいといえます．

図2-15(a)の断面構造でdとwから特性インピーダンスを算出しました．この算出は特性インピーダンスの求め方を概念的に示したもので，実際のコンデンサ値は極板面積から求めた値を修正する必要があります．また同じdとwでも図2-15のように基板の内層にパターンがある場合もあります．この場合は明らかにCの分が増え特性インピーダンスも下がってしまいます．

特性インピーダンスは線路の断面形状によって決まる

● 同軸線路の特性インピーダンス

伝送線路として高周波で多く使われているのが同軸ケーブルです．導体を電気信号が伝わるとき，図2-12(b)から分かるように磁界は導体線路の周囲を線路に垂直の面内で1周しながら進みます．このため，線路導体に対面する導体は，その線路を円周状に取り囲む形状が最も自然な形と言えます．

中心導体の断面が円で周囲導体が円筒形の場合，断面で見ると導体間の距離は円周のどこでも一定であり，従って電位差も同じです．

図2-16で示される断面の同軸線路の特性インピーダンスは式(2-6)で表されます．

$$Z_0 = \frac{138}{\sqrt{\varepsilon_r}} \log \frac{D}{d} \; [\Omega] \quad \cdots\cdots\cdots (2\text{-}6)$$

同軸線路は通常75Ωか50Ωがほとんどです．75Ωはテレビなどの高周波信号用などに使われています．しかし，ほとんどの高周波計測器や機器は50Ωの特性インピーダンスに合わせて作られています．

これは，同軸線の絶縁材がポリエチレンの場合，50Ωの特性インピーダンスにすると高周波電力損失が少なくなることから決められたと言われています．

● 平行導線の特性インピーダンス

図2-17に示される平行導線の特性インピーダンスは，式(2-7)で計算できます．

$$\left.\begin{array}{l} Z_0 = \dfrac{120}{\sqrt{\varepsilon_e}} \ln \dfrac{B + \sqrt{B^2 - d^2}}{d} \; [\Omega] \\[2mm] \quad = \dfrac{276}{\sqrt{\varepsilon_e}} \log_{10} \dfrac{B + \sqrt{B^2 - d^2}}{d} \\[2mm] \varepsilon_e = \varepsilon_r{}^V \\[2mm] V = \dfrac{4.3(B^2 - d^2)}{5.4B^2 - \pi d^2} \end{array}\right\} \cdots\cdots (2\text{-}7)^{(3)}$$

ε_e：絶縁体の実効比誘電率
B：導体中心間距離 [mm]
V：絶縁体占積率

ツイスト・ペア線は基本的に平行導線をねじっただけと言えるので，特性インピーダンスの式は同じになります．写真2-1で使用したビニル電線にあてはめて計算すると，特性インピーダンスは約80Ωとなります．イーサネット用のツイスト・ペア線は約100Ωで作られています．

基板パターン線路の特性インピーダンス

図2-18のような断面で示される基板外層パターンは，マイクロストリップ線路とも呼ばれます．この線路の特性インピーダンスは，式(2-8)で計算できます．

$$Z_0 = \frac{60}{\sqrt{0.475\,\varepsilon_e + 0.67}} \ln\left\{\frac{4h}{0.67(0.8w + t)}\right\}$$
$$\cdots\cdots\cdots (2\text{-}8)$$

ただし，ε_r：誘電体の比誘電率
h：誘電体の厚さ [mm]
w：プリント・パターンの幅 [mm]
t：プリント・パターンの厚さ [mm]

また，図2-19のように基板内層でべた面にはさまれたパターンはストリップ線路とも呼ばれます．この線路の特性インピーダンスは式(2-4)で示されます．

$$Z_0 = \frac{60}{\sqrt{\varepsilon_r}} \ln\left\{\frac{4b}{0.67\,\pi\,w\left(0.8 + \dfrac{t}{h}\right)}\right\} \cdots\cdots (2\text{-}9)$$

式(2-1)から式(2-9)は線路の長さが長く一様に続く理想的な場合です．長さが短かったり途中にビアなどがあり線路が一様でない場合はずれてくるので，目

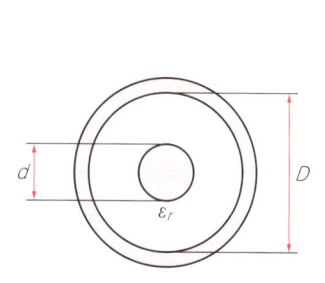

図2-16 同軸線路断面（ε_r：比誘電率）

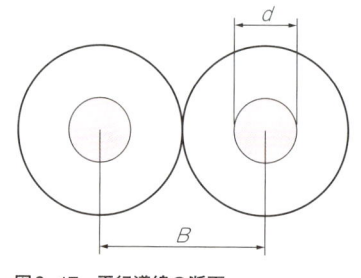

図2-17 平行導線の断面
ツイスト・ペア線も平行導線と見なせる．

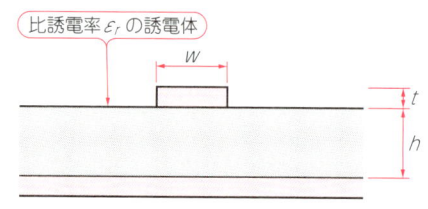

図2-18 基板外層パターン断面図

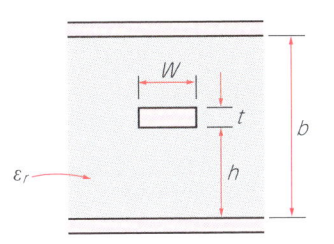

図2-19
基板内層パターン断面図

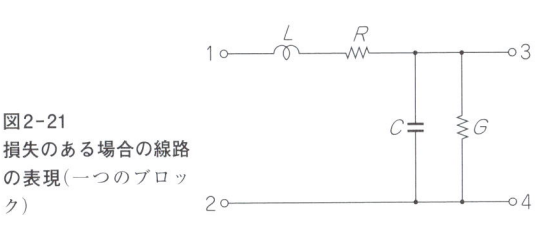

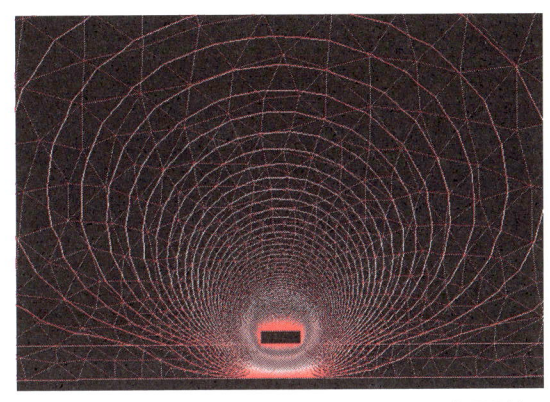

図2-20 2D有限要素解析ソフトFreefem++による等電位線のプロット

安と考えたほうがよいと言えます.

特に，基板の場合は，エッチングによるパターン幅のばらつき，エポキシ材質やガラス繊維の誘電率のばらつきなどから，設計値と数パーセント程度の差があるのは普通です.

マイクロストリップ線路の近似式では線幅 w や高さ h の範囲など，精度の良い値を得るにはいろいろ条件があります．詳しくは参考・引用文献(2)などを参照してください.

式(2-8)や式(2-9)は算出式の一例ですが計算式がそれなりに複雑です．グラフィカルにパターン断面の寸法を入れ，特性インピーダンス計算ツールを使って求める方法が計算ミスも少なく効率的と言えるでしょう.

ツールにはTDKから提供されているフリーソフトSEATなどがあります．この計算ツールは，マイクロストリップ線路やストリップ線路だけでなく，同軸線路などの特性インピーダンスも求められます.

● 特殊断面の特性インピーダンスはどうやって求めればよいか

以上のような与えられた近似式では，グラウンド断面が平面になるなどの単純でない，より一般的な断面形状の場合には計算できません．そのような断面の場合の特性インピーダンスを求めるには，2次元の電磁界ソルバーが使われます．2次元面内で金属表面に電荷が加わった時の静電気現象で計算するのが普通です．高速信号が導体線を進む場合は，実質表面にのみ電荷が表れる場合と同じになるため静電気での計算が使われます.

また，導体の周囲は同じ電位として計算するのが普通です．実際にはグラウンド面とパターン間が狭く，グラウンド面側と反対側の面では電位が異なる場合もあります．なお2次元面内で計算しているので，金属線路が同じ断面で一様に続き，線路の方向に垂直な面内に電界と磁界が直交しているTEM波あるいは準TEM波の場合に限られます.

2次元有限要素法でマイクロストリップ線路の特性インピーダンスを計算させるために，等電位線を引かせた様子を図2-20に示します．図の下の線の部分がグラウンド面で，その上に誘電体層があり，さらにその上にパターンの断面に相当する四角の金属を配置しています．この図はフリー汎用有限要素法プログラムFreefem++[注1,注2]を使って計算したものです．2次元の断面構造から C, L パラメータを計算するには2次元のラプラスの方程式を解く方法がよく用いられます[5],[6].

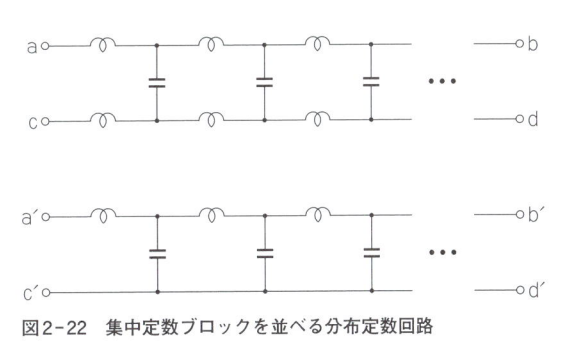

図2-21
損失のある場合の線路の表現（一つのブロック）

図2-22 集中定数ブロックを並べる分布定数回路

注1：Freefem++は機械系などでよく使われているフリーの有限要素法ソフトである．電磁界専用でないこともあり，複数の誘電体が存在したり形状が複雑になると，自動メッシュがうまく働かないなどの問題が生じることがある.
注2：線路の特性インピーダンスや線路パラメータ計算に特化した2次元ソルバ・ソフトも，執筆時点で数万円程度で市販されている．米国のウェブ・サイトを見ると（もちろん英語表示のみだが），年間のライセンス料が数千円程度でダウンロードできるものもある．これらの市販ソフトは第5章で取り扱う差動線路などの複数の結合線路間のパラメータ計算機能も備えているのが普通だ（第13章Appendix 3で，もう少し詳しく説明している）.

● 損失を考慮した伝送線路

これまでの説明では線路の損失は無視して進めてきました．通常の線路は抵抗の少ない銅などが使用されているので，損失を無視した場合のモデルがそのまま適用できます．

実際の線路には導体の抵抗 R と誘電体の損失コンダクタンス G があります．これを反映させた特性インピーダンスは式(2-10)で表されます．この式は伝送線路を集中定数のブロックを多く並べたモデルで表す分布定数回路と呼ばれる表現の単位長さ当たりの $RLGC$ を示したものです(**図2-21**)．分布定数回路表現で損失を省いた場合の表現は**図2-22**のようになります．本来は図の上の形でリターン側にもインダクタンスが入りますが，片側の線路に集約する下の形で示すのが普通です．実際の伝送線路で図のb-d端子間に信号が見えるのは，a-c端子に信号が加わった後，線路を進む時間が経過してからです．したがって，下の図のようにc'-d'間がそのままつながっているモデルでは現実の回路とは異なる場合が生じます．

図2-14のコンデンサとコイルで分かるように，同じ部分が L であり C で，実際の伝送線路はこれがつながった形になっており，cとdは回路的，物理的に異なる点です．また分布定数モデルでは $\Delta \ell$ が十分小さくないと実際の伝送線路では発生しない L と C によるリンギングなどが発生します．分布定数モデルをSPICEなどの計算に用いて時間応答を見る場合，一つの回路ブロックによる遅延時間が信号の立ち上がり時間 tr の約1/10以下になる程度の線路長さになるように $\Delta \ell$ を細かくする必要があります．

分布定数モデルによらない伝送線路の表現は第5章，第13章で説明します．

$$Z_0 = \sqrt{\frac{R + j2\pi fL}{G + j2\pi fC}} \quad \cdots\cdots\cdots\cdots\cdots (2\text{-}10)$$

表2-2は主な形状の伝送線路で損失を考慮したときの線路パラメータをまとめたものです[4]． σ_{cond} は導体の伝導率， σ_{diel} は絶縁材部の伝導率， ε は絶縁材部の誘電率， δ は表皮厚さ(Column参照)です．

● 特性インピーダンスは周波数によって異なる

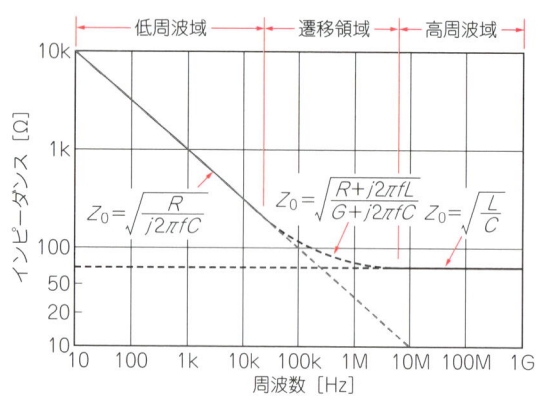

図2-23は線路の長さが数cmから数mの場合の特性インピーダンスの周波数特性を示したものです．この図から分かるように，特性インピーダンスがほぼ一定となるのは，一般的な回路ではMHz程度から10GHz程度の範囲です．この範囲でも実際には絶縁体の周波数特性などが**図2-21**の $R L G C$ 全てのパラメータにあり，厳密には特性インピーダンスは一定とは言えません．通常のガラス・エポキシ基板であれば数十MHzから数GHzの範囲では，ほぼ一定と見て設計してもよいでしょう．ただし，数GHzでは伝送線路の損失(RとG)が問題となります．伝送線路の損失と対策および伝送線路基板設計の場合の絶縁材質の考慮については第8章を参照してください．

図2-23[1] 線路の特性インピーダンスの周波数特性

表2-2 主な形状の損失を考慮した伝送線路パラメータ[*4]

パラメータ	(a)平行2本線	(b)同軸線	(c)平行プレート線
R [Ω/m]	$\dfrac{1}{\pi a \sigma_{cond} \delta}$	$\dfrac{1}{2\pi a \sigma_{cond} \delta}\left(\dfrac{1}{a}+\dfrac{1}{b}\right)$	$\dfrac{2}{w \sigma_{cond} \delta}$
L [H/m]	$\dfrac{\mu}{\pi}\cosh^{-1}\left(\dfrac{D}{2a}\right)$	$\dfrac{\mu}{2\pi}\ln\left(\dfrac{b}{a}\right)$	$\mu \dfrac{d}{w}$
G [S/m]	$\dfrac{\pi \sigma_{diel}}{\cosh^{-1}(D/(2a))}$	$\dfrac{2\pi \sigma_{diel}}{\ln(b/a)}$	$\sigma_{diel}\dfrac{w}{d}$
C [F/m]	$\dfrac{\pi \varepsilon}{\cosh^{-1}(D/(2a))}$	$\dfrac{2\pi \varepsilon}{\ln(b/a)}$	$\varepsilon \dfrac{w}{d}$

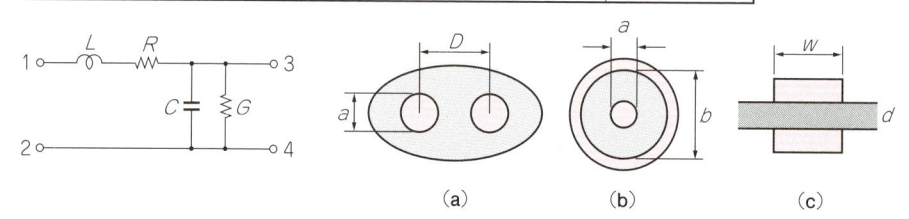

損失がある場合の式(2-6)を見ると，一般にRあるいはGの損失があると複素数になることが分かります．ある周波数のサイン波を印加した場合は，信号の位相がずれることになります．パルス波形はさまざまな周波数の位相と振幅が異なったサイン波を重ね合わせたものと見ることができます．周波数ごとに$RLGC$の各パラメータが異なってくるため，パルス波形はかなり複雑な要因で決まってくることになります．通常のシミュレーション・ソフトではそれらの条件を正しく反映させて波形を求めることは簡単ではありません．SPICEの中でもHSPICEのWパラメータは$RLGC$のパラメータを入れるだけで比較的正確に波形を出力できるといわれています．

● マイクロストリップ線路を進む電気信号の速度と実効誘電率

第1章で説明したように，電気信号は導体の周囲の絶縁体の部分を進み，その速度v_xは絶縁材の誘電率εと透磁率μを用いて$v_x = 1/\sqrt{\varepsilon \cdot \mu}$となります．特性インピーダンスを線路の$L$と$C$で表した時と同様の変換をすると，

$$C = \varepsilon \cdot d/w \cdot \Delta \ell$$
$$L = \mu \cdot w/d \cdot \Delta \ell$$

より$v_x = 1/\sqrt{L \cdot C}$ [m/s]．

ただし，dとwは図2-14のもの．
また，1 m当たり電気信号が進む時間t_dは，

$$t_d = \sqrt{L \cdot C} \quad [s]$$

となります．

マイクロストリップ線路は，線路の下側の導体面との間がガラス・エポキシなどで比誘電率が4.2程度，反対側が比誘電率実質1の空気となっています．マイクロストリップ線路では線路の空気側の電気信号は光速で進み，ガラス・エポキシ側は$\sqrt{4.2} \fallingdotseq 2$として光速の約1/2で進むのでしょうか．

長さ30 cmの導体なら空気中では1 nsで，上記絶縁体中では2 nsと大きな差が出ることになります．しかしオシロスコープで実測してみると二つに分かれた信号は観測されず，2 nsに近い1.7 ns程度の遅れで一つの信号が見られるだけです．つまり，導体周囲の異なる絶縁体の誘電率を平均した一様な誘電率の絶縁材の中を進むと見なせることになります注3．

第1章で空間を進む電磁波はTEM波で伝わるという説明をしました．伝送線路の場合，TEM波で伝わるのは同軸線など導体周囲の絶縁体が同じ誘電率の場合です．マイクロストリップ線路を進む信号の場合は電界と磁界が線路の方向に垂直な面内で直交するTEM波に対して少しずれるものの面内で直交しているとして近似計算できるため，準TEM波と呼ばれます．

図2-24に示すようにマイクロストリップ線路の単位長さ当たりのLがL_{ms}でCがC_{ms}の場合，その線路を進む電気信号の速度v_{ms}は，

$$v_{ms} = 1/\sqrt{L_{ms} \cdot C_{ms}}$$

で表されます．ガラス・エポキシなど通常の誘電体の

注3：ただしガラス・エポキシの場合でも，信号の速度が20 Gbps(10 GHz)を超えてくると空気中と誘電体中の誘電率の差が影響し，電界と磁界が線路に垂直な面内で直交するという姿からずれて，空気中の方が先に進む形になってくる[5]．

表皮効果，表皮厚さ　　　　　　　　　　　　　　　　　　　　　　Column

表皮効果とは導体表面を電気信号が伝わる時，信号周波数が高いほど金属の中に浸透できない効果を言います．このとき導体の中に浸透する厚さを表皮厚さ(skin depth)と言い，式(A-1)のδで表されます(図A-1)．σは導電率，ωは周波数，μは導体の透磁率です．

$$\delta = \sqrt{\frac{2}{\sigma \omega \mu}} \quad \cdots\cdots\cdots\cdots\cdots\cdots\cdots (A-1)$$

δより深くには浸透しないということでなく，δの深さのところで電流が表面の1/eに減少し，その後も指数関数的に減っていきます．なお，ここで電流と書いていますが，既に説明しているようにこのδの範囲の自由電子が線路方向にほぼ光速で移動するわけではなく，線路に沿ってほぼ光速で電磁波として移動する電気信号に応じて導体表面から垂直方向に電子の変化が浸透する現象ととらえればよいでしょう．

式(A-1)から見ても金属の導電率が大きい(=抵抗が少ない)ほどδは小さくなります．抵抗が0の場合は導体内には一切浸透しないということになります．このことから電気信号は抵抗が少なく自由電子が多いところほど進みにくく，逆に真空のように絶縁抵抗が大きいところほど，ただしεやμが小さいほど進みやすくなるということが分かります．

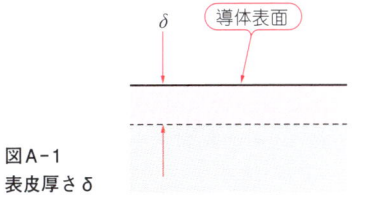

図A-1 表皮厚さ δ

図2-24 マイクロストリップ線路のLとC

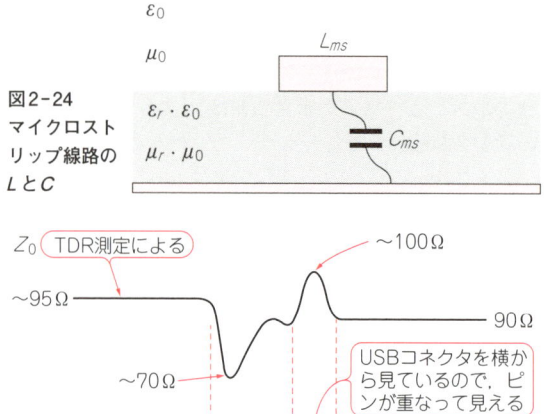

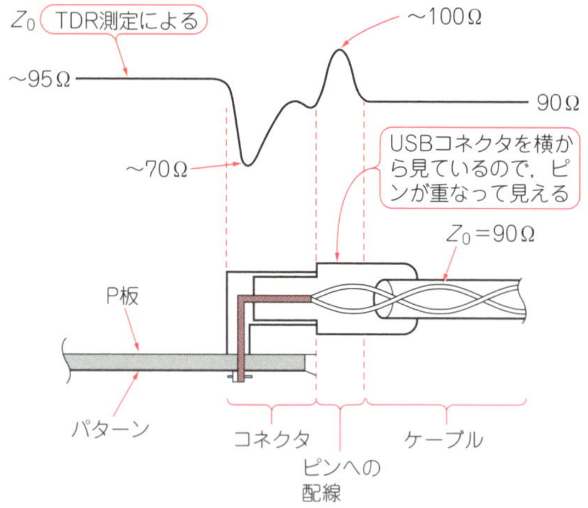

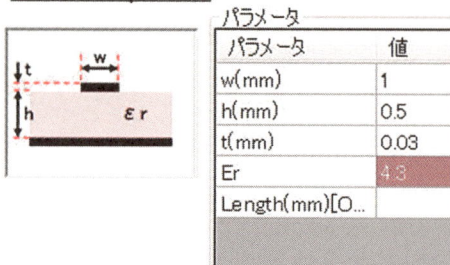

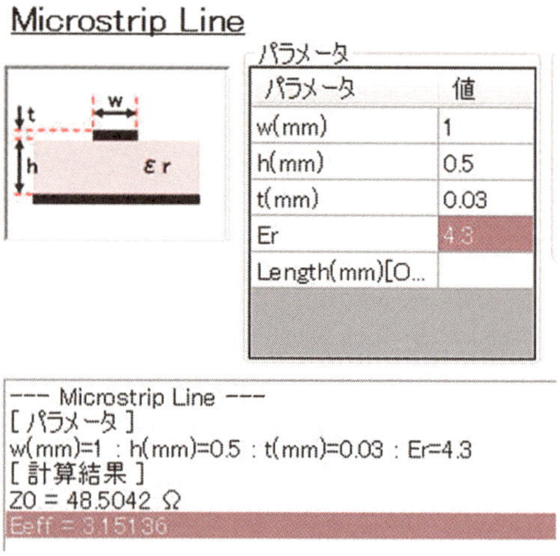

図2-25 SEATによる実効誘電率の計算[7]

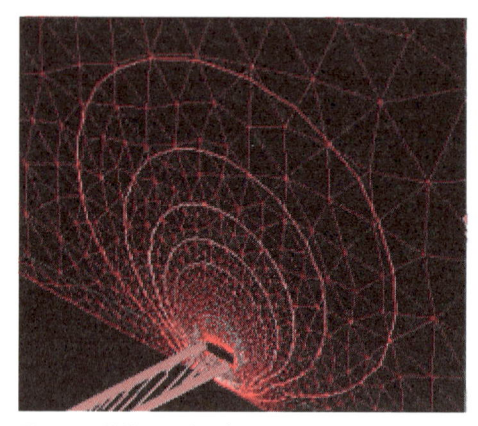

図2-26 基板コネクタ部の特性インピーダンス変化[1]
インピーダンス・データはホシデン提供のものを元に作図.

図2-27 特性インピーダンスは線路各点2次元情報

場合，透磁率は真空と同じと見なすことができます．したがってL_{ms}は誘電体が真空の場合のL_0と同じになります．図2-24で誘電体が真空の場合の容量をC_{ms0}とすると$L_0 = 1/(c_0^2 * C_0)$と，インダクタンスを容量だけで表すことができます．ここでc_0は真空中の光速，C_0は図2-24で誘電体が真空の場合の単位長さ当たりの容量です．速度の式でC_{ms}/C_{ms0}を実効誘電率と呼んでいます．実効誘電率はε_{eff}と表されます．

$$v_{ms} = c_0/\sqrt{C_{ms}/C_{ms0}} = c_0/\sqrt{\varepsilon_{eff}}$$

$$\varepsilon_{eff} = C_{ms}/C_{ms0}$$

図2-25にフリーソフトSEAT（TDKが提供）の特性インピーダンス計算ツールでマイクロストリップ線路の実効誘電率ε_{eff}を計算させている様子を示します．上部の表に線路のサイズなどを入力すると，結果が下部に表示されます．反転して表示されているE_{eff}が実効誘電率です．

● 特性インピーダンスは線路各点の2次元情報

本章では特性インピーダンスについて説明してきました．ギガビット回路での特性インピーダンス評価についても簡単に付け加えておきます．図2-26はUSB信号をコネクタ経由でケーブルにつなぐ部分の特性インピーダンスを測定したときの様子を示しています[1]．第12章で説明するTDRという測定手段で測ったものです．下が基板やケーブルの構造，上のグラフが各点の特性インピーダンスです．パターン部では95Ω，ケーブル部は90Ωで変化がありませんが，コネクタ部では70Ωから100Ωに変化しています．これで分かるように，特性インピーダンスは信号伝送経路各点で求まる値です．図2-27のようなイメージで把握しておけばよいかと思います．

◆参考・引用*文献◆

(1) 畑山 仁，志田 晟ほか；USB 3.0設計のすべて，2011年，CQ出版社．
(2) B. Wadell；Trasmission Line Design Handbook, Artech house, Inc., 1991.
(3) *潤工社；電線ハンドブック改訂版，1976年，潤工社．
(4) *R. Ludwig；RF Circuit Design, 2nd ed, Rearson, 2009
(5) S. Hall, H. Heck；Advanced Signal Integrity for High‐Speed Digital Designs, John Wiley & Sons Inc., 2009
(6) 浅井ほか；配線をモデル化するためのパラメータ抽出法（前編），デザインウェーブマガジン，2003年4月号，pp.140-146，CQ出版社．
(7) TDK SEATのサイト：
▶ http://product.tdk.com/ja/technicalsupport/seat/

（初出：「トランジスタ技術」2008年2月号）

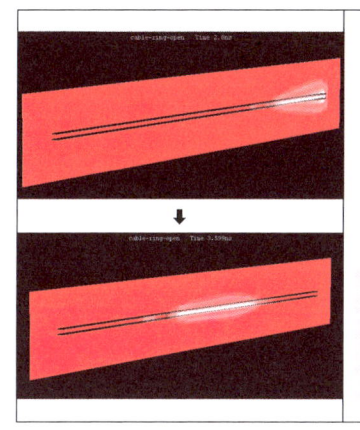

第3章 ディジタル伝送回路の反射とメカニズム

線路端をショートしても電気信号は消えてなくならない

回路の出力をグラウンドに落とすと信号は見えなくなります．しかし長い線路を経由してグラウンドにつなぐと線路途中では信号が見えてきます．電気信号は伝送線路を波（電磁波）で伝わることからそのような振る舞いが起きてきます．線路端での反射について実験を交え解説しています．

プリント基板に実装されているロジックICの出力にはパターン（線路）がつながっています．

本章ではまず，ICに線路をつないで信号を入力したときに出力波形に生じるいくつかの現象を確かめます．そして，その現象を足がかりに，ICを線路でつないだときの電気信号のふるまいとこれに関連するリンギング対策について解説します．

ICの出力に線路をつなぐと立ち上がり波形に段付きが生じる

● ICに線路をつないだときの影響を調べる

図3-1は，ロジックICの出力に線路をつないだときにどのような影響があるのかを実験する回路です．IC_1の出力は，長さℓ（=50 cm）の線路を経由して別の74HC04入力につながっています．IC_1の入力に階段状波形を入力したときの入力ピン（図3-1の@点）と出力ピン（図3-1の⑤点）の波形を図3-2に示します．図3-2の出力ピンの波形から分かるように，IC_1の出力の立ち上がり波形は一度で立ち上がらず，途中で「段」が付いた波形になっています．

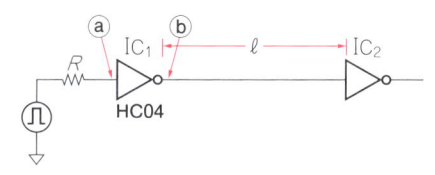

IC_1を出力電流が74HC04の数倍ある74AC04に交換してみるとどうなるでしょうか．図3-3に観測波形を示します．この図では少し分かりにくいのですが，出力波形はすぐには立ち上がっていません．

● ICの不良か？

IC_1の出力波形に，なぜこのような段が生じるので

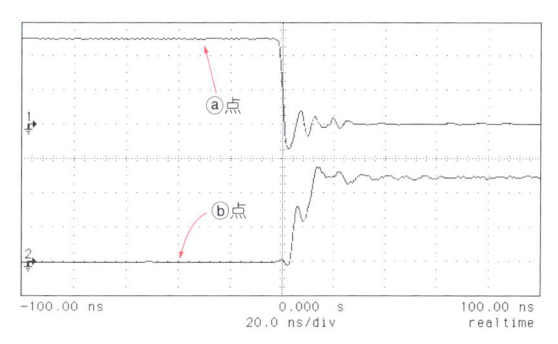

図3-1 ロジックICの出力ピンの波形を観測する実験回路

図3-2 図3-1で50 cmの線路を接続したときの入出力波形（2 V/div, 20 ns/div）

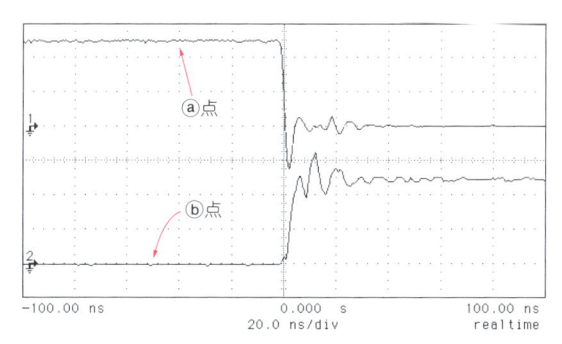

図3-3 図3-1でIC_1を74AC04にしたときの入出力波形（2 V/div, 20 ns/div）

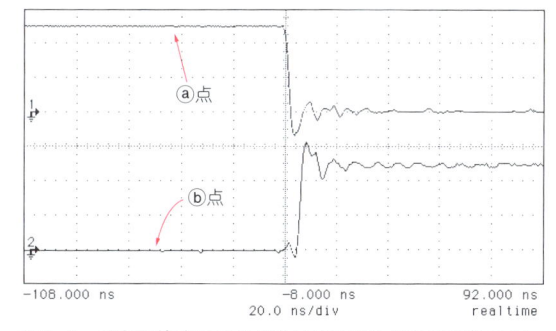

図3-4 出力に線路をつながないときの入出力波形（2 V/div, 20 ns/div）

しょうか．この「段」の電圧は，74HCや74ACのロジック出力レベルが定まらない入力電圧です．このような不定の電圧が出ているのはロジックICが不良なのでしょうか．念のため，74HC04の出力ピンにつながっている線路をピンのところで切り離した場合の波形が図3-4です．出力波形に「段」はなく正常に立ち上がっておりICに問題はないことが分かります．

ICの出力に線路をつないで終点をショートしても出力ピンに電圧が生じる

● ICの出力ピンをグラウンドにショートした場合

図3-5は，74HC04（IC₁）にパルス発生器から階段状波形を入力し，ICの出力ピンのところでグラウンドにショートしたものです．図3-6に観測波形を示します．出力ピンには，Highレベルが現れていないことが分かります．

● ICの出力ピンに線路をつないだ場合

次に，このICの出力に線路（長さ50cm）を付けて，その線路の先をショートしてみます（図3-7）．一般的な基板のように，より身近な長さにしてもよいのですが，ここでは一般的なオシロスコープでも現象が見やすい少し長めにし，線路には比誘電率が約3の絶縁体を使った特性インピーダンス50Ωの同軸線を使用しています．オシロスコープは帯域500MHzのものを使用しています．図3-8に観測波形を示します．

図3-8から分かるように，線路端では電圧が出ていませんが，ICの出力ピンにはパルスが印加された直後約6nsの間2.5V程度の電圧が出ています．通常の回路の考え方では，出力ピンにつながる線路の一部をショートするとICの出力ピンの部分では初めから電圧が出ないはずです．

図3-7の回路で線路の長さを1mにするとどのような波形が見えるでしょうか．図3-9がその結果です．この図から，パルスが印加された直後にICの出力ピンに電圧が現れることは図3-8と同じですが，その

図3-5 ICの出力ピンをグラウンドにショートしたときの出力電圧を観測する実験回路

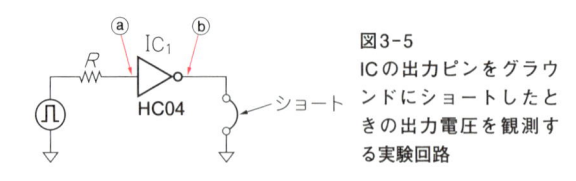

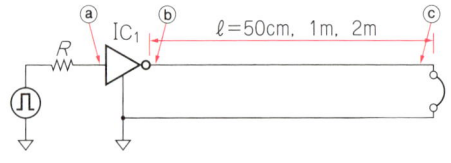

図3-7 ICの出力に線路を付けてその線路の終点をショートしたときの出力電圧を観測する実験回路

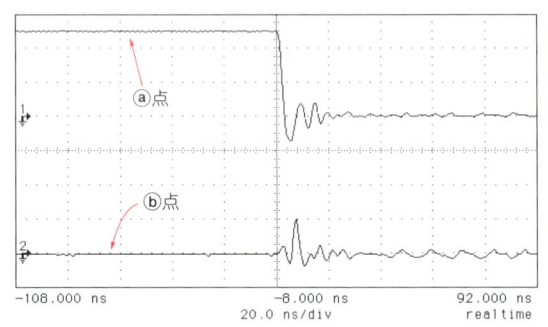

図3-6 図3-5の入出力波形（2 V/div, 20 ns/div）

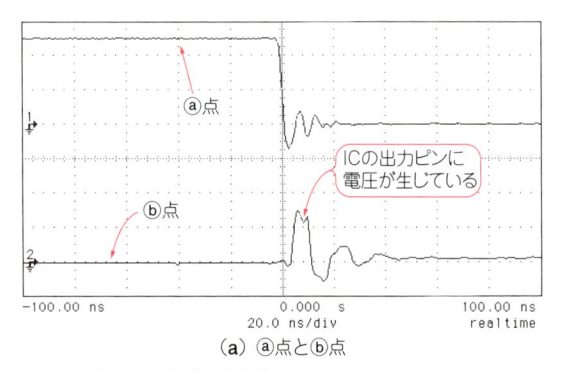

図3-8 図3-7の入出力波形（$\ell = 50$ cm, 2 V/div, 20 ns/div）
(a) ⓐ点とⓑ点

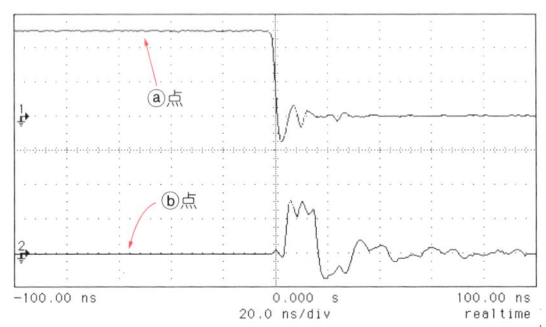

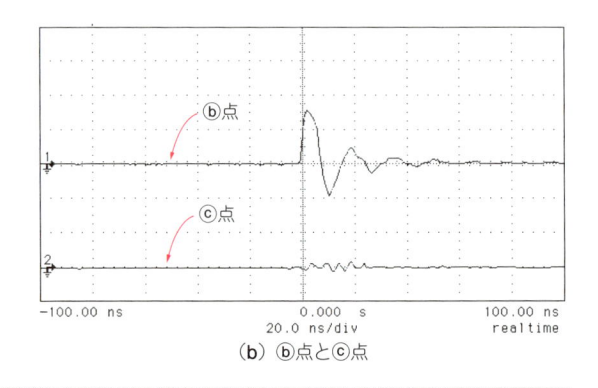

図3-9 図3-7の線路長を1mにした場合の入出力波形（$\ell = 1$ m, 2 V/div, 20 ns/div）
(b) ⓑ点とⓒ点

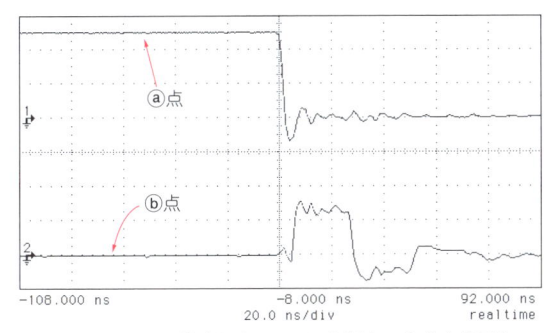

図3-10 図3-7の線路長を2mにした場合の入出力波形（ℓ = 2 m，2 V/div，20 ns/div）

時間が約12 nsと50 cmの場合の2倍になっていることが分かります．さらに線路の長さを2 mにした場合が図3-10で，約24 nsと1 mの場合の2倍となっていることが分かります．

● ICの出力ピンに生じる電圧のパルス幅は線路の長さに比例する

線路の誘電体の比誘電率をε_rとすると，1 nsで信号は，$0.3\varepsilon_r^{-0.5}$ m進みます．この実験で比誘電率を3とすると1 nsで約0.17 mとなるので，1 m進むのに約6 nsということになります．図3-8のパルス幅は約6 nsなので，0.5 mの線路往復（= 1 m）の時間とほぼ一致します．

このことから，出力に線路がつながっている場合は，線路端をショートしてもICの出力ピン部分に線路の長さに比例した時間，電圧（HC出力に特性インピーダンス50 Ωの線路をつなぐと電源電圧の約半分の電圧）が生じることが分かりました．その時間は，線路長さを電気信号が往復する時間とほぼ同じということも分かりました．

線路に印加された信号は終点に到達すると始点に戻る

電気信号は，時間の経過に伴って導体をどのように伝わるのでしょうか．マックスウェルの式に従って計算する電磁界シミュレータで確認してみます．結果が分かりやすいように，平行板の始点のスイッチを短い

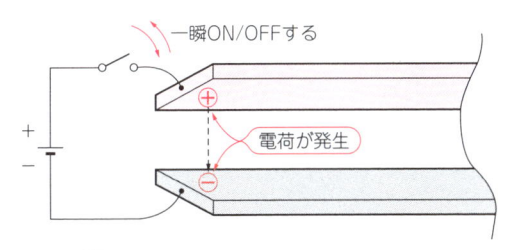

図3-11[(1)] 線路にパルスを印加するときの様子

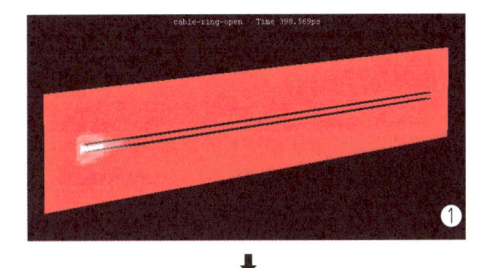

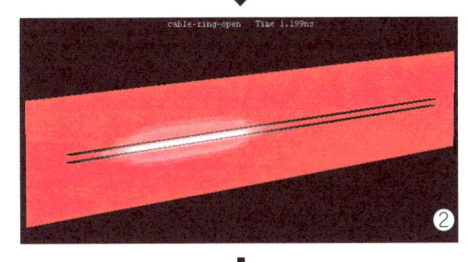

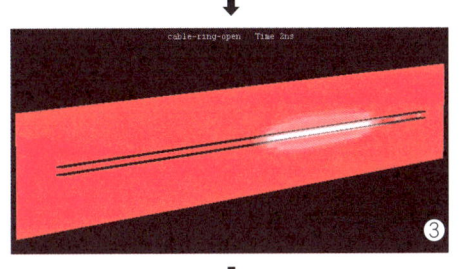

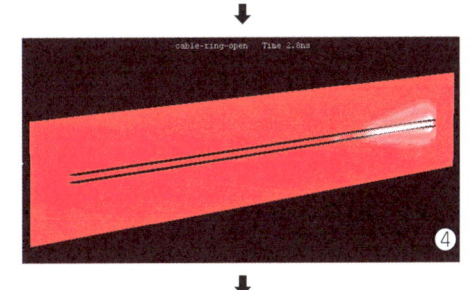

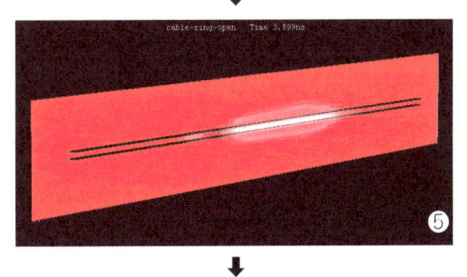

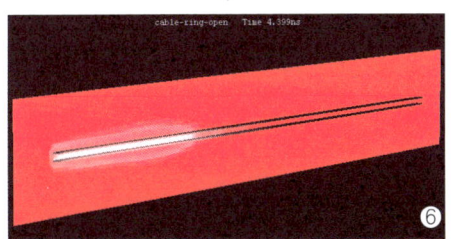

図3-12 終点がオープンの線路をパルスが進む様子（シミュレーション．濃淡は電界強度を示す）

線路に印加された信号は終点に到達すると始点に戻る

時間ONして線路に電荷を与えるモデルで計算させました(**図3-11**).線路の長さは60 cm,絶縁体は空気にしています.線路の終点はオープンの場合とショートの場合の両方で計算させています.

図3-12は,線路の終点をオープンにしたときの結果で,上下の導体を含む導体に沿った面の電界強度を示しています.パルス幅は0.8 nsでパルスの中心が印加点に来た0.4 nsの時間から0.8 nsの時間間隔で示しています.④が線路の終点にパルスが到達したときです.⑥はパルスの先端が印加点まで戻ってきている様子を示しています.

図3-13は,線路の終点をショートしたときの結果で,パルス幅などの条件は**図3-12**と同じです.④が線路の終点にパルスが到達したときでショート部分では電界が出ていないことが分かります.しかし,⑤,⑥では,線路の終点がオープンの場合と同じように印加点に信号が戻ってきていることが分かります.

線路の終点がショートされていると信号は反転する

線路の終点がオープンの場合とショートの場合とで電気信号の電界ベクトルに違いはあるのでしょうか.シミュレーションで確認してみます.

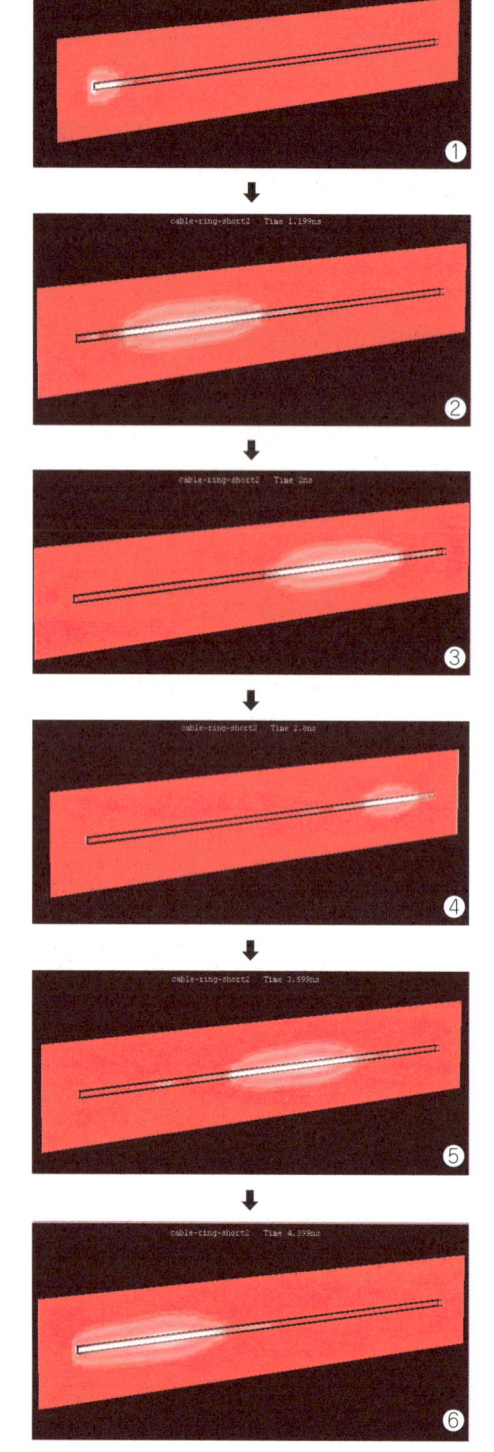

図3-13 終点がショートの線路をパルスが進む様子(シミュレーション.濃淡は電界強度を示す)

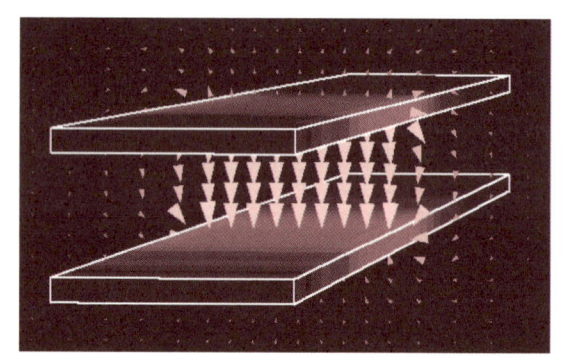

図3-14 線路上側にプラスの信号が印加された直後の電界ベクトル(シミュレーション.△:電界,磁界の向き,大きさを表す)

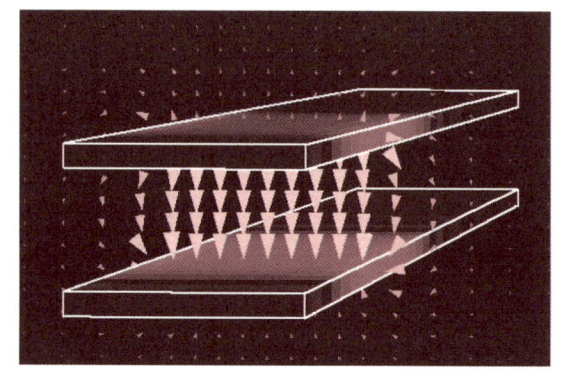

図3-15 終点がオープンの線路の反射電界ベクトル(シミュレーション.△:電界,磁界の向き,大きさを表す)

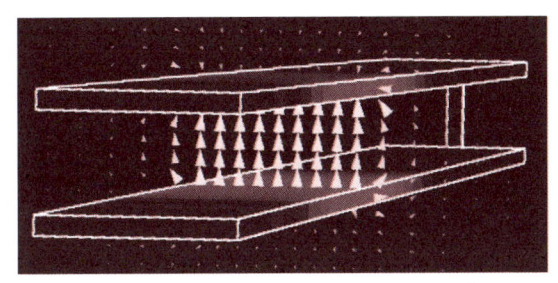

図3-16 終点がショートの線路の反射電界ベクトル(シミュレーション．△：電界，磁界の向き，大きさを表す)

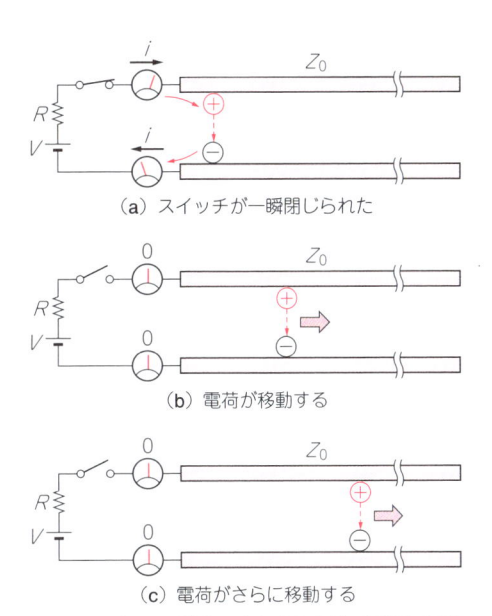

図3-17 パルスが線路に印加された後は電源に無関係に線路を進む
(a) スイッチが一瞬閉じられた
(b) 電荷が移動する
(c) 電荷がさらに移動する

　図3-14は，線路の上側にプラスの信号が印加された直後のパルス信号が通過している場所の電界ベクトルです．電界ベクトルは下向きとなっています．
　図3-15は，線路の終点がオープンの場合に終点から反射してくる電気信号の電界ベクトルです．電界ベクトルは行きと同じく下向きです．
　図3-16は，線路の終点がショートの場合に終点から反射してくる電気信号の電界ベクトルです．終点がショートの場合は，行きは下向きですがショート端から反射してきた信号の電界は上向きになっており，行きと帰りとで反転していることが分かります．

終点がオープンの線路はコンデンサが延びたものと見なされる

　光や電気信号の速さは光速ということが知られています．言い替えると電気信号より速く進むものはありません．従って，ICの出力ピンなどから電気信号が線路に送り出されるとき，電気信号自体の進む速度がこの世で最も速く線路を伝わるので，線路の先の方がどのようになっているのかを最も速く知るのはその電気信号となります．
　電気信号になったつもりで考えてみると理解しやすいかもしれません．図3-17にICの出力から電気信号が出るところを，スイッチを使って簡素化した回路で書いてみました．図3-17では，分かりやすいように一瞬Highレベルになる場合を示しています．⊕で示したものがプラスの電荷，⊖で示したものがマイナスの電荷です．電気信号が伝わる線路として，空間に1本の線路が独立して存在している場合を考えてもよいのですが，ここでは一般的なべた面上にパターンの線路が引かれている場合やイーサネットのツイスト線のように，線路に沿って導体が走っている場合を考えています．
　高速に変化する電気信号がペアになった線路に送り出されるときは，片方にプラスの電荷，もう一方にマイナスの電荷が現れると説明できます．この電荷は重さのある電子自体ではなく波のようなものであるため，光の速さで導体の表面を伝わることができます．
　線路の先は図3-17で分かるように開放となっています．このように線路はコンデンサが長く延びたものと考えることができます．そのコンデンサに端の方から電荷を充電していくと考えればよいでしょう．

いったん線路に出ていった電気信号は電源とは無関係に線路を進む

　図3-17(a)でのみスイッチが一瞬閉じられ，線路に電荷が印加されますが，線路の上にプラス，下側にマイナスの電荷が電源側から線路に移動すると説明されます．
　電流はプラスの電荷が進む方向と規定されているので，線路の上側で無限に速く応答する仮想的な電流計を置いてみると，図のように線路の方に流れます．下側の線路には上の電流と同時にマイナスの電荷が電源側から線路に移動します．しかし，電流はマイナスの電荷が移動する場合は移動方向と反対方向に流れると決められているので，図のように線路側から電源側に「電流が流れる」ということになります．
　図3-17(b)，(c)では電荷のペアは線路の途中まで進んでいますが，電源部の電流計は振れておらず電流は流れないことを説明しています．
　このように，いったん線路を出ていった電気信号は電源とは無関係に線路を進んでいきます．図3-17の場合では，線路の終点はオープンですが，線路の先の様子とは無関係にほぼ光速で信号が勝手に進んで行きます．

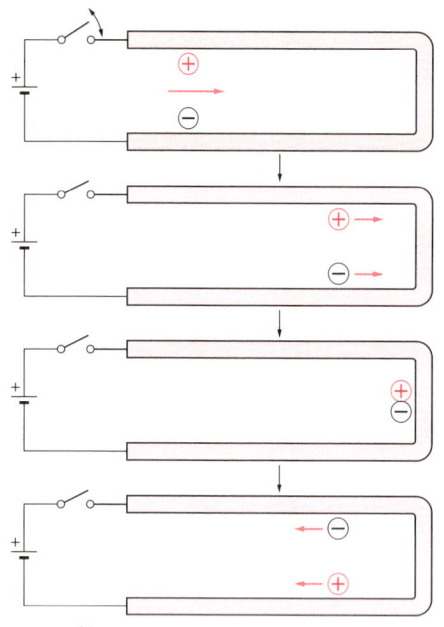

図3-18⁽¹⁾ 終点がショートの線路では信号が反転して戻ってくる

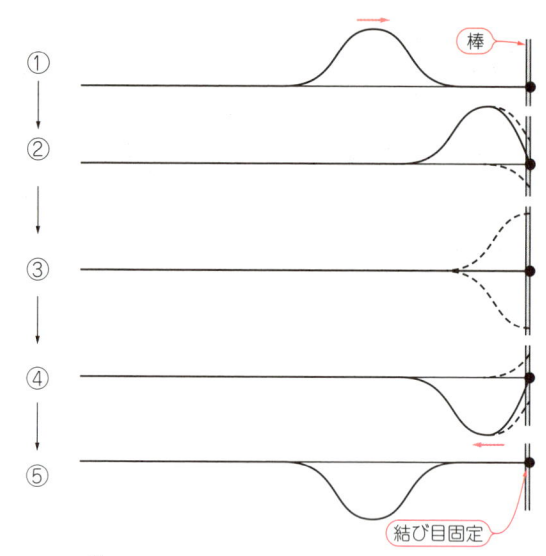

図3-19⁽¹⁾ 終点がショートの線路は端を固定したロープと同様に波が反射する

線路端の状態と位相の関係

　図3-18は，線路の終点がショートの場合にパルスを印加したときの様子です．ショートのところで上の線路を進んできたプラス電荷が下の線路に，下の線路を進んできたマイナス電荷が上の線路に行き違って進んでいくと説明できます．電磁界解析の結果(図3-16)からもこの説明でよいことが分かります．

　また，電気信号の伝わり方は波に例えられることがあります．図3-19は，端を固定したロープに波を送ったときの様子です．固定されている端で波が消えています．その端で波が振れる方向が反転していることが分かります．図3-20は，線路の終点がオープンの場合です．線路端で電荷は入れ替わらずそのままの位相で戻っていく様子がこの図からも説明されます．図3-21は，ロープの例で説明したもので，ロープの端は棒に沿って自由に上下できるようになっています．

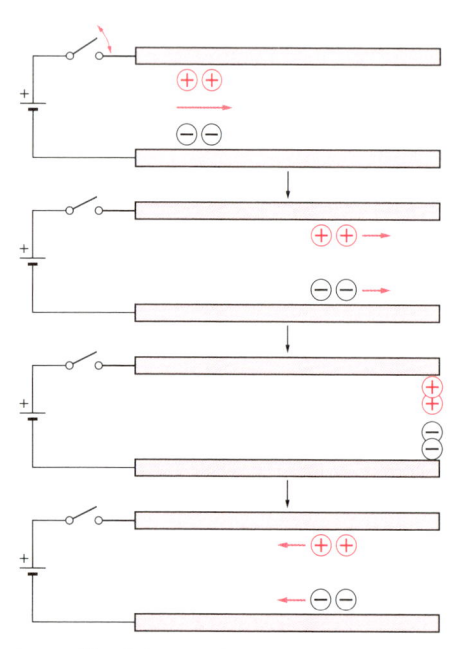

図3-20⁽¹⁾ 終点がオープンの線路の場合では信号はそのままの位相で線路を戻ってくる

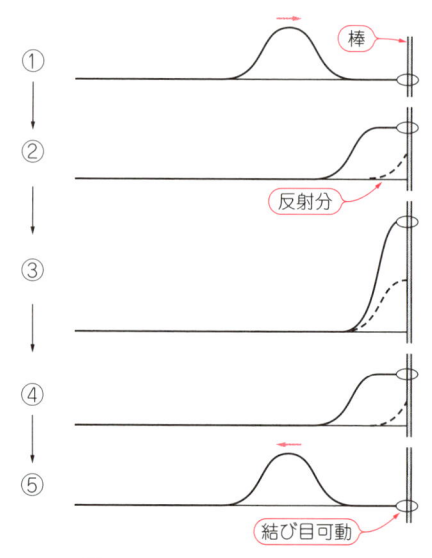

図3-21⁽¹⁾ 終点がオープンの線路の場合は端を自由にしたロープと同様に波が反射する

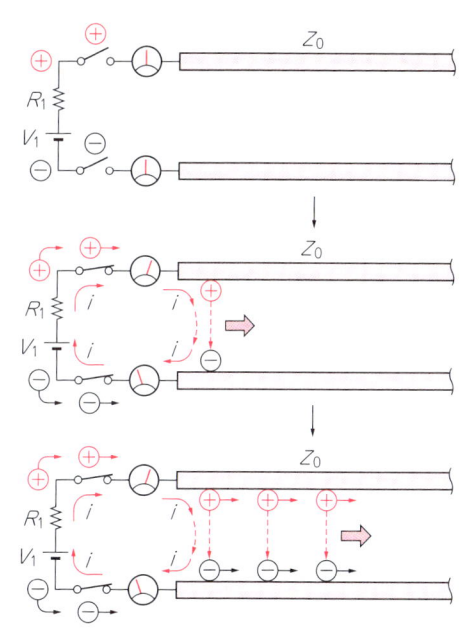

図3-22 階段状波形を印加したときの線路の充電の様子

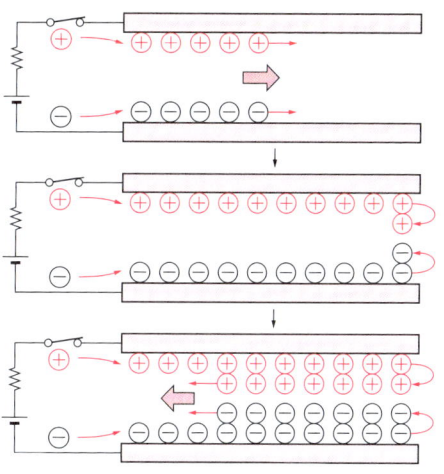

図3-23 終点がオープンの線路に階段状波形を印加したときの反射信号による線路の充電の様子

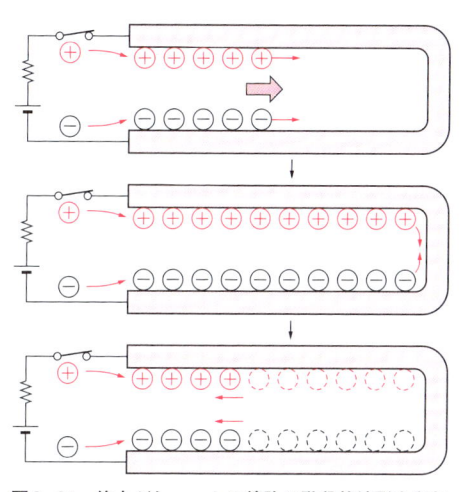

図3-24 終点がショートの線路に階段状波形を印加したときの反射信号による線路の充電の様子

このような状態のロープにパルス状の波を送ると，ロープの端では一瞬2倍の振幅となります．その後，波は進んできたときと同じ位相，振幅で戻っていきます．

階段状波形の信号を線路に加えたときの動作

図3-22は，図3-1と同様の線路に階段状波形を加えたときを示しています．階段状波形の場合は，電荷のペアが次々に線路に印加されると考えることができます．それぞれの電荷のペアに電源から電流が流れるのは，電源から電荷が線路に加えられるときだけです．電源と線路の間の電流計は連続的に振れていることになりますが，その電流は，線路の始点部分のみで線路の上から下に流れるだけで，線路の方には流れていかないと言えます．

図3-23では，線路の終点がオープンの場合を示したものです．電荷のペアが線路を進んでいくにつれて線路の上下間が充電されていきます．図3-23(b)で分かるように，充電が線路の終点まで進むと図3-20のパルスの印加と同じように，同じ位相の電荷のまま線路を戻っていきます．線路には，電源から次々と電荷が充電されてきていますから，信号が線路を戻るときは電荷密度が2倍すなわち線路間の電圧は2倍となって戻っていきます．

線路の終点がショートの場合は，図3-24に示したように線路の終点から逆相になって電荷が戻ってくるため途中の電位は0になって進んでいきます．

リンギングの対策

ここまでの説明で，ディジタル回路で主に見られるリンギングは，主に線路端で信号が反射することによるものであることが分かったと思います．従って，線路端(線路途中も含め)で反射が起きないようにすることが対策の基本的な方針となります．

● 立ち上がり時間を必要以上に短くしない

まず，考えるべき対策としては，立ち上がり時間を必要以上に短くしないということが言えます．図3-25(b)は非常に立ち上がりが速いデバイスを使った場合です．上の図は出力ピンの波形，下の図は信号の先端が線路を往復している様子を示します．出力インピーダンスと線路の特性インピーダンスの大きさの関係

リンギングの対策　35

(a) 立ち上がり時間が長い場合　　(b) 立ち上がり時間が短い場合

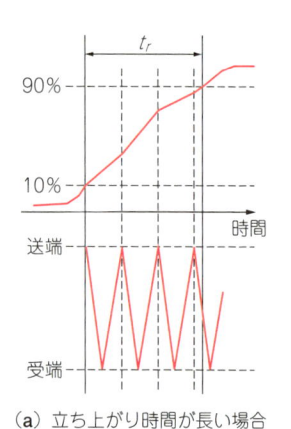

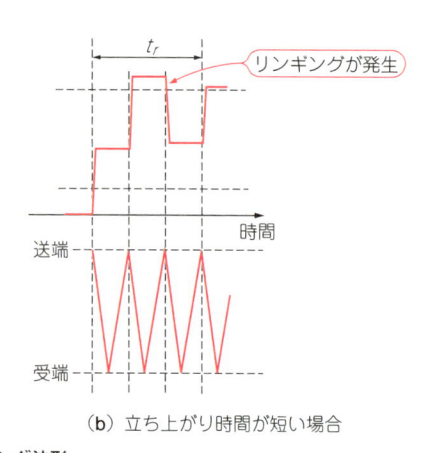

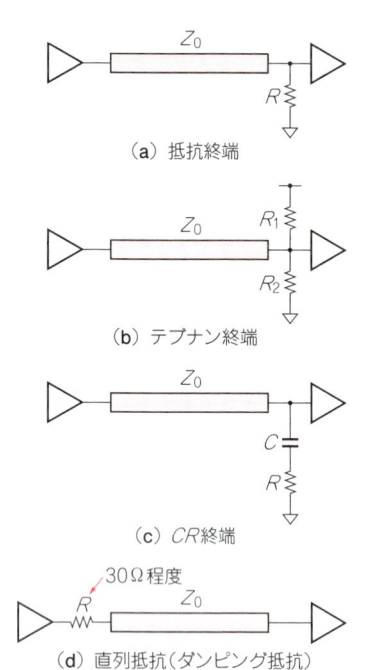

図3-25⁽¹⁾　線路を進む信号とリンギング波形
上は送端波形，下の波型波形は信号先端の送端と受端間の位置．

（a）抵抗終端

（b）テブナン終端

（c）CR終端

図3-26　リンギングを防ぐいろいろな方法

（d）直列抵抗（ダンピング抵抗）

によって段が付く電圧が変わりますが，線路を往復する時間ごとに波形が大きく変化していることが分かります．

一方，図3-25(a)は立ち上がりが遅いデバイスの場合です．出力につながった線路を電気信号が数往復する時間を要して信号が立ち上がる程度となっています．反射してくる信号自体があまり大きい振幅になっていないのでリンギングのような波形が出ません．

● **立ち上がり/立ち下がり時間が短い場合の対策**

立ち上がり/立ち下がり時間が短い高速デバイスの場合，対策が必要となります．

▶ **抵抗終端**

図3-26(a)のように線路の特性インピーダンスと同じ抵抗を線路の終端に付けると線路と終端抵抗の間で反射が起きず，電源から充電されてきた電荷はそのまま抵抗に吸収されていきます．

しかし，従来のHCMOSディジタル回路は線路端で終端しないで使用されてきました．数ボルトの振幅の信号を扱う従来のロジック回路では，抵抗を線路端で線路とグラウンド，あるいは電源間に置くとそこでの発熱が大きく消費電力的に問題となります．

終端抵抗を付けないディジタル回路では，図3-23で分かるように2倍の振幅の信号で受信しています．ところが，特性インピーダンスで終端すると振幅は半分となります．従って，HCMOSディジタル回路で終端抵抗を付けると振幅が規定の半分になるため入力が不確定となり，リンギングが減っても正常動作の確保が難しくなります．

▶ **テブナン終端**

図3-26(b)に示すようにグラウンドと電源に抵抗を入れる方法です．線路上の変化している信号から見ると，電源層もグラウンド層も同じく電位が変化していないグラウンドと同じに見えます．このためR_1とR_2の並列抵抗を特性インピーダンスに合わせると抵抗終端部で反射が起きません．抵抗が上の場合に比べて約2倍の大きさになりますが，電源から常に抵抗に電流が流れるため，終端抵抗部での発熱が大きくやはり消費電力面で問題となります．

▶ **CR(AC)終端**

図3-26(c)に示すようにコンデンサと抵抗を直列にして終端する方法です．直流電流が流れないため，抵抗での消費電力を抑えることができます．しかし線路の特性インピーダンスに完全に合わせた終端にすると，ディジタル信号の振幅は本来のHCMOSデバイスの振幅の半分になり正常動作しなくなります．

▶ **直列抵抗**

ドライバ側に直列に30Ω程度の抵抗を入れる方法です．リンギングが出やすいデバイスは，出力インピーダンスが20Ωあるいはそれ以下のために，50～100Ω程度の特性インピーダンスである一般のパターンを駆動すると，ドライバ側に戻った反射成分をさらに大きく反射することになります．

図3-26(d)のようにドライバの出力に抵抗を入れるとドライバに戻った信号をほぼ吸収できるため，レシーバ側にリンギング成分が戻りにくくなります．レシーバ部では通常のHCMOSと同じ2倍の振幅となっているので，この方法は誤動作対策として有効なものと言えます．

◆引用文献◆
(1) 志田 晟：ディジタル・データ伝送技術入門，CQ出版社．

（初出：「トランジスタ技術」2008年3月号）

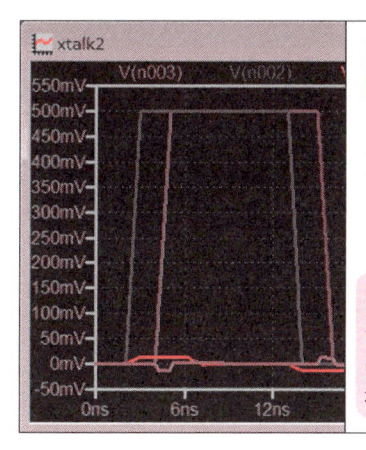

第4章 電気信号は電磁波，だから線路間で結合するのは当たり前
線路間の信号干渉・クロストークを理解しよう

信号が通る線路の近くに線路が走っていると，信号の波形に応じたノイズがその線路に現れることがあります．これがクロストークです．どのようなメカニズムでクロストークが起きるのかを理解し，対策法を把握しておくことが高速ディジタル回路では大事です．

　フラット・ケーブルでクロックとデータを送っている場合，MHz程度のクロックであっても隣のデータ線にクロックのタイミングで受け側に信号が表れ，それをデータとして誤って取り込んでしまうなどの問題が生じることがあります．このように，信号を送っている線路と並んで別の線路が走っていて，送っている信号のタイミングで別の線路にノイズなど何らかの信号が表れる現象をクロストークと言います．
　この章ではフラット・ケーブル(**写真4-1**)の場合の実測例と，線路間の結合度を線路の断面形状から求める方法について説明します．

フラット・ケーブルで安易にデータを送ると誤動作

　基板間など数十cmから数mの距離を信号伝送する場合にフラット・ケーブルを使うケースが多くみられます．
　コネクタへのケーブル圧接などが容易で加工コストなども安いため広く使われるわけですが，フラット・ケーブルを用いた個所で誤動作が起きることがよく見受けられます．多くの場合，ロジックIC出力そのままをケーブルにつなぎ，受け側もロジックICで受ける形になっています．普通のロジックICですから動作周波数は数十MHzですが，立ち上がりはns程度の場合もあります．線路も一般的なパターン長よりはるかに長いので，実は毎秒ギガビットを伝送する場合に相当する配慮が必要です．

● 隣り合う線でデータとクロックを送る
　写真4-2は，基板間を16芯フラット・ケーブルで接続し，ディジタル信号を送る実験を行っている様子です．**写真4-2**の回路図を**図4-1**に示します．送信側(ドライバ)は74AC04，受信側(レシーバ)は74HC574でデータをラッチする簡単なものです．この実験では，最もノイズを出しやすいクロック線とその隣のデータ線，およびそれぞれのグラウンド線の4本のみを接続しています．
　ICの電源は3.3Vの場合と5Vの場合でテストしています．フラット・ケーブルの長さは20cm，1m，および5mで実験しました．

写真4-1 IDEハードディスクに使われていたフラット・ケーブル(80芯タイプがUltra ATA/66～Ultra ATA/133といった高速インターフェース用．40芯タイプはUltra ATA/33用)

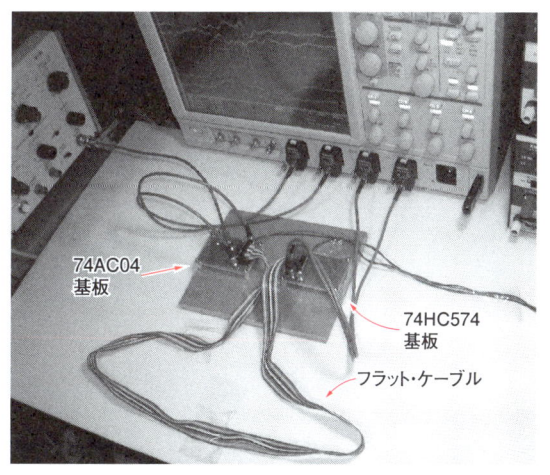

写真4-2 フラット・ケーブルで回路間をつないでクロストーク波形を観測する実験の様子
オシロスコープは帯域8GHzのDSA70804(テクトロニクス)．

フラット・ケーブルで安易にデータを送ると誤動作　37

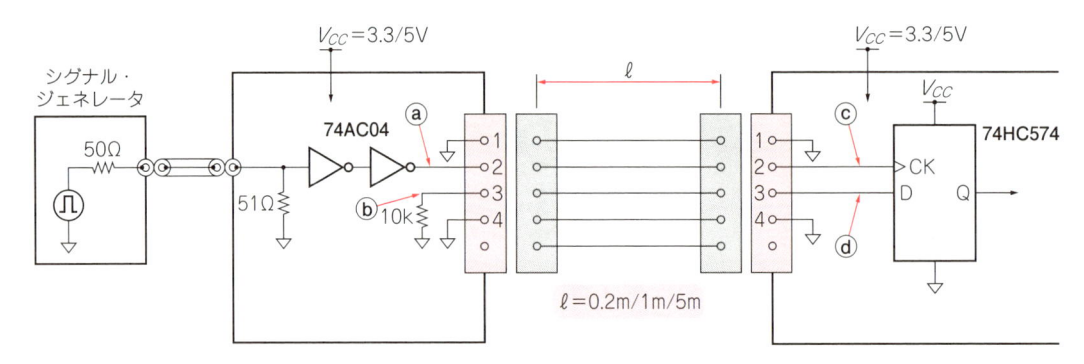

図4-1 クロストーク波形観測用の回路

● 実験結果

ケーブル長を変えた実験結果を図4-2～図4-4に示します．写真4-3は図4-2の実験の様子，写真4-4は図4-4の実験の様子です．ケーブルが長すぎるため写真からはみ出ていますが，ケーブルの途中で巻いたりせずに引き回しています．図4-3の実験の様子は写真4-2です．

図4-2はドライブ側でパルス波形がとがって見えていますが，ケーブルが20 cmと短いため反射してきた成分が重なったものと考えられます．図4-3の1 mではドライブ側が矩形波に近くなっています．

● 隣の線路に現れるクロストーク

図4-2～図4-4は，上から図4-1のⓐ，ⓑ，ⓒ，ⓓ点の波形です．ⓐとⓒが本来の信号で，ⓐとⓒの時間差が線路を伝わる時間です．ⓑが送信側で隣の線路に現れているクロストーク，ⓓが受信側で隣の線路に現れているクロストークです．

この実験は3.3 Vの回路ですが，0.8 Vものクロストークがどの場合も出ていることが分かります．3.3 Vのロジックでは，必ずLowに判断されるという規定のレベルではないので，条件によっては誤動作もありえます．

図4-2～図4-4は，500 MHz帯域のパッシブ・プローブを使って500 MHz帯域のオシロスコープで波形を観測しました．ただし，0 V付近の変動が大きいため6 GHz帯域のアクティブ・プローブを使用し8 GHz帯域のオシロスコープ（テクトロニクス DSA70804）を借用した測定もしてみました．

図4-5は，帯域6 GHzのアクティブ・プローブを

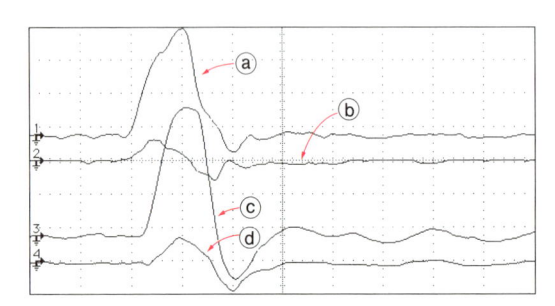

図4-2 フラット・ケーブルが20 cmの場合の観測波形（1 V/div，5 ns/div，帯域500 MHzのオシロスコープで測定）

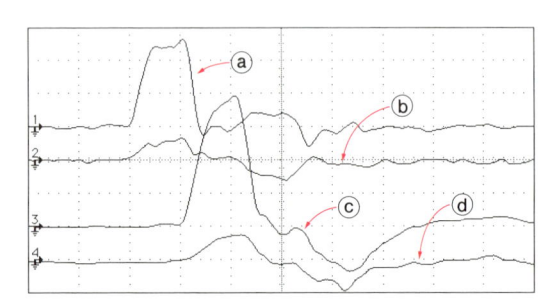

図4-3 フラット・ケーブルが1 mの場合の観測波形（1 V/div，5 ns/div，帯域500 MHzのオシロスコープで測定）

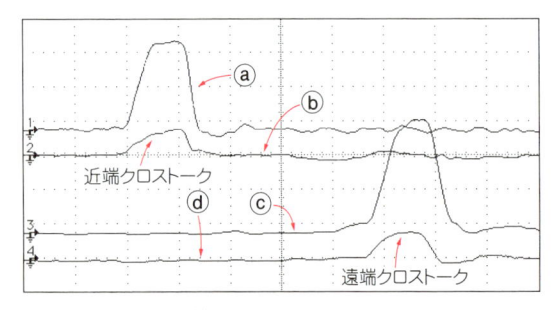

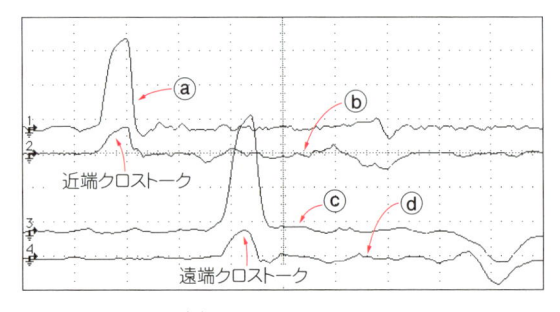

(a) 1 V/div，5 ns/div

(b) 1 V/div，10 ns/div

図4-4 フラット・ケーブルが5 mの場合の観測波形（帯域500 MHzのオシロスコープで測定）

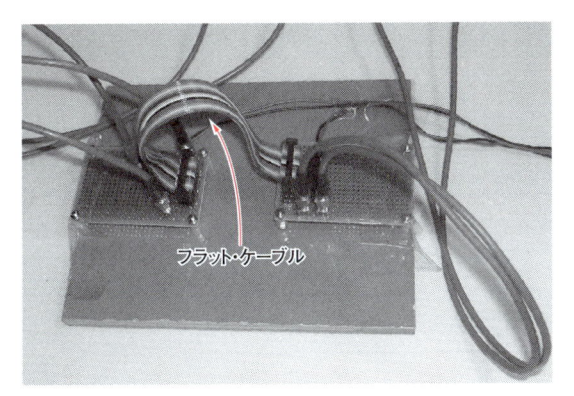

写真4-3　20 cmのフラット・ケーブルをつないで実験している様子

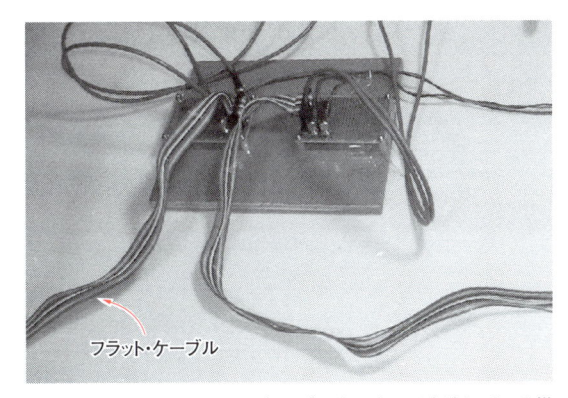

写真4-4　5 mのフラット・ケーブルをつないで実験している様子

使用して1点ずつ波形を見たものです．図4-3と同じ回路条件ですが，ベース・ラインのばたつきが少なくなっています．これは，送信回路と受信回路がそれぞれ両面パターンのユニバーサル基板のために，オシロスコープに何本ものグラウンド線をつないだことによる影響と推測されます．ベタ・グラウンドなどの広いグラウンドを使うと改善されると思われます．

クロストークのメカニズム

図4-6はグラウンド面上に並んで置かれた2本の線路間のクロストークを示した基本的な図です．

この図で上の方の線路が発生源側，下の線路が干渉を受ける側です．上の線路に矩形波が加えられて途中まで信号の立ち上がり部分が進んできたところを示しています．信号の立ち上がり先端や立ち下がり部分は電気的に大きく変動していますので，その部分は周囲に強く電磁波を放出しながら進んでいます．線路を進む電気信号の電磁解析結果を示した第2章の図2-2を見ると電気信号の大部分は線路とグラウンド間を進んでいますが，同時に線路から周囲に電界と磁界が広がっていることが分かります．同軸線路のように完全に線路の周囲を導体で囲んでいないマイクロストリップ線路やフラット・ケーブルのような伝送線路の場合は，周囲に電磁波が広がりながら進んでいることになります．

図4-6で信号が大きく変動している立ち上がり部分から隣の線路に干渉する部分は，飽和領域と呼ばれます．飽和領域で受けた干渉は時間的に変動している電荷なので，これもマックスウェルの式に従って進みます．しかし，方向性はないので線路に沿って線路の両側に向かって進んでいきます．信号が進んできた元の方に向かっていった信号が線路端に現れた干渉を「近端クロストーク」，信号が進む方向の線路端に現れたものを「遠端クロストーク」と言います．近端クロストークは英語の略号ではNEX(Near End crosstalk)

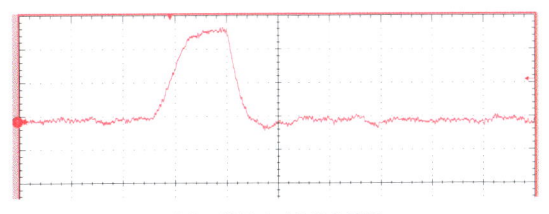

(a)　ドライバの出力波形

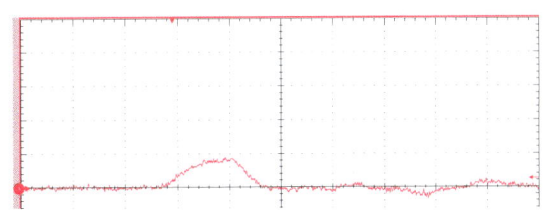

(b)　ドライバ側で見た隣の線の波形(近端クロストーク)

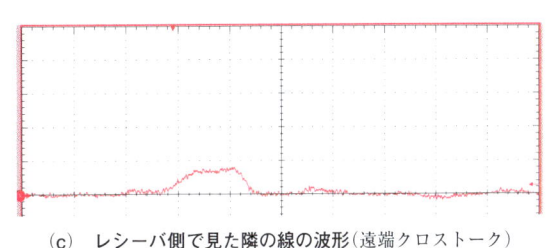

(c)　レシーバ側で見た隣の線の波形(遠端クロストーク)

図4-5　帯域6 GHzのアクティブ・プローブで信号を一つずつ見たもの(1 V/div，4 ns/div)

ですがNEN(Near End Noise，近端ノイズ)あるいは近端干渉などとも呼ばれます．遠端クロストークは英語の略号でFEX(Far End crosstalk)となりますが，FEN(Near End Noise，近端ノイズ)または近端干渉とも呼ばれます．

図4-7は，幅10 nsのパルスを信号線路側に通したときに信号線の両端と隣の線路の両端に現れる波形をプロットしたものです．なお，図4-6では信号線側から隣の線へのクロストークのみを示していますが，線路間の結合が強い場合は干渉を受けた側から元の信

クロストークのメカニズム　39

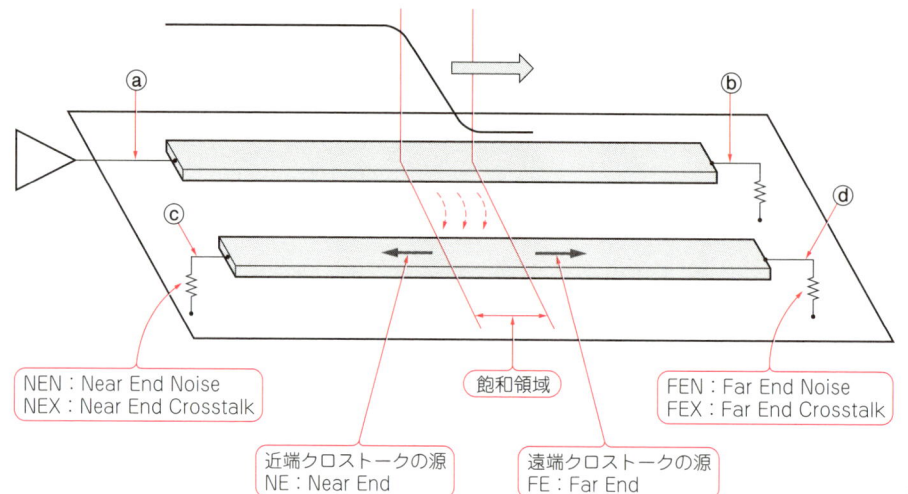

図4-6 近端と遠端のクロストーク

NEN : Near End Noise
NEX : Near End Crosstalk
近端クロストークの源 NE : Near End
飽和領域
遠端クロストークの源 FE : Far End
FEN : Far End Noise
FEX : Far End Crosstalk

号線への再結合も無視できない場合があります．ここでは，再結合は実質無視できる条件である弱結合の場合を考えています．

図4-7中のⓐ，ⓑ，ⓒおよびⓓは図4-6の各点の波形を示します．大きい振幅の波形は信号が通る線路側のⓐ点とⓑ点です．立ち上がり波形はⓐとⓑで2ns程度ずれていますが，これは電気信号がⓐ点からⓑ点へ進む時間TOF(Time of Flight)です．クロストークを受ける側の線路のⓒ点の波形が近端クロストークで，ⓓ点の波形が遠端クロストークの波形となります．

ⓒ点の波形は信号側が立ち上がりエッジの容量性（キャパシティブ）結合の場合でもインダクティブ結合の場合でもプラス側に出ます．しかし，ⓓ点では容量性結合がプラス側，インダクティブ結合はマイナス側に出ます．実際には容量性結合とインダクティブ結合は同時に起きるため差し引かれます．

ⓒ点の波形とⓓ点の波形は時間幅がかなり異なっています．図4-8はクロストーク波形の時間関係を詳しく説明したもので，近端クロストークⓒのパルス幅が2・TOF，ⓓ点のパルス幅が信号側のパルス立ち上がり（下がり）時間t_rになることを示しています．近端クロストークは図4-6で分かるように妨害を与える

側の信号が線路を進む間，干渉を受ける側の線路に電磁的に結合してノイズを加え続けます．信号がⓑ点まで到達すると，この結合は終わります．干渉を受けた側はⓓ点からTOFの時間かかってⓒ点にノイズが伝わります．このため近端ノイズは2・TOFのパルス幅となります．

$$V_{NE} = 0.25 * \left(\frac{C_m}{C} + \frac{L_m}{L}\right) \cdot V_S \quad \cdots\cdots(4-1)$$

$$V_{FE} = 0.5 * l * \left(\frac{C_m}{C} - \frac{L_m}{L}\right) \cdot \frac{dV_S}{dt} \quad \cdots(4-2)$$

式(4-1)と式(4-2)は，クロストーク・ノイズの大きさを簡易的に求める式です[1]．ただし，この式は全ての線路端が特性インピーダンスで終端されていて，反射が全く起きない状態を前提としています．終端抵抗が異なる場合や波形の立ち上がりや立ち下がり途中のクロストーク波形などでは求まりません．また線路の特性であるL，Cおよび線路間の結合度を示すC_mやL_mの値が分かっている必要があります．それらの

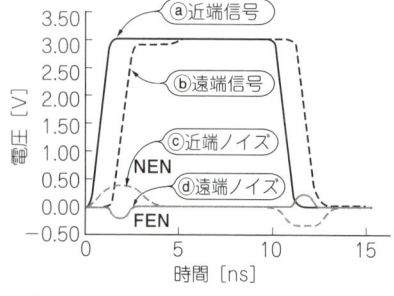

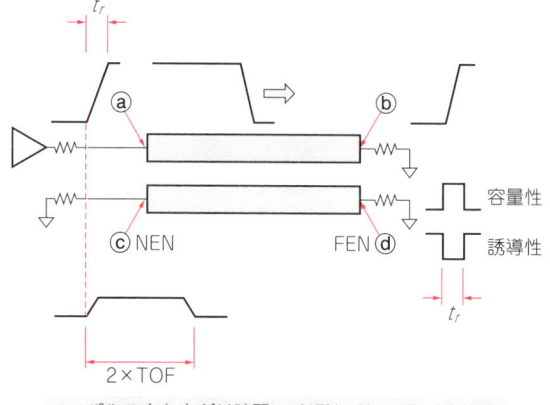

図4-7 近端ノイズと遠端ノイズ

ⓐ近端信号
ⓑ遠端信号
ⓒ近端ノイズ NEN
ⓓ遠端ノイズ FEN

t_r：パルス立ち上がり時間　NEN : Near End Noise
TOF : Time of Flight　FEN : Far End Noise

図4-8 近端および遠端ノイズのパルス幅

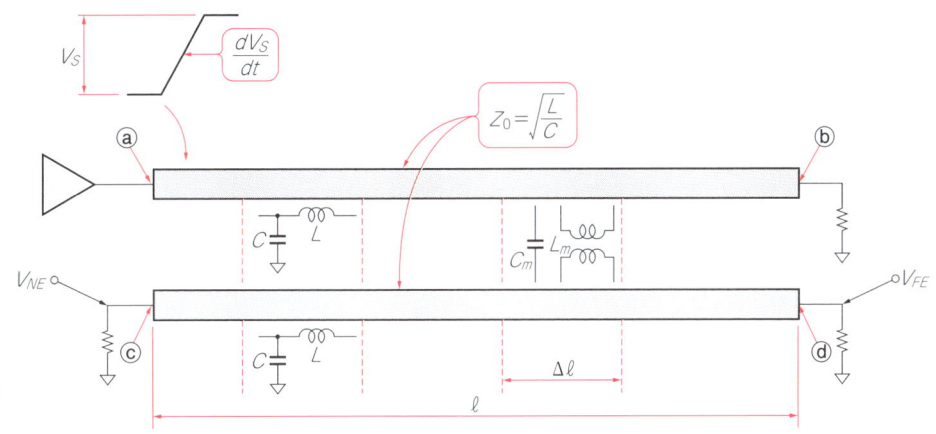

図4-9
クロストークの簡易的な表現

値は結合線路の線路パラメータを算出できる市販ソフトなどで求めることができます.

本書の第13章に,結合線路の干渉の様子をLTspiceでもシミュレーションできるようにする方法について説明します.

図4-10は,図4-6のような結合線路をLTspiceでシミュレーションできるようにして計算したものです.

内層パターンでは遠端ノイズが消える

図4-10のシミュレーション波形は,図4-6のように線路周囲の絶縁体は片方がほとんど空気となっているマイクロストリップ線路の場合でした.パターンが内層にある場合はどうでしょうか.

図4-11は内層パターン断面の2次元電磁界解析の結果を示したもので,等高線状の線は等電位点を示します.この線路の条件で結合線路の波形を計算させた結果が,図4-12です.図4-12では,近端ノイズは同じように出ていますが遠端ノイズが出ていません.内層パターンつまり線路の周囲の絶縁体の誘電率が一様であれば遠端ノイズが出ません.図4-6の図から見ると内層の場合であっても遠端ノイズが出そうですが,基本的には出ません.

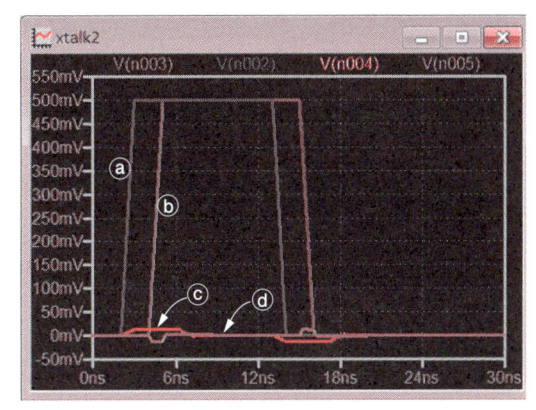

図4-10 マイクロストリップ線路間のクロストーク波形

マイクロストリップ線路のように線路周囲の絶縁体の誘電率が異なる場合は,図4-8の遠端の容量性ノイズとインダクティブ・ノイズが出る時間が少し異なってきます.しかし,内層では絶縁体の誘電率がどこも同じため,容量性とインダクティブ・ノイズの時間が同じであるため差し引かれてしまいます.式(4-2)でC_m/CとL_m/Lが同じであれば差引ゼロとなって,内層のFENは現れません.図4-11のような内層で2本の線が同じZ_0で内層の近くにほかの線がない場合,$C_m/C=L_m/L$となります.

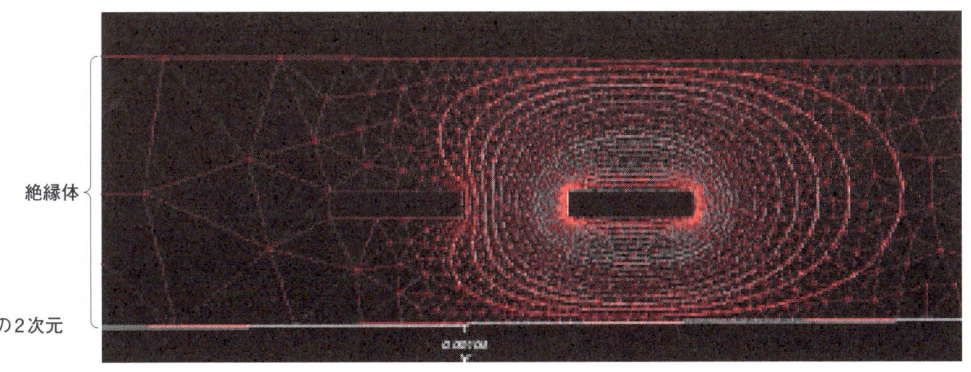

図4-11
内層パターン断面の2次元電磁界解析

クロストークを減らすには

図4-9および式(4-1)などから，以下のような点に注意することでクロストークを減らせます．実際のパターン設計の場合については第8章も参照してください．

1. C_m（線間容量），L_m（相互インダクタンス）を減らす
   このためには，⇒ 線路間を離す ⇒ 線路を直交させる ⇒ 線路間にグラウンド・パターンを通す などの方法が考えられる
2. 信号の立ち上がりを遅くする
3. 信号振幅を小さくする ⇒ 近端干渉に効果
4. 信号伝送側で強く電流を流さない
5. 各信号線を差動線（ツイスト線，結合線）にする
6. 線路端を終端する

◆参考文献◆

(1) Young; *Digital Signal Integrity Modeling and Simulation with Interconnects and Packages*, Prentice Hall, 2001.

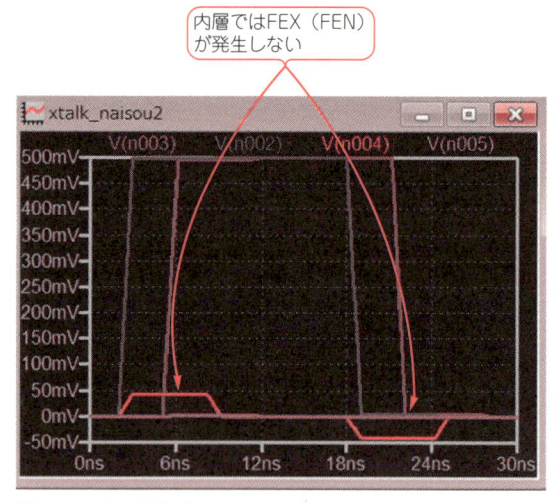

図4-12 内層結合パターンのクロストークをシミュレーション

（初出：「トランジスタ技術」2008年4月号）

クロストークのシミュレーション　Column

本章では線路間のクロストークをLTspiceで計算させ，その結果を示しています．もともとLTspiceには結合した伝送線路のモデルは入っていません．シングルエンドの伝送線路(tlineなど)だけです．

グラウンド面上に2本の線路が並んで走っている線路間のクロストークを計算するための，LTspice用モデルを第13章で作ります．基板外層のマイクロストリップ差動線路で差動インピーダンスが100Ωの結合線路モデルと，基板内層のストリップ差動線路で差動インピーダンスが90Ωの結合伝送線路モデルです．第13章でこのモデルの作り方を説明していますが，クロストーク・シミュレーションという観点から，ここで補足的に説明しておきます．

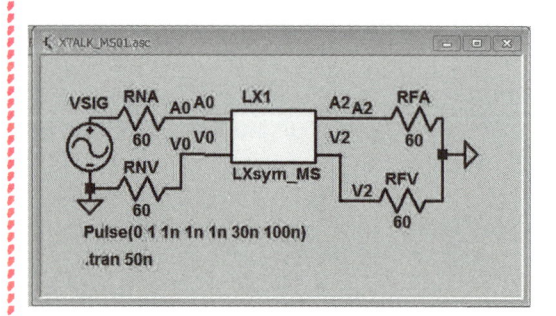

図4-A 結合線路のクロストーク・シミュレーション回路
第13章の図13-23(a)より．

第13章で作成する差動線路モデルは，結合線路の基本的な動作をシミュレーションして様子を見るのに役立つと思います．ただし一般的に，結合する線路の断面構造が干渉を出す側と受ける側で左右対称になっているとは限りません．左右対称でない場合や，上記の収録モデルと異なる結合定数（差動インピーダンス）の結合線路モデルを使いたい場合は，第13章および第13章のAppendix 2と3を参照してください．任意の断面構造の線路間で結合するLTspice用モデルを作る方法を示しています．

図は第13章で作成の結合線路モデルLXsymMSを回路中に置いてシミュレーションしている様子です．第13章の図と同じものです．外層で近接したパターンのモデルLXsym_MSを配置しています．線路長が1mのままでシミュレーションする場合，LXsym_MSのパラメータは変更しません．もし長さを変える必要がある場合は，LXsym_MSの上にマウスポインタを置き，コントロールキーを押しながら右クリックしてComponent Attribute Editorを開き，その中のSpicelineの部分のTD1とTD2に1mに対する長さの比を掛けます．既に入っているTD1とTD2の値は1mの値のためです．この手順は第13章で説明しているので，詳細はそちらを参照してください．

Appendix 1 高速信号を正しく観測するプロービング

● パッシブ・プローブは長いグラウンド・リードを使うと特性が変わる

　周波数帯域500 MHzのパッシブ・プローブ（受動プローブ）を使用して（**写真4-A**），本文の図4-1の⒜点および©点をオシロスコープで観測してみました．オシロスコープは，帯域500 MHz，サンプリング周波数2 GHzです．

　図4-Bに観測結果を示します．上の波形が図4-1の⒜点，下の波形が©点です．電源が3.3 Vで1：10のプローブなので，ほぼ電源まで振れていることが分かります．パルス幅を数nsに狭くしているのは現象を分かりやすく示すためです．フラット・ケーブルの長さは5 mです．

　波形の立ち下がり部分が大きくマイナスに振れています．このような波形の変形は実際に起きているものなのでしょうか？パッシブ・プローブは，帯域が500 MHzであるといっても，**写真4-A**のように長いグラウンド・リードを使った場合の特性ではないことが知られています．

● 金属皮膜抵抗で10：1の自作同軸プローブを製作

　そこで，簡易的にグラウンド・リードの影響をなくして，広帯域に波形が観測できる10：1の同軸プローブを使用してみました．**図4-C**に10：1同軸プローブの回路を示します．

　入力コネクタのインピーダンスを50 Ωに設定できるオシロスコープにつなぐと，GHz近くまで周波数特性が伸びる10：1のプローブになります．

　ディジタル回路のパターンのインピーダンスは通常数十Ω程度なので，500 Ω（450 Ω＋50 Ω）が付いても数％の振幅エラーですみます．**写真4-B**は，手近にあった金属皮膜抵抗を組み合わせて作った450 Ωです．

● 自作同軸プローブを評価する

　さらに，この簡易同軸プローブと帯域500 MHzのオシロスコープの組み合わせで，どの程度波形が見え

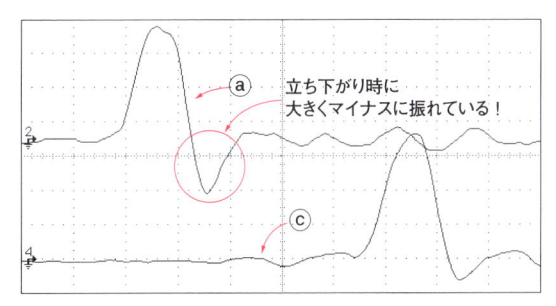

図4-B 帯域500 MHzの10：1パッシブ・プローブの波形（1 V/div，5 ns/div）

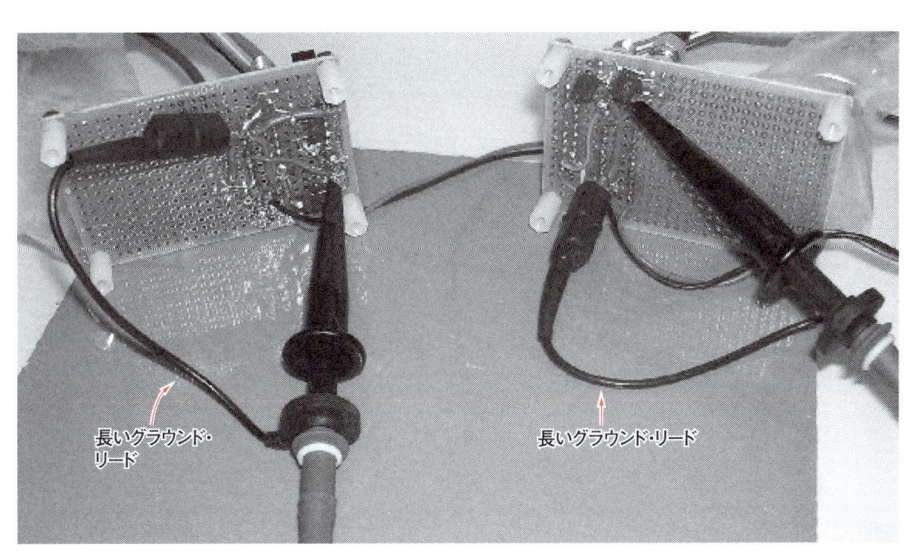

写真4-A パッシブ・プローブで測定している様子
このように長いグラウンド・リードを使って観測すると，図4-Aのように観測波形に影響が出る．

図4-C　10：1の自作同軸プローブの回路

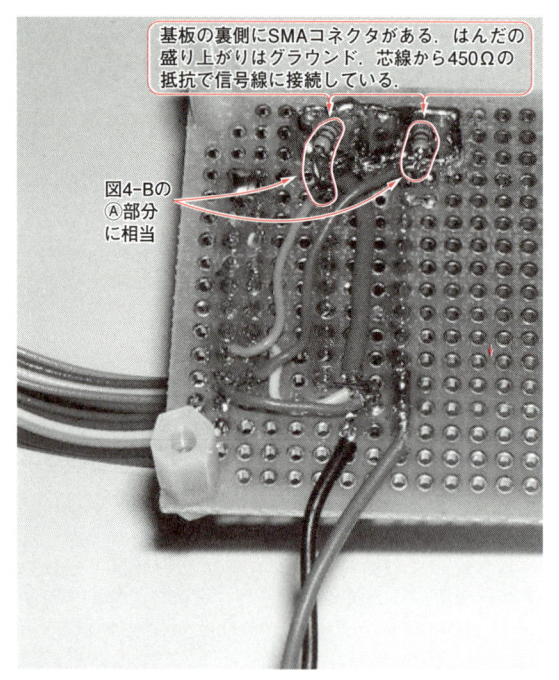

写真4-B　金属皮膜抵抗を使用した自作10：1同軸プローブの外観
金属皮膜1%が望ましいがカーボン皮膜5%でもそれなりに使える．抵抗のリード線を極力短くし，同軸のグラウンドも太い線でICのグラウンドにつなぐ．

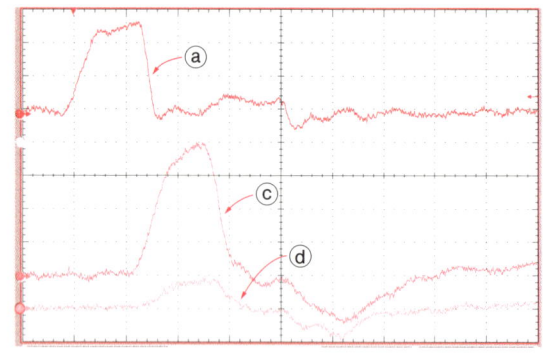

図4-D　自作同軸プローブを帯域8GHzのオシロスコープDSA70804につないで観測した波形（1V/div，4ns/div）

ているか，帯域8GHzのオシロスコープDSA70804（テクトロニクス，25GHzサンプリング），帯域6GHzのアクティブ・プローブP7260（テクトロニクス）で確認しました．

図4-Dは，自作同軸プローブをそのまま使用して，1mのフラット・ケーブルで，帯域8GHzのオシロスコープにつないだときの波形です．

図4-5(a)と図4-Dを比較するとほとんど同じ波形であり，帯域500MHzのオシロスコープと自作同軸プローブでそれなりの波形観測ができることが分かります．オシロ・プローブの使い方については第10章を参照してください．

（初出：「トランジスタ技術」2008年4月号）

クロストークの波形は線路や信号の条件によって異なる　Column

　図4-Eに，クロストークの波形図を示します．近端クロストークの時間は線路を信号が往復する時間，遠端クロストークは信号の立ち上がり/立ち下がり時間です．

　この図は，基本的な条件の場合の波形であることに注意が必要です．実際には，立ち上がり/立ち下がり時間やパルス幅，線路の長さ，線路間のカップリング条件などで，近端クロストークと遠端クロストークの波形は変化することに注意してください．

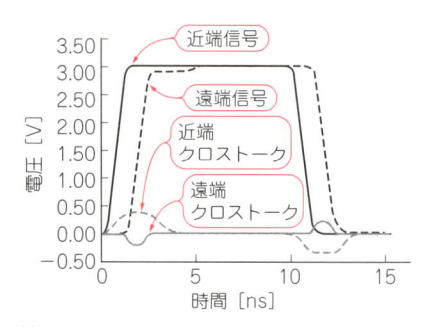

図4-E[1]　教科書に書かれているクロストークの波形

第5章　小振幅でも安定に高速に送るには
ギガビット伝送では差動伝送が主流

小さい振幅のアナログ信号をノイズ環境の中で伝送するには差動伝送が使われます．ギガビット伝送ではディジタル信号の振幅も小さくなります．ディジタル信号のロジックが異なる信号を送って差動で受けるのがディジタル差動伝送です．このディジタル差動伝送について実験を交えて説明します．

　毎秒数百メガからギガビットの伝送では，一部メモリ回路でシリアルが使われていますが，主流はディジタル差動伝送です．本章ではディジタル差動伝送の基本的な動作と差動信号伝送の基本的な伝送モード，差動インピーダンスなどについて説明します．

ギガビット・ディジタル伝送では差動伝送が使われる

● USBでは差動伝送が使われている

　写真5-1はノートPCに付いているUSB 3.0対応のコネクタの例です．USBはもともとPC用にも使われていたシリアル・ポートRS-232の速度が遅いことの対応として導入されたものです．
　シリアル・ポートのケーブルは伝送路を無視した集中定数回路で考えられており，規格でも信号線とグラウンド線の間の容量で規定されていました．最初のUSB 1.0は，毎秒1.3メガビットでRS-232よりはかなり早くなっていました．一方，対抗規格としてアップルなどが使用したIEEE 1394は400 Mbpsと高速化されたため，USB 2.0では最大毎秒480メガビット（480 Mbps）とそれより少し上回る規格として策定されました．安価に高安定に480 Mbpsを実現するため，USB 2.0は低振幅（0.4 V）のディジタル差動伝送で送られています．
　USB 2.0では信号線は1ペアで双方向に送る（それ以外に電源線2本とシールド，図5-1）ので，信号線路が双方向（2ペア）あるIEEE 1394は最大速度とコスト面などから不利になりUSB 2.0に席巻されました．
　USB 3.0では一挙に5 Gbpsさらに USB 3.1では10 Gbpsと高速化が図られてきています．ケーブル構造は図5-1と異なり，送受信は別ペアです[6]．また，ディジタル信号はディジタル差動伝送で送られています．いろいろなギガビット伝送の規格については第6章を参照してください．

● 3 Gbps以上のシリアルATAには差動伝送が使われている

　PC内部でハードディスクとマザーボード間で使われる信号伝送には，かつてはIDE（Intelligent Device Electronics）というシングルエンドの伝送方式が用いられていました．ケーブルは多芯のフラット・ケーブルで，パラレルに信号を伝送していました．

写真5-1　シリアル/パラレル・ポートの代わりにUSBポートが使われているノートPC

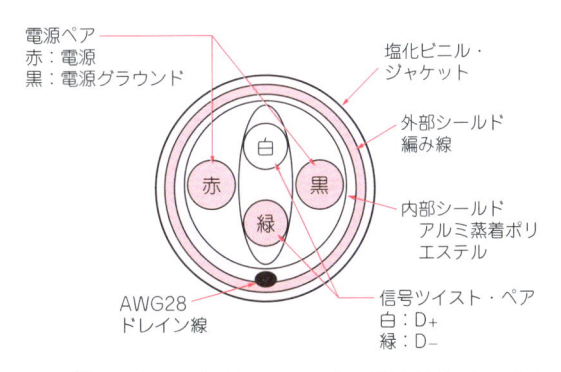

図5-1[(1)]　ハイ・スピード/フル・スピード用のUSBケーブルの断面と構造

ギガビット・ディジタル伝送では差動伝送が使われる　　45

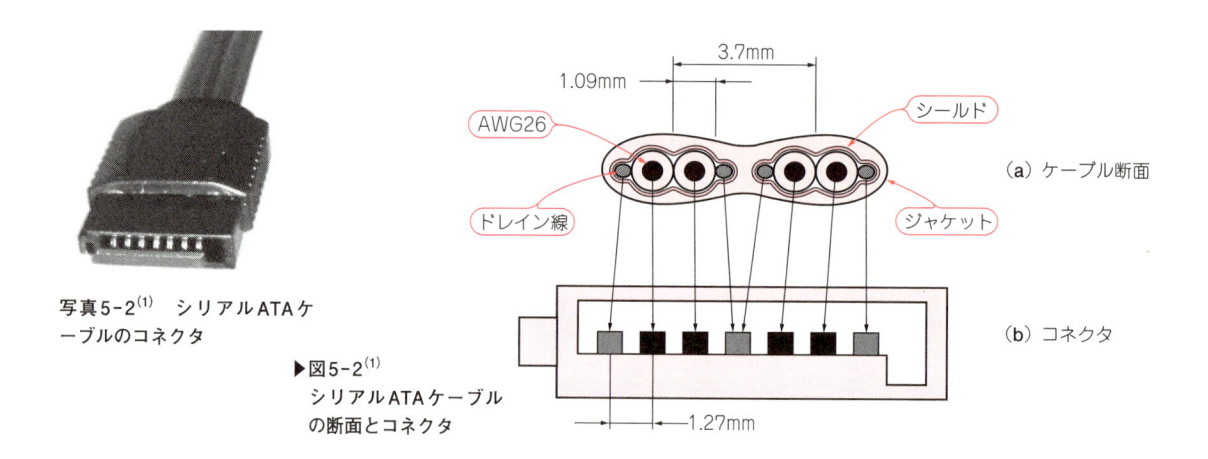

写真5-2[(1)] シリアルATAケーブルのコネクタ

▶図5-2[(1)] シリアルATAケーブルの断面とコネクタ

(a) ケーブル断面
(b) コネクタ

しかし，最近のハードディスクのデータ伝送には，写真5-2に示すシリアルATAというシリアル伝送方式が用いられています．

図5-2は，シリアルATAの信号線の断面です．この図から分かるように，2ペアの信号線が使われています．行きと帰り用に独立したペア線を使用し，差動で伝送します．1.5 Gbpsから6 Gbps(SATAII)という高速な伝送速度です．

このように，毎秒数百メガから数ギガビットというディジタル信号伝送では，ほとんどの場合差動信号伝送が用いられています．

● 低価格なロジック・デバイスで高速伝送を実現する

低価格なPCで毎秒数ギガビットという高速伝送を実用化するには，低コストで作ることができるデバイスが必要です．

図5-3に示すように，立ち上がり時間(スルー・レート)が遅い低価格なロジック・デバイスでも，振幅を小さくすると高速にデータ伝送することが可能となるので，このような目的に使用されています．しかし，振幅が小さいとノイズに弱く，誤動作しやすいという問題が生じます．

小振幅で伝送しても外部ノイズに強くできる方法として差動伝送方式があります．ここでは，比較的低速の差動伝送回路の実験を通してディジタル差動伝送の基本的な内容を説明します．

差動伝送ならノイズがあっても小振幅で信号を送ることができる

● 差動伝送は同相で印加されたノイズを打ち消す

外部ノイズの多い環境に置かれたセンサの微弱な信号を回路に導く場合には，外部ノイズを打ち消して必要な信号のみを取り出す必要があります．そのために，差動伝送は，図5-4のようなアナログ回路でも多く使用されてきました．

ディジタル差動伝送も，この差動OPアンプ回路と同じように，同相で回路に印加される外部ノイズを打ち消して信号成分のみを取り出します．このため，信号の振幅は小さくても誤動作することなくディジタル信号を伝送することができます．

● 差動伝送にRS-422を使って耐ノイズ性を実験

図5-5に，RS-422(EIA/TIA422)規格対応の送受信デバイスLTC1485(リニアテクノロジー)を使用した差動線路を経由してデータ伝送する回路を示します．写真5-3に実験の様子を示します．

ケーブルは，イーサネット用のCAT5(カテゴリ5)

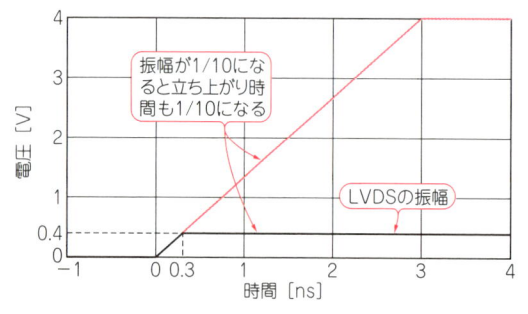

図5-3[(1)] 同じスルー・レートでも振幅を小さくすると高速に伝送できる

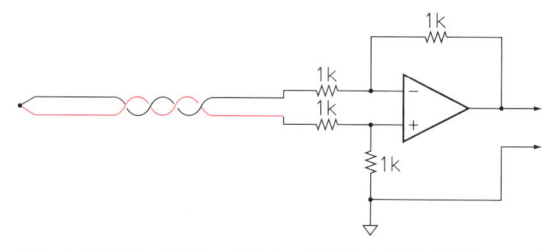

図5-4 OPアンプを使ったアナログ信号の差動伝送回路の一例
(簡単化したもの)

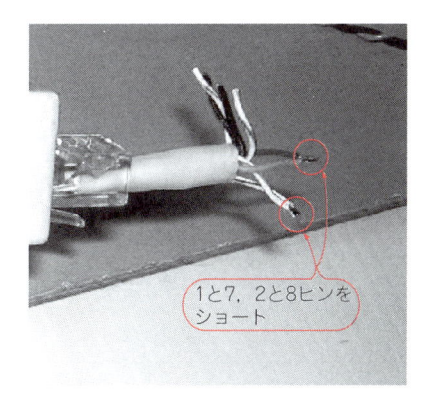

写真5-4 CAT5ケーブル端の処理

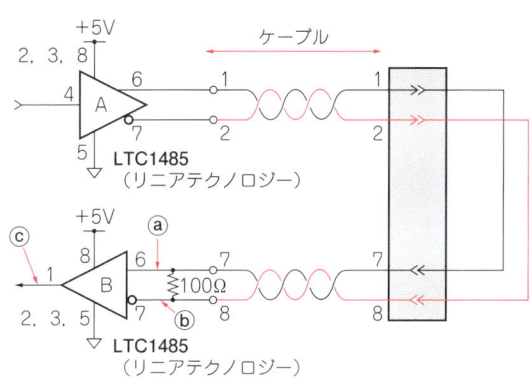

(a) 差動伝送

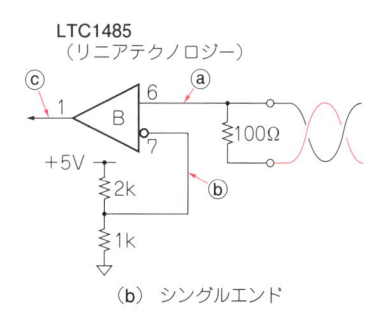

(b) シングルエンド

図5-5 ディジタル伝送における外来ノイズの影響を調べる実験の回路

ケーブルを使用しています．このケーブルは四つのツイスト・ペアで構成されていますが，シールドされていません．

まず，3 mの長さのCAT5ケーブルを使って，線路端には1ピンと7ピンおよび2ピンと8ピンをつなぐショート・ケーブル(写真5-4)をコネクタを介してつないでいます．これによって，送信デバイスから受信デバイスまでが往復の長さ(6 m)になります．

写真5-3では，外部ノイズを印加している状態になっており，CAT5ケーブルに12ターン巻いたビニル電線を重ねています．このビニル電線に第2のパルス・ジェネレータからパルス波形を印加しています．

図5-6は実験の結果です．受信側のケーブル芯間に100 Ωを付けています．

▶外来ノイズありでシングルエンドの場合

図5-6(a)は，図5-5(b)のようにデバイス入力ピンをケーブル端の100 Ωと切り離し，約1.6 Vに固定したときの結果です．これは，差動回路として動作せずに，比較のためにシングルエンドとして動作させるためです．

RS-422の受信デバイスの二つの入力は，一方の入力電圧と他方の入力電圧に差があるときに出力が出ます．ここでは，ⓑ側を1.6 Vにしたためにⓐ側が1.6 Vより高いか低いかで出力が変わることになります(実際はある程度の入力電位差がないと出力しない)．RS-422では0.2 V以上の差が必要となっています．

図5-6(a)を見ると，受信デバイスの入力信号の一方ⓑ点が1.6 Vの直線になっていますが，これが固定電圧を与えているからです．ⓐ点側の波形はノイズが

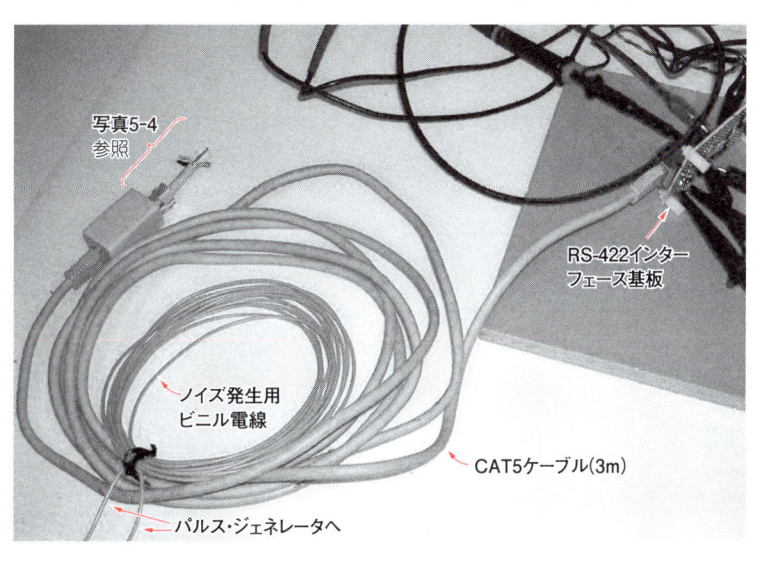

写真5-3
図5-5の差動伝送実験風景
3 mのCAT5ケーブルを往復させているところに12ターンのコイルでノイズを印加．

差動伝送ならノイズがあっても小振幅で信号を送ることができる

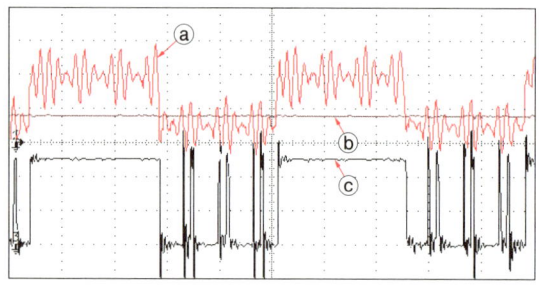

(a) シングルエンド(2V/div, 500ns/div)　　　(b) ディジタル差動伝送(2V/div, 500ns/div)

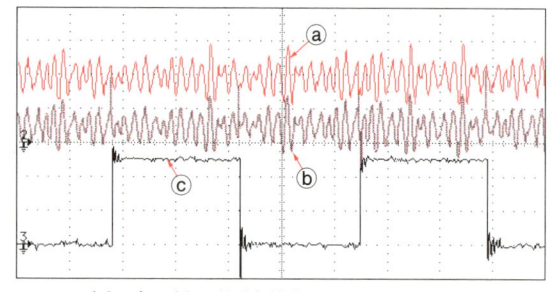

図5-6　図5-5の実験結果

乗っています．デバイス出力波形である©点の波形を見ると，途中でノイズによって誤った信号が出ています．

▶外来ノイズありで差動伝送の場合

図5-6(b)は，図5-5(a)の接続にして，正規の差動動作にした状態で外部ノイズを加えた場合です．

出力部©にノイズによる誤動作波形が出ていないことが分かります．

差動インピーダンスとは

第4章では，並んで走る2本の線路間の結合，干渉について説明しました．上で実例を示したようにディジタル差動伝送は，グラウンドとは別に2本の信号線路を使って一方の線にロジック"H"を送る時に他方の線に"L"信号を送り，受信側はアナログ的に両方の線路の差分をとってどちらの線路の信号レベルの方がレベルが高いかでロジック"H"，"L"を判断する手法です(図5-7)．

差動伝送では，差動信号となる電磁界モード以外に両方の線路に同相で通るコモン信号となる電磁界モードが存在します．図5-8で分かるように差動モードとコモン・モードでは線路周囲の電磁界分布が大きく異なります．電磁界分布が異なるということは基本的に特性インピーダンスなども異なってきます．図5-8(a)は差動モード，図(b)はコモン・モードの電磁界分布です．コモン・モードではグラウンド面と信号パターン間の絶縁体部分に電磁界が集中しているのに対して差動モードでは空気の部分にもかなり電磁界が分布していることが分かります．

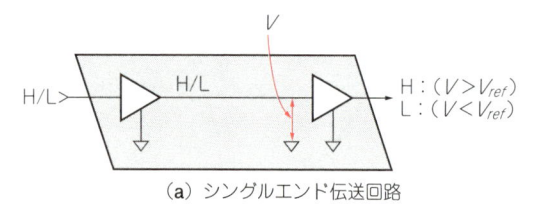

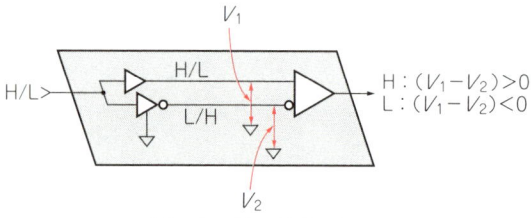

線路間を逆相の差動信号が進む場合の線路の特性インピーダンスを差動インピーダンスといいます．一方，両方の線路が同相のコモン・モード信号が進む場合の2本の線路をまとめ，それとグラウンドとの間の特性インピーダンスをコモン・モードの特性インピーダンスと呼んでいます．

これらのインピーダンスを計算する近似式がありますが[第8章の図8-1と式(8-2)など]，実際の計算にはフリーツールを使ってPC上で計算する方が便利です．第3章で紹介したTDKが提供しているのSEATに付属している特性インピーダンス計算ツールなどがあります．

差動インピーダンスをきちんと理解する

基板設計で差動インピーダンスのパターン幅などを決めようとしても，近似式[第8章の式(8-1)，式(8-2)]や上記フリーツールなどの計算は左右対称の線路です．

左右非対称の線路など一般的な結合線路の場合にはどのように求めればよいでしょうか．以下に，線路断面形状から決まるキャパシタンス行列とインダクタンス行列から，2本信号線路の場合の線路パラメータを求める方法を示します．

● キャパシタンス行列

2次元断面の電磁界分布の様子を特性インピーダンスとして数値的に表すためには，図5-9のキャパシタンス行列と図5-10のインダクタンス行列を求めます．信号2本線の場合のキャパシタンス行列の各要素

(a) シングルエンド伝送回路

H/L▷ーH/L─▷ H:($V>V_{ref}$)
　　　　　　　　　L:($V<V_{ref}$)

(b) ディジタル差動伝送回路

H/L▷ーH/L─▷ H:(V_1-V_2)>0
　　　L/H　　 L:(V_1-V_2)<0

図5-7　シングルエンド伝送回路とディジタル差動伝送回路の基本図

48　第5章　ギガビット伝送では差動伝送が主流

▶差動モード

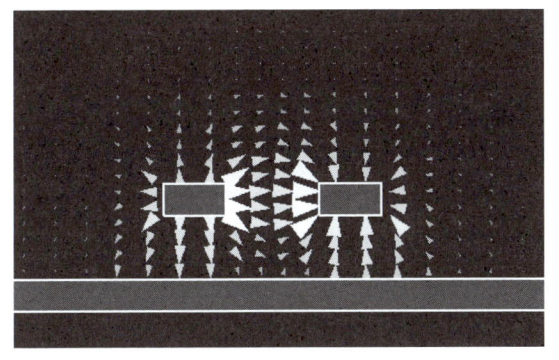

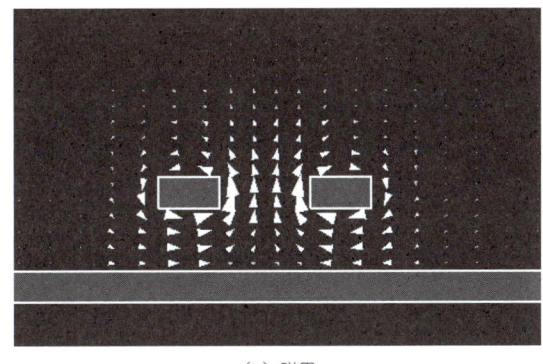

(a) 電界　　　　　　　　　　　　　　　　(b) 磁界

▶コモン・モード

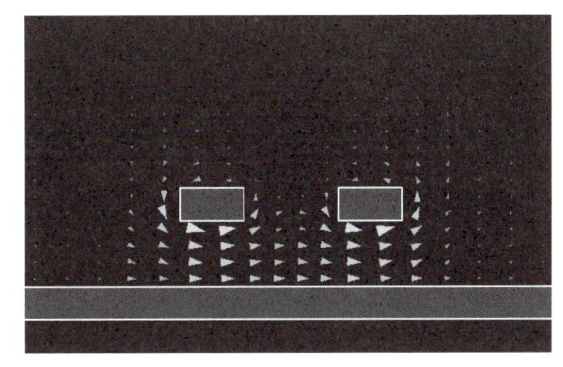

(a) 電界　　　　　　　　　　　　　　　　(b) 磁界

図5-8　差動線路の差動モードとコモン・モードの電磁界分布

C_{11}, C_{12}, C_{21} および C_{22} は図のような各容量値から求められます．通常は線路の2次元断面で考え，1本の線路に基準電圧を与え，ほかの導体を0Vにした時の線路電荷Qを求め，電圧との比から各C値(C_{12a}, C_{2a}, C_{12m})を求めます．線路パターン(表面層)は，一方がガラス・エポキシなどで他方が空気という異質の絶縁体になっています．その場合，異なる誘電率の絶縁材がどのように2次元断面で占めており，またどの程度の割合で2次元面内で電界が分布しているかを細かな

メッシュに切って計算する2次元(2D)ソルバーを使ってラプラス方程式から求めるのが一般的です．この計算をしてくれる2次元ソルバーが市販されています(参考文献など)．

● インダクタンス行列

インダクタンス行列は図5-10に示したように電流と電圧から求まるインダクタンスから計算することも可能ですが，高速信号用の特性インピーダンスを求め

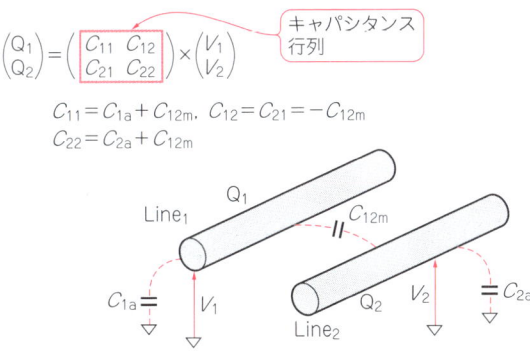

$$\begin{pmatrix} Q_1 \\ Q_2 \end{pmatrix} = \begin{pmatrix} C_{11} & C_{12} \\ C_{21} & C_{22} \end{pmatrix} \times \begin{pmatrix} V_1 \\ V_2 \end{pmatrix}$$　キャパシタンス行列

$C_{11} = C_{1a} + C_{12m}$, $C_{12} = C_{21} = -C_{12m}$
$C_{22} = C_{2a} + C_{12m}$

図5-9　2本線路のキャパシタンス行列

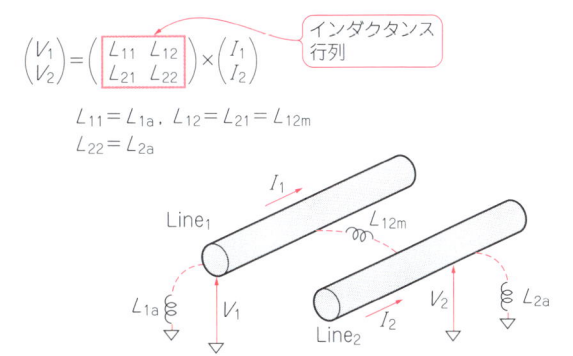

$$\begin{pmatrix} V_1 \\ V_2 \end{pmatrix} = \begin{pmatrix} L_{11} & L_{12} \\ L_{21} & L_{22} \end{pmatrix} \times \begin{pmatrix} I_1 \\ I_2 \end{pmatrix}$$　インダクタンス行列

$L_{11} = L_{1a}$, $L_{12} = L_{21} = L_{12m}$
$L_{22} = L_{2a}$

図5-10　2本線路のインダクタンス行列

る場合はインダクタンスから求めず真空中の電気信号速度v_0の式(5-1)を変形した式(5-2)から求めるのが普通です．真空中の電気信号の速度は光速c_0で一定ですから，真空中のキャパシタンスC_0が求まればL_0が求まります．

ガラス・エポキシ材など通常の基板用絶縁材は透磁率は真空と同じと見なすことができるので，真空中のL_0はマイクロストリップ線のような一方が誘電体で他方が空気の場合のインダクタンスと同じと見なせます．つまり，キャパシタンス行列を2次元ソルバーで求めることができれば，あとは計算のみで各インダクタンスおよび行列が計算できます．

$$v_0 = c_0 = \sqrt{L_0 \cdot C_0} \quad \cdots\cdots\cdots\cdots\cdots\cdots (5-1)$$

$$L_0 = \frac{c_0^2}{C_0} \quad \cdots\cdots\cdots\cdots\cdots\cdots\cdots\cdots (5-2)$$

注：高速信号伝送，特にギガビット伝送では導体内に電気信号は実質入らないとして扱う必要がある．低周波の場合は導体の内部まで電気が浸透しそれに対応，反応するインダクタンスで考える必要があるが，高速信号では導体外部だけで決まるインダクタンスで考える．低周波で考えるインダクタンスを内部インダクタンス，高速信号の場合のインダクタンスを外部インダクタンスという場合もある[4]．式(5-2)から求めるインダクタンスは導体内部を考えていないので外部インダクタンスとなる．

● キャパシタンスとインダクタンス行列から差動線路の基本パラメータを算出

図5-8の線路周囲の電磁界分布から分かるように，2本の線路に加わる信号の状態によって線路周囲の電磁界の分布状況が異なります．図5-11の信号のスイッチング状態が同相か逆相かで，線路を進む信号にかかわる実効的なキャパシタンスとインダクタンスが異なります[4]．つまり，片側の線路の信号が"H"の時，他方の線路の信号が"L"のようにロジックが常に逆

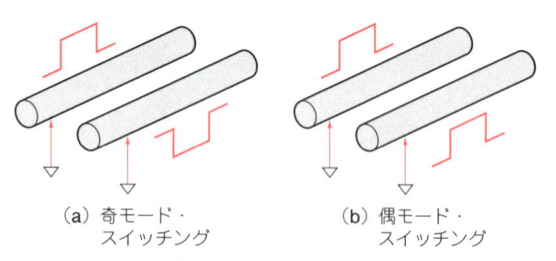

(a) 奇モード・スイッチング　　(b) 偶モード・スイッチング

図5-11 2本結合線路と信号のスイッチング・モード

一般的なインダクタンスの説明図は正しいか？　　Column

図5-10でLine1のインダクタンスL_{1a}がグラウンドとの間の値として図示されています．一般的な説明では図5-Aの左側のようにグラウンドとは関係なしにコイル形状だけでインダクタンスが考えられていることが多いようです．この図で書かれているストレ容量は，高周波でコイルが自己共振する時の容量として説明されることが多いようです．しかしコイル形状だけでインダクタンスが決まるのでしょうか？インダクタンスが決まるためには基本的にはループ状の形状が必要です．

従って，図5-B(b)ように同じコイル形状の導体が接触せずに少し離れて置かれた場合，この2本の線に信号を加えるとコイルではなくある特定インピーダンスの伝送線路として働きます．信号を加えるのにその特性インピーダンスより高い特性インピーダンスの伝送線路を使って図5-B(b)の2本線に信号を印加すると，コンデンサとして働くことになります．

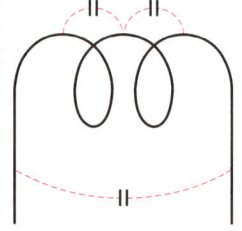

図5-A　一般的なインダクタンスの説明図
点線で示したコンデンサはストレ容量．

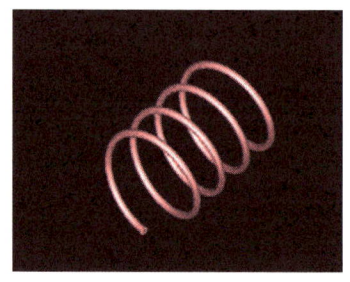

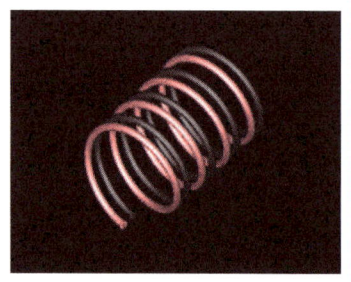

(a) どう見てもインダクタ　　(b) 隣に同じ形状が沿っている伝送線路

図5-B　コイル形状だけではインダクタンスかどうかは決まらない

になっている場合を奇モードあるいはodd modeといいます．両方の線路が同信号にスイッチされる同相の場合は，偶モードあるいはeven modeと呼ばれます．

これらの実効Cと実効Lより，各モードで線路間を進む信号に対する特性インピーダンスおよび信号の速度を求めることができます．単位長さの実効キャパシタンスがC_{eff}，実効インダクタンスがL_{eff}の場合，特性インピーダンスZは$Z = (L_{eff}/C_{eff})^{0.5}$，信号の速度vは$v = (L_{eff} \cdot C_{eff})^{-0.5}$ですから，

奇(odd)モードの場合，

$$Z_{0odd} = \sqrt{\frac{L_{11} - L_{12}}{C_{11} - C_{12}}}$$
$$= \sqrt{\frac{L_{11} - L_m}{C_{1a} - C_m}} \quad \cdots\cdots\cdots (5-3)$$

$$v_{odd} = \sqrt{(L_{11} - L_{12}) \cdot (C_{11} - C_{12})}$$
$$= \sqrt{(L_{11} - L_m) \cdot (C_{1a} - 2C_m)} \quad \cdots (5-4)$$

偶(even)モードの場合，

$$Z_{0even} = \sqrt{\frac{L_{11} + L_{12}}{C_{11} + C_{12}}}$$
$$= \sqrt{\frac{L_{11} + L_m}{C_{1a}}} \quad \cdots\cdots\cdots (5-5)$$

$$V_{even} = \sqrt{(L_{11} + L_{12}) \cdot (C_{11} + C_{12})}$$
$$= \sqrt{(L_{11} + L_m) \cdot C_{1a}} \quad \cdots\cdots\cdots (5-6)$$

なお，信号がスイッチせずに固定している直流の場合は，

$$C_{eff} = C_{1a} + C_m, \quad L_{eff} = L_1$$

差動インピーダンスZ_{0diff}とコモン・モード・インピーダンスZ_{0com}は2本線の場合に慣習的に特別に定義され呼ばれるインピーダンスで奇モード，偶モードの特性インピーダンス値からは次のように求まります．

$$Z_{0diff} = 2 \cdot Z_{0odd} \quad \cdots\cdots\cdots\cdots (5-7)$$
$$Z_{0com} = 0.5 \cdot Z_{0even} \quad \cdots\cdots\cdots\cdots (5-8)$$

なお，上記は損失のない線路について求めています．

差動信号とコモン・モード成分の両方を終端する必要がある

線路間を進む差動信号が線路端で反射しないようにするには，単線の場合と同様に特性インピーダンスと同じ値の抵抗を線路端に付けます．ところが図5-12のように差動線路長さの違いなどが原因で線路途中でコモン・モードが発生すると，その成分は線路と参照グラウンド面との間を進むことになります．図5-13に差動線路間を差動インピーダンスの抵抗で終端した時のコモン・モード成分の様子を示します．

空間に浮いたツイスト線路で差動信号を送る場合は，金属ユニット・ケースと線路との距離などによりコモン・モードの特性インピーダンスは大きく変化します．マイクロストリップ線路の場合はコモン・モードの特

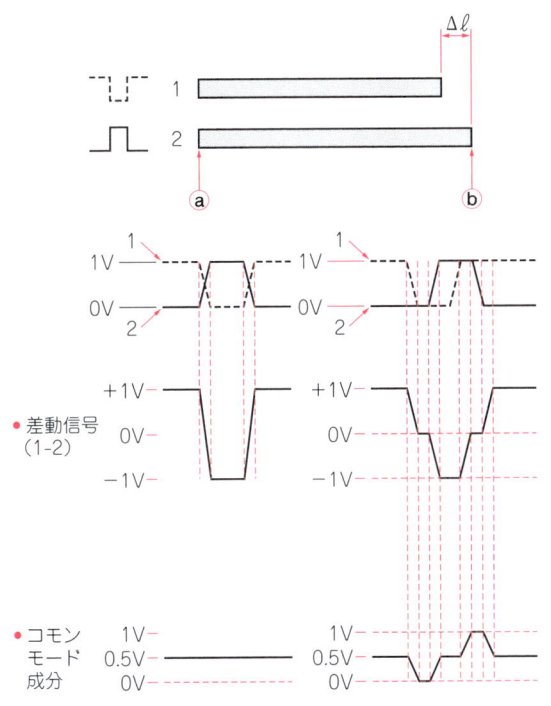

図5-12 差動線路長差によるコモン・モード発生の一因

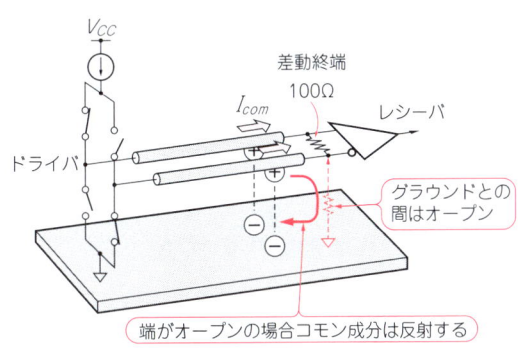

図5-13 コモン成分は差動線路とグラウンド間を進む

$R_1 = R_2 = Z_{0odd} = 0.5 \times Z_{0diff}$
$R_3 = 0.5 \times (Z_{0even} - Z_{0odd})$

$R_1 = R_2 = Z_{0even} = 2 \times Z_{0com}$
$R_3 = 2 \times (Z_{0even} \times Z_{0odd})/(Z_{0even} - Z_{0odd})$

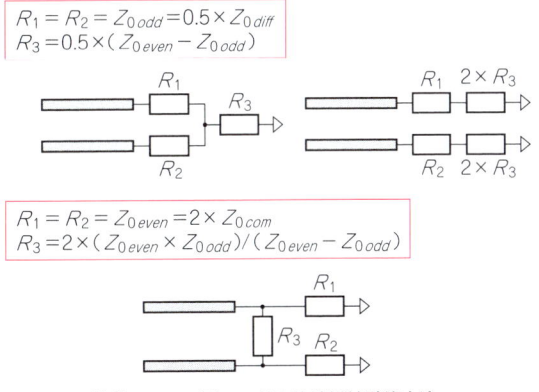

図5-14 差動，コモン両モードの終端抵抗計算方法

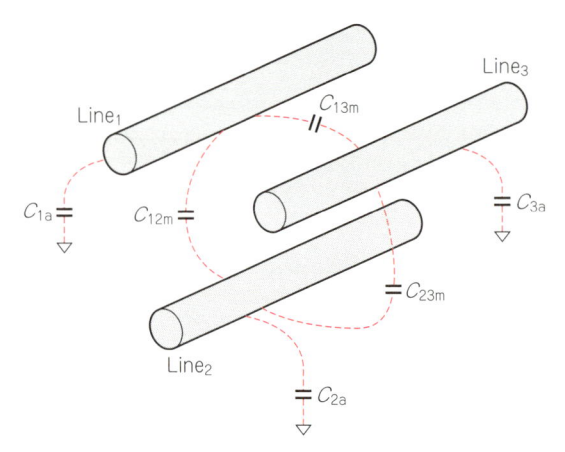

図5-15　3本線路のキャパシタンス・パラメータ

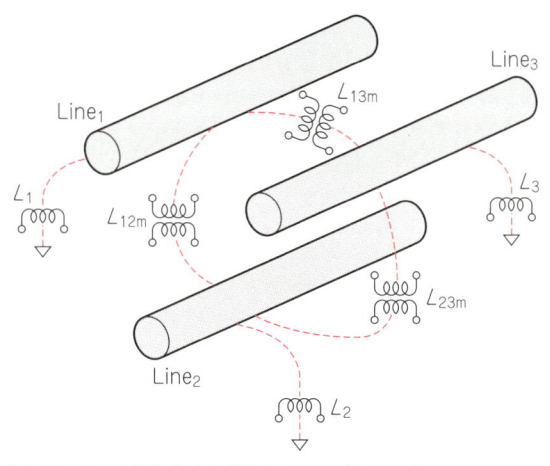

図5-16　3本線路のインダクタンス・パラメータ

性インピーダンスも断面形状から決まるので，コモン・モード成分についても終端がしやすくなります．線路端あるいはIC入力（内部）でコモン・モード成分を抵抗で終端して熱に変えればさらに線路を戻らず周囲に雑音の拡大を防ぐことができます．

　図5-14は差動線路の終端で差動成分とコモン成分の両方を終端する抵抗の配置とそれぞれの場合の抵抗値の計算法を示しています．通常パイ型は線路間に入れる抵抗がkΩ以上と大きくなるので，線路間に入れる抵抗を省く場合が多いといえます．T型はパターンのインダクタンスによって高い周波数成分での終端性能が下がる傾向があります．実装的には，それぞれの線路とグラウンドの間に2個の抵抗を入れることが部品点数の面からもよいといえます．

n本線路への拡張

　前述したのはキャパシタンスとインダクタンス行列は信号線が2本の場合ですが，信号線がn本の場合にも拡張ができます．図5-15は参照グラウンド以外の線路が3本の場合の各キャパシタンスの定義，図5-16はインダクタンスの定義です．2本線の場合と同様に，n本の場合についてもキャパシタンス行列とインダクタンス行列を作ることができます．いったんこれらの行列ができればMatlabのような行列演算に特化したソフトを使うと，2本線の場合同じプログラムでn本線の行列演算をすることができます．

差動線路シミュレーション用パーツ

　本書独自の部品としていくつかの形状の差動線路を付属CD-ROMに収録しました．これらはL，C部品を組み合わせた分布定数モデルでなく，差動線路や結合線路に向いた不要なリンギングが出ないモデルです．モデルの実際の作り方，使い方については第13章をご覧ください．

◆参考文献◆
(1) 志田　晟；ディジタル・データ伝送技術入門，CQ出版社，2006年．
(2) B. Wadell；Transmission Line Design Handbook, Artech House, Inc., 1991
(3) Young；Digital Signal Integrity Modeling and Simulation with Interconnects and Packages, Prentice Hall, 2001年．
(4) S. Hall, H. Heck；Advanced Signal Integrity for High-Speed Digital Designs, John Wiley & Sons Inc., 2009年．
(5) C. Paul；Analysis of Multiconductor Transmission Lines, 2nd ed., John Willey & Sons Inc., 2008年．
(6) 野崎，畑山，永尾，志田他；USB 3.0設計のすべて，CQ出版社，2011年．

（初出：「トランジスタ技術」2008年6月号）

第2部 ギガビット伝送を実現する様々な技術

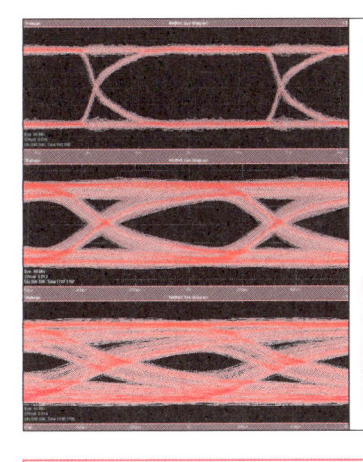

第6章 シリアル伝送の技術がオンパレードでギガビット化

安定したギガビット伝送を実現するシリアル差動伝送技術

データとクロックを別経路で送るパラレル伝送では数百メガbpsを越えると誤動作しやすくなります．ギガビット伝送ではクロックをデータ信号に埋め込むタイプのシリアル伝送が主流です．シリアル伝送の技術について多面的に説明します．

パラレル伝送の速度限界

パターンを実際に通る信号が最大毎秒数十メガビット程度だった時（第7章で説明するPCIバスなど）は，スループットを上げるために少ない線路本数を使ってシリアルで伝送するよりも，8本から32本のデータ線とデータ読み込みのクロックを送ることで1回に送れるデータ量を稼いでいました．ところが，さらに大量にデータを送ろうとすると，データ線間での信号到達時間のばらつきやクロック信号のタイミングとのずれが無視できなくなってきます．

図6-1はその様子を簡単に模式的に示したものです．クロックのタイミング変動幅をΔt_c，データのタイミング変動Δt_dでクロック周波数にかかわらず一定としています．図6-1の(a)は周波数が遅い場合，(b)は周期が上がった場合で周波数が上がると誤動作が起こりやすくなることが分かります．

また，パターンごとの信号の到達時間の差はクロック周期が数十MHzの場合は問題とならないことが多いですが，数百MHzになると問題となります．本来同じタイミングで到達すべき線路間のデータのタイミングにずれが発生することをスキューといいます．スキューがあるとパラレル・データ伝送では，データの取り込みエラーなどが起こります．また，差動線路間でスキューが発生するとコモンモード・ノイズが発生するなどの問題が生じます．

スキューの対策としては線路の長さを合わせるなどの方法があります（写真6-1，メモリ回路の例）．しかしメモリ回路のようにボード上である程度短い線路距離で用途も限定されている場合は，このような対応は可能と言えますが，PCIバスのようにいろいろな機能の回路との送受信に使われる場合は，タイミングばらつきも大きくなり対応が難しいといえます．

シリアル・ディジタル伝送が高速化する過程で差動伝送化

図6-2は主にケーブルを使った各種シリアル伝送

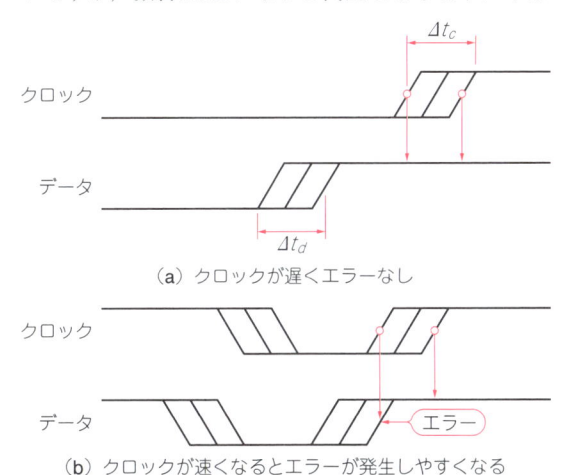

(a) クロックが遅くエラーなし

(b) クロックが速くなるとエラーが発生しやすくなる

図6-1 クロック周期が上がると誤動作しやすくなる

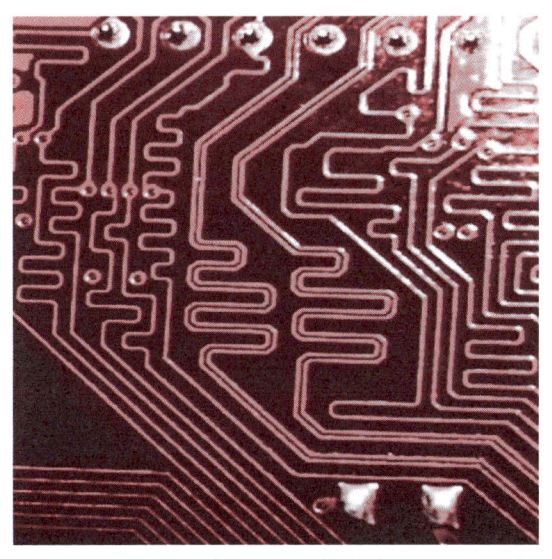

写真6-1 パラレル・データの到達時間を合わせるためにパターン長を合わせている例

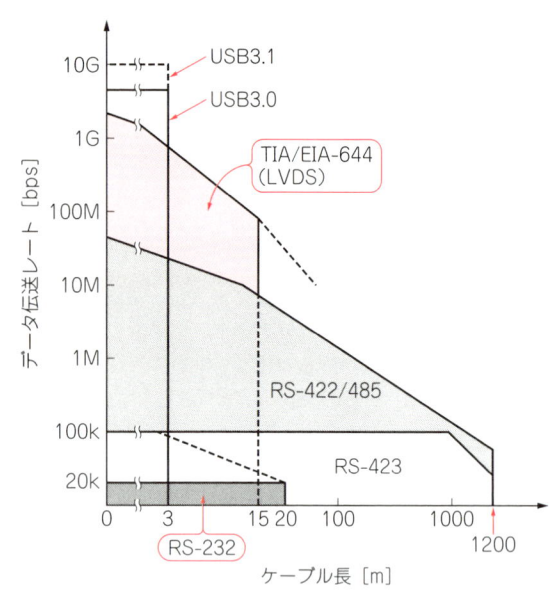

図6-2 ケーブルを使用する主なシリアル伝送の性能比較

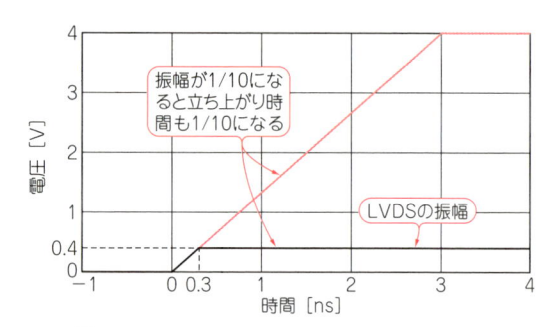

図6-3[(1)] 低振幅化による高速化
第5章の図5-3の再掲．同じスルー・レートでも振幅を小さくすると高速に伝送できる．

について，縦軸にデータ伝送レート，横軸にケーブル長さをとっておおよその範囲を示したものです．RS-232[注1]からUSB 3.1まで示しています．初期のPCからUSB 2.0が一般化するまでの期間，PCには標準的にRS-232あるいはRS-232の出力電圧をTTLレベルに制限したRS-423規格のシリアル・ポートが付いていました．伝送速度はRS-423でも毎秒100kビット程度でした．

図6-2には毎秒10メガビット速度のRS-422/485（422は1対1，485は複数受信）が示されていますが，これは基本的にTTL出力で差動伝送にしたものです．出力はRS-423のTTL出力にかかわらず速度が2桁程度高速化されています．その理由は，受信側で差動線路インピーダンス100Ωで終端しているためです．RS-422で実際に200mのケーブルを使って差動伝送する実験の様子を第5章に示しました．普通のTTLやCMOSロジックで，そのままフラット・ケーブルなどを駆動する伝送では線路端で線路の特性インピーダンスで終端してないため，ほぼ全反射して線路を信号が戻っていきます．RS-422は第5章で示したように差動のため外部ノイズに耐える力がシングルエンドよりかなり強くなっています．

RS-422はノイズ・レベルが高い工場などでそれほど速度は必要ではないが誤動作が困る機器間の通信などに使われています．機器のユニット間，ボード間などで単なるCMOSやTTL出力および入力にそのまま数十cmからmオーダの距離をフラット・ケーブルなどでシングルエンドでつなぐ行為は，人命にかかわるような機器では大きな問題と言えるでしょう．

LVDSは産業機器などで広く使われている

RS-422/485より高速な伝送規格として採用されたのがTIA/EIA-644[注2]で，規格上最大655 MbpsとRS-422の60倍以上です．

この規格（TIA/EIA-644）に従った伝送方法をLVDS（Low Voltage Differential Signalingの略）と呼んでいます．Low Voltageと呼んでいるのは送信レベルをTTLレベルの数Vでなく0.4Vと約1/10に抑えたためです．図6-3の概念図で分かるように，同じスルー・レートのICで振幅を1/10にすればデータ速度はそれだけで10倍にできます．LVDSの規格では100Mbpsで最大15mに抑えています．機器間などの

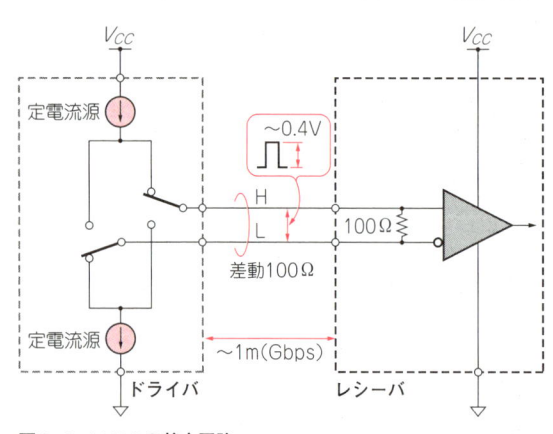

図6-4 LVDSの基本回路
レシーバの100Ωはデバイス内部にある場合と外部基板上に配置しなければならない場合がある．

注1：RS-232-Cと呼んでいるのは日本くらいで世界的にはRS232が通称なのでここではRS-232とした．
注2：TIA/EIAは米国の通信工業団体TIA（Telecommunications Industry Association）の規格で以前はEIA規格だったのでEIAも併記している．通信ケーブルなどの規格を制定している．RS232やRS-422/485も正式にはTIA/EIA-232およびTIA/EIA-422/482．TIAの規格はANSI（American National Standards Institute 米国国家規格協会）に承認された規格．

通信でも，15mのケーブル長があれば多くの場合対応できます．差動信号を送る線路は，差動の特性インピーダンスが100Ωのものを使用し，線路端で線路間に100Ωをつけて終端します(**図6-4**)．図6-4ではIC内で線路にバイアスを与える抵抗[3]などは省略しています．

LVDSはハード面のみの規格であり，USBやPCI Expressのようにデータ変調の方式やデータやりとりの手順などソフト面も含めたものではありません[2]．従って，データとは別にクロックを送ってデータをサンプリングするパラレル伝送方式で多く用いられています．LVDSが最も多く使用されたのは液晶表示回路です．LVDS採用前の液晶表示回路では，ロジック・レベルで28ビットの線路を用いてデータをパラレルで約74MHzのクロックに合わせて送っていました．LVDSは差動で数百Mbpsで送ることができるため，クロックは約74MHzのままでデータは一つのクロック周期間に7個を差動シリアルで送る方法に使われました(**図6-5**)[2]．受信側ではクロックを7倍したサンプリング・タイミングを発生させてデータを取り込んでいます[3]．1クロックで6個あるいは8個の場合もあります．

このLVDS回路では，クロックが74.25MHz一定とするとクロック1周期に7ビット(半周期で3.5ビット)のデータを送るので，約262.5MHzのノイズが発生します．その対策版としてLVDSより信号電圧を約1/2の0.2Vに下げたminiLVDSなどが使われていますが，これでもクロックや1ビット・データ時間が一定のため，ノイズの問題やパラレル・データとクロックとのスキューの問題は残ります[4]．

パラレル・データをシリアル・データに変換・逆変換

LVDSで1クロック送る間に7ビットをシリアルで送るには回路内で7ビット・データをシリアルに変換

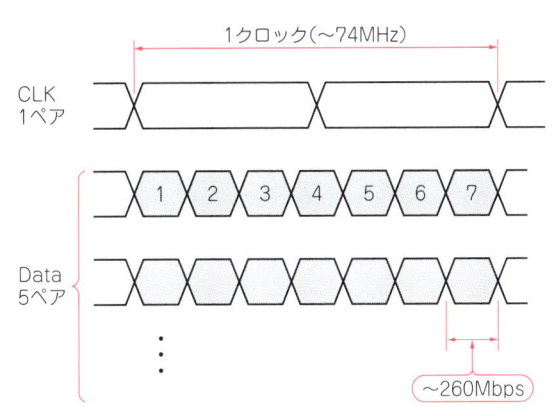

図6-5 LVDSによる液晶画面データ伝送タイミングの例

する回路が必要です．また，受信側ではシリアルで送られてきたデータを7ビットのパラレル・データに変換する回路が必要です．このように，複数ビットのパラレル・データをシリアル・データに変換したり，逆にシリアル・データをパラレル・データに変換する回路のことをSerDes(Serializer Deserializer)と言います．直訳するとシリアル化・逆シリアル化です．

この回路によりシリアル伝送部が毎秒数百メガビットに高速化されても，内部回路の処理は数十MHzという普通のLVCMOS回路で行えます．図6-6に，SerDes回路を組み込んだシリアル伝送回路例のブロック図を示します[2]．

データにクロックを埋め込む技術

液晶表示回路に採用されたLVDSでは，クロック線とデータ線が別になっています．さらに，高速化しようとするとクロック線とデータ線間のずれであるスキューが問題となります．この問題の対策として1本のデータ線にクロック情報を合わせて送ることができれば，別の線を使うことによるタイミングずれの問題は解決できます．ギガビットのように高速でない信号伝

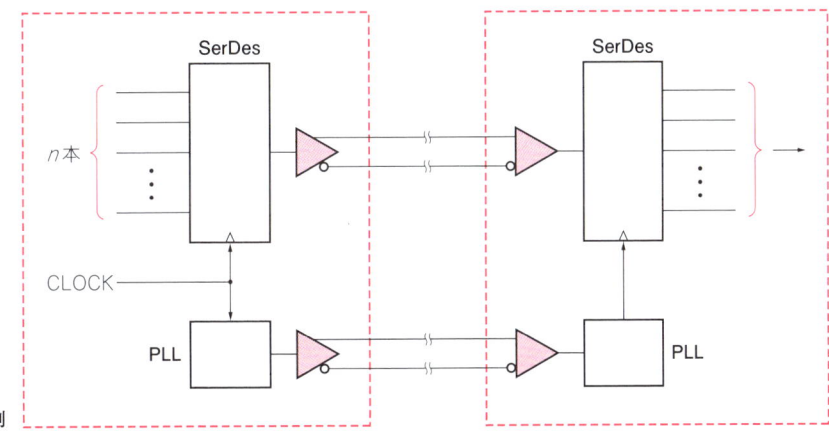

図6-6 SerDes回路の例

送でもデータとクロックを別の線路で送ると，タイミングの問題が出る場合があります（図6-1など）．毎秒1000ビット程度でも非常に長いkmオーダの距離を送ろうとすると，クロックとデータのタイミングが合わない問題が生じます．そこで，従来技術でも，データ線だけを用いてデータ信号の中にクロックを埋め込んで送り，受信側でデータの中からクロックを取り出してデータをサンプリングして取り込む方法が使われていました．ギガビットでも，その技術を活用することが考えられたわけです．

図6-7は，比較的低速で数十メートルのケーブルを使って，ディジタル伝送をする場合によく使われるデータ符号化方式を示したものです．

図6-7(a)のNRZとはNon Return Zeroを略したもので，元データのビットが '1' ならばHighレベル，'0' ならLowレベルを割り当てる方式です．RS-232などが，この符号化方式で送っています．

NRZでは，'0' や '1' が続く場合，データの切れ目が分かりません．そこで送り側，受け側ともにあらかじめ1ビットの時間を設定する必要があります．また，受信側でデータを取り込むタイミングを見つけるために，1ビットの時間より短い繰り返しでサンプリングするといった手間がかかるのが普通です．

図6-7(b)のRZはReturn Zeroを略したもので，各データ・ビットの半分の時間はそのデータのレベルを出し，後半は必ず '0' とする方式です（NRZはこのようにはビットごとに0に戻さないということから名付けられた）．

RZでは，'1' が続くときは1ビットごとにデータの区切りが分かりますが，'0' が続く場合は '0' のままです．また，1ビットの時間の半分ごとにデータが変わるので，回路の周波数帯域はNRZの2倍必要です．

図6-7(c)は，マンチェスタ符号化と呼ばれるものです．'1' のデータを '01'，'0' のデータを '10' というパターンで表します．周波数帯域はNRZなどの2倍必要ですが，図で分かるように '0' や '1' が続いても必ず1ビットごとにデータが変化してデータの区切り時間が伝わります．10BASE-Tは，この符号化方式が使われています．

10BASE-Tインターフェースの波形を観察してみました．ここでは，500 MHz帯域の受動プローブを2本使い，500 MHz帯域のオシロスコープで2信号を差し引き演算させた結果を図6-8に示します．

短いビットの幅は約50 nsですから，この周波数成分は$1/(2 \times 50 \times 10^{-9}) = 10$ MHzで，10BASE-Tのデータ・レート10 Mbpsと同じ周波数となっています．ここで，1ビットの時間を2倍して計算しているのは，半周期で1ビットを送っているためです．

図6-7(d)は参考に示したもので，NRZを単に反転したものです．図6-7(e)は，NRZI(Non Return Zero Inversed)と呼ばれるもので，USBの480 Mbps伝送などに使われています．名前からNRZを単に反転させたものと勘違いしやすいのですが，図(d)のNRZの単なる反転とは波形が異なります．

NRZIは '1' のときに反転させ '0' のときは反転しないという方式です．'0' が続くとデータに変化がなくなりますが '1' が続くことが多いデータの場合は，周波数成分がデータ・レートと同じく低く抑えられます．

長いケーブルを使う伝送では，周波数成分が倍にな

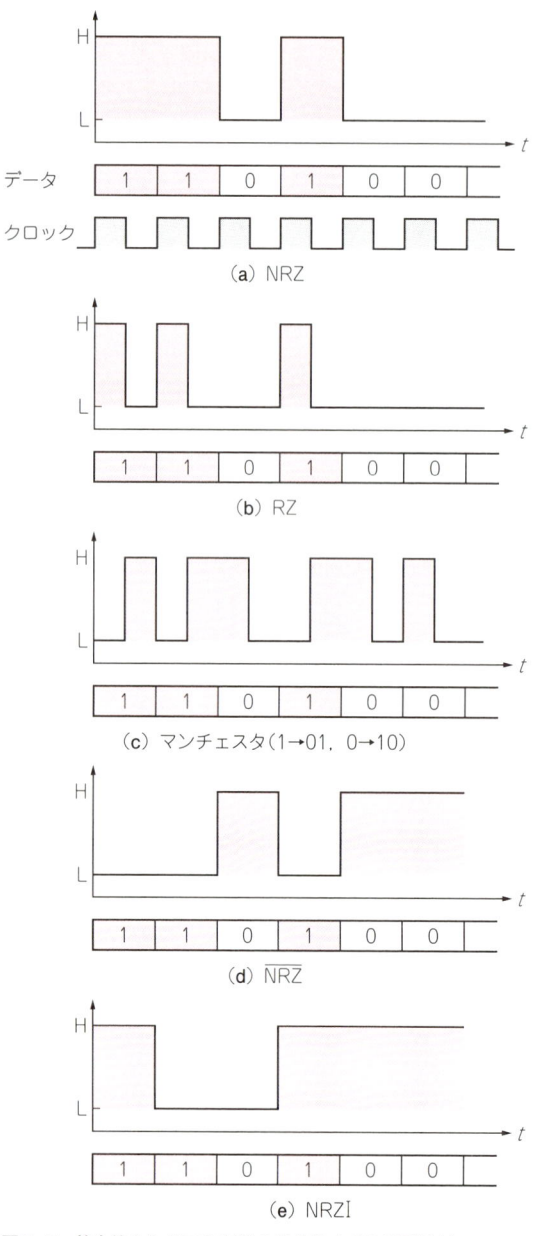

図6-7 基本的なシリアル伝送の符号化方式の波形比較

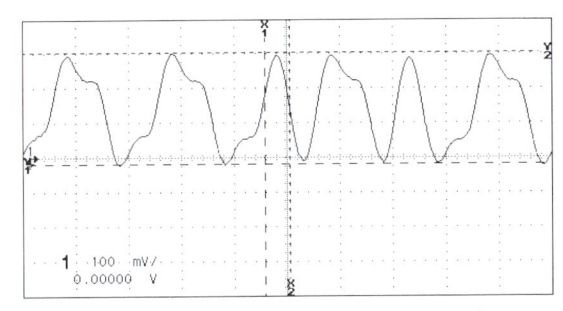

図6-8 10BASE-Tの出力波形(100 ns/div，0.1 V/div)
オシロスコープの差動計算機能で差し引いた波形．

ると信号が大きく減衰します．このため，周波数成分を低くできるNRZI方式が多く使われています．

図6-9は，USB2.0の波形を差動プローブで見たものです．最も狭いビットの幅が約2 nsで480 Mbps，この波形から周波数は$1/(2 \times 10^{-9})$ = 約250 MHzと，ビット・レートの半分の周波数帯域ですむことが分かります．

一方，NRZIでも'0'が続くとデータが長い間変化しないため，受信側でデータの区切りが分からなくなります．これを防ぐため，NRZI伝送には4ビットの連続するデータごとに5ビットのパターンに変換する4B5B変換などといったデータ変換を併用することが一般的です．

表6-1に，4B5B変換の一例を示します．4ビットなので，16通りのデータ・パターンごとに5ビットのデータ・パターンに置き換えます．'0000'の場合は'11110'というように，できるだけ'1'が続いたり多く現れるパターンに置き換えています．NRZIでは'1'が続くとデータの'1'，'0'を入れ替えるので，'1'が多いほどビットの切れ目のタイミング情報が多く受信側に伝わることになります．

● クロックをデータから取り出すCDR

シリアルATAには，ハードディスクの書き込みに使われる1対のデータ線と，読み出しに使われる1対のデータ線しかありません．

図6-10は，シリアルATAなどのように，データ線のみで高速ディジタル信号が送られる回路の一例を示したものです．シリアルATAではケーブルには差動線が使用されていますが，ここでは簡単に同軸線で

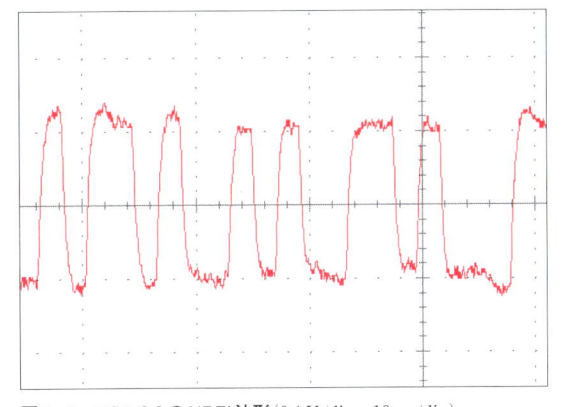

図6-9 USB 2.0のNRZI波形(0.4 V/div，10 ns/div)

示しています．

シリアルATAでは，このように伝送回路が書き込み用と読み出し用が逆方向になって一組になって構成されています．USB2.0などでは一組の線で書き込みと読み出しを兼用しますが，より高速にデータを送るには送りと受けを独立して持たせたほうが高速化できます．

シリアルATAの受信回路には，データを読み込むラッチと並列にPLL回路があります．このPLL回路は，データのエッジ情報を使ってデータに応じたラッチ・タイミングのクロックを作り出しデータをラッチします．このように，シリアルに送られるデータ信号からクロックを取り出すことを，クロック・データ・リカバリ(CDR)と言います．

図6-11は，PCI ExpressのCDRを示したものです．PCI Expressのデータ線路は差動ペア線ですが，この図では簡単に単線で示しています．図6-10と違うのは，伝送レートの2.5 Gbpsに比べて25倍遅い100 MHzでコモン・クロックの形をとり，送信側と受信側に送られています．送信回路と受信回路では，それぞれ100 MHzを基準クロックとし，これをPLLで25倍して2.5 GHzの周波数を作ります．送信側ではこの2.5 GHzのクロックを使って，2.5 Gbpsでデータが送り出されます．

受信側でも2.5 GHzが作られますが，そのままデータのラッチに使うとタイミングが合わず，読み込みエラーが起きます．そこで，図中φと書かれた部分で

表6-1[1] 4B5B変換の一例

元データ4ビット	4B5B変換後のデータ
0000	11110
0001	01001
0010	10100
0011	10101
0100	01010

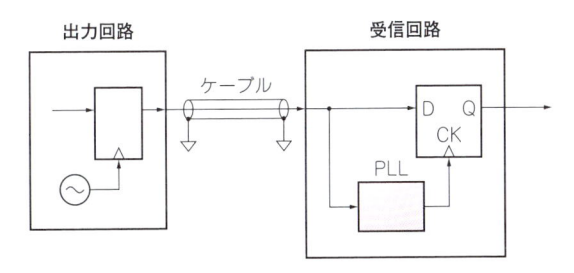

図6-10 クロックが全く送られない場合のCDR(シリアルATAなど)

データにクロックを埋め込む技術

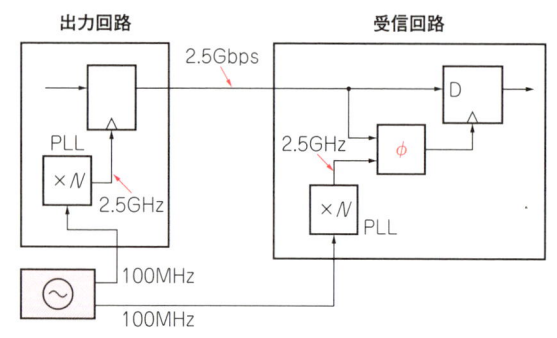

図6-11 参照クロックが送られる場合のCDR（PCI Expressの例）

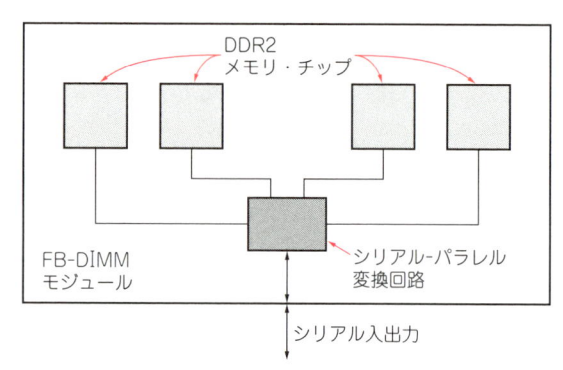

図6-12 FB-DIMMの簡単な回路ブロック図

データのエッジ情報をもとにラッチ・クロックを作り出します。通常，ディジタル的にラッチ・タイミング（位相）を作り出します。

受信側で，データからクロック・リカバリを行ってデータをラッチするタイミングを取り出すことを前提としてデータ送信する場合は，データからクロックを取り出しやすいように，クロック情報をシリアル・データに埋め込む必要があります。**表6-1**に示した4B5B変換をしてエッジを多く送るようにするのがその方法の一つです。

毎秒ギガビットの転送をするには，8ビット・データを10ビット・パターンにして送る8B10B変換がよく用いられます。PCI Expressでは，この8B10B変換以外にも一定のタイミングでデータの入れ替えなどを行って，できるだけパターンが偏らないようにもしています。

● FB-DIMMもPCI Expressに似た回路でデータからクロックを再生

FB-DIMM（Fully Buffered Dual Inline Memory Module）は，メモリ・チップにDDR2などのパラレル伝送タイプの回路を使いながら，メモリ・モジュールとして，外部との接続は高速ディジタル・シリアル伝送を行うようにモジュール化した回路です。サーバ・コンピュータなど，メモリを大量に増やすことが必要で，かつ高速伝送を保つために考えられた構成です。

図6-12は，FB-DIMMモジュールの構成を簡単に示したもので，モジュール基板の外部と内部のメモリ・チップの間にシリアル-パラレル変換回路が入っています。

この変換回路では，外部の133MHzなどのクロックを24倍したクロックを使い，**図6-11**のPCI Expressと同様なクロックの位相をシリアル・データのエッジ・タイミングに応じてシフトさせる回路を使ってデータをサンプルしています。モジュール内部のメモリ・チップへの伝送速度は，通常のDDR2と同様に133Mbps程度です（メモリについては第7章参照）。

ISIと8B10B変換

高速にデータが切り替わる部分，高い周波数成分となっています。線路の損失は高周波ほど大きいことから，高速に切り替わる部分ほど波形がなまります。図6-13の(a)は同じレベルが続いた後に高速データが変わる場合，(b)はそれほど同じレベルが続いていない場合です。(a)では基準電圧まで波形が到達できずエラーが発生しますが，(b)ではエラーになっていません。このように，前のデータの続き方の状態によって後のデータ波形が影響を受けることをISI（Inter Symbol Interference）と呼んでいます。シンボル間干渉ともいいます。

この問題に対応する方法の一つとして**表6-1**で示した4B5B変換や8B10B変換が使われます。この方法は，DC的な平均電圧を中央電圧付近に持ってくることになるため，「DCバランスをとる」と呼ばれることもあります。ACカップリングの項も参照してください。

プリエンファシスとイコライザ

図6-14は　周波数が上がってきた時の線路の損失の様子をアイ・ダイアグラムで比較したものです。

カラーの図をIntroductionの**図2**(a)～(c)に掲載したので参照してください。(a)と(b)は同じ3mの長さのHDMIケーブルを使用して，HDMIの信号を受信側

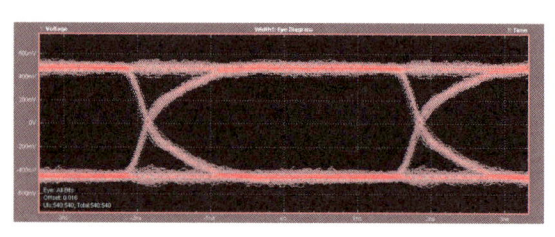

(a) HDMI 3mケーブル（480i）278Mbps

図6-14 ケーブルの損失と波形の変化
（カラー画像はIntroductionの図2参照）

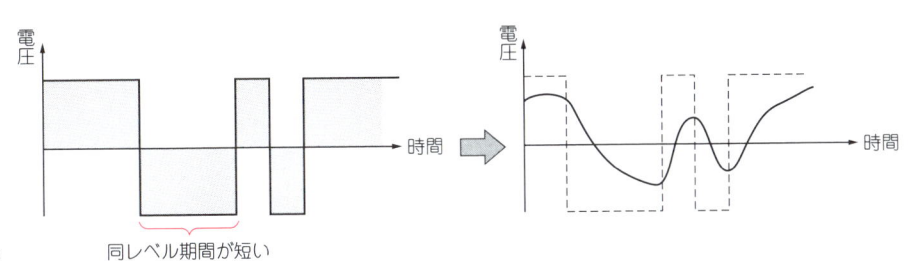

図6-13
ISIによる誤動作が起きる
場合と対策

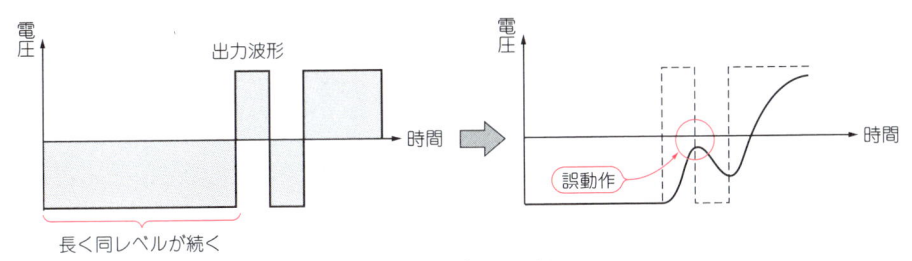

(a) 誤動作するデータ・パターン

(b) 誤動作しないデータ・パターン

で見ています．(a)は278 Mbpsの伝送レート，(b)は1.5 Gbpsです．(a)では大きくアイが開いていますが(b)では少しつぶれてきています．(c)は(b)と同じ1.5 Gbpsの信号ですが，ケーブルを10 mにした場合です．アイがかなりつぶれてきています．

アイのつぶれの主な原因は，周波数が高いほどケーブルの損失が大きく，波形が立ち上がる時の波形に含まれる高い周波数成分が減衰するためです．

そこで，立ち上がり/立ち下がりの部分の振幅を大きくすることにより，アイのつぶれを減らそうとする方法がプリエンファシスです．ただし，通常の振幅より立ち上がり下がり部分だけ大きな振幅にしようとすると，スルー・レートを上げる必要があり，ICのコストアップの要因になります．そこで，逆にレベルが変化しない部分の振幅を少し小さくするというディエンファシスという方法が考えられました．

図6-15にUSB3.0の5 Gbps波形でディエンファシスが適用されている波形を示します．また，図6-16はLTspiceでディエンファシスありとなしでアイ・ダイアグラムがどう変化するかシミュレーションしたものです．

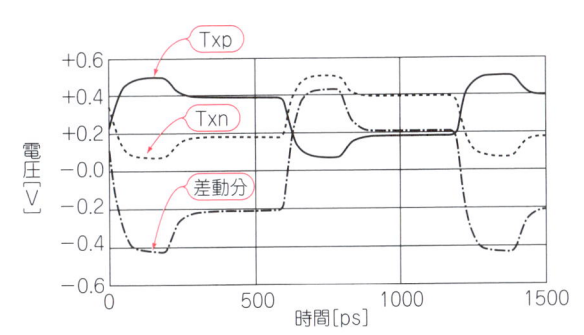

図6-15[7] デバイス出力部のディエンファシスをかけた波形

図6-17(a)，(b)は10 GbpsをFPGAで出力している波形で数cmの差動パターン通過後の波形です［テクトロニクス社MSO73304DX（100 GS/s 33 GHz帯域）で観測］．

図6-17(a)はプリエンファシスなし，(b)は大きくプリエンファシスを掛けた時の出力です．出力直後のため何本もの波形になってしまっていますが，ビット切り替わりタイミング部を大きな振幅にしているためです．線路で損失を受けた後は(a)に近い形になります．

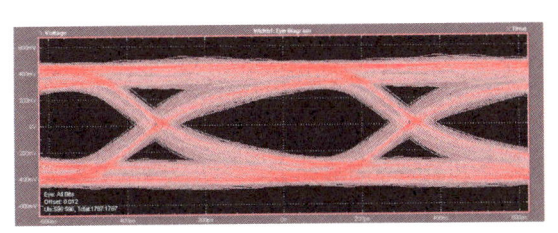

(b) HDMI 3mケーブル（pc1900）1.5Gbps

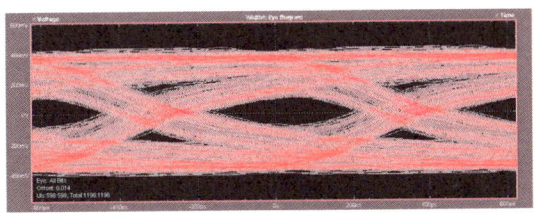

(c) HDMI 10mケーブル（pc1900）1.5Gbps

プリエンファシスとイコライザ　59

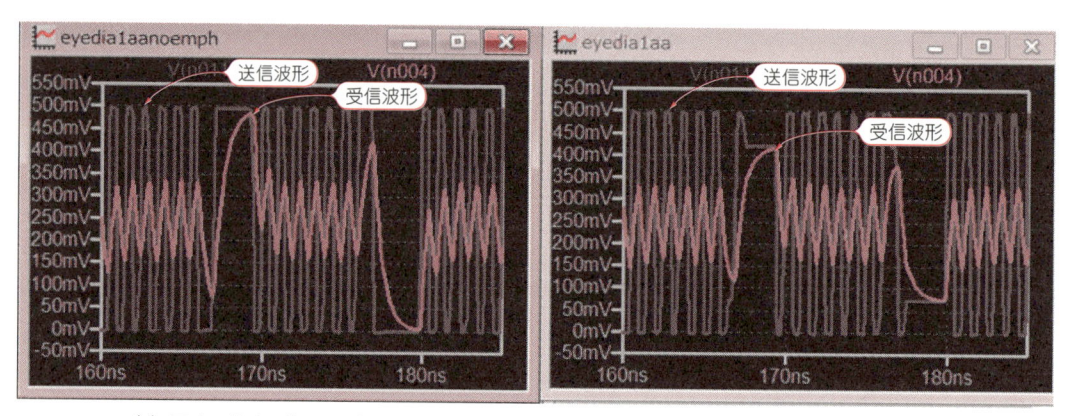

(a) アイ・ダイアグラムを書かせる前の波形　送信波形と受信波形　左：補正なし，右：補正あり

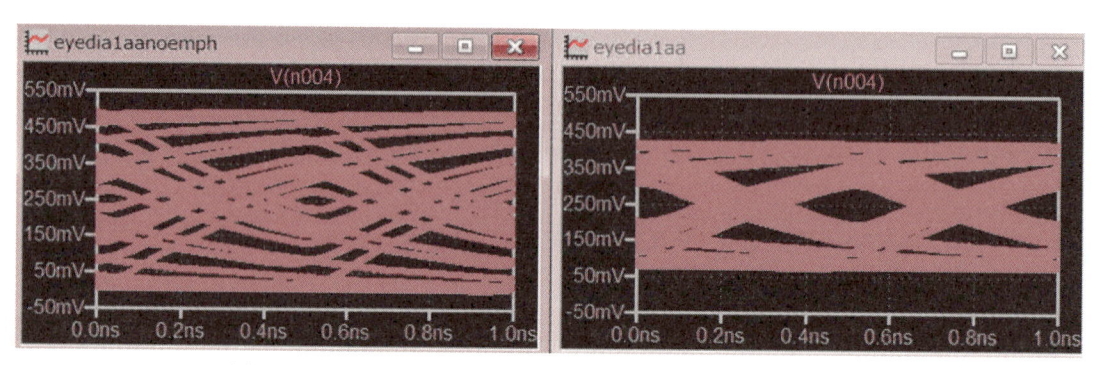

(b) LTspiceでアイ・ダイアグラムを描かせる　左：補正なし，右：補正あり

図6-16　LTspiceでディエンファシス補正をシミュレート（カラー画像はIntroductionの図4参照）

● イコライザ…受信側での高周波損失補償

　ギガビット伝送でも5 Gbp程度以上では20～30 cm程度の長さのパターンであっても伝送路の損失が大きくなってきます．前述したプリエンファシスやディエンファシスは，送信側での高周波損失補償でしたが，線路の損失が大きいとそれだけではビット・エラーが減らせない場合があります．そのような場合の対応として，受信側で高周波域を補償する方法がイコライザと呼ばれる方法です．

　図6-18は，5 GbpsのUSB3.0 Super Speedの場合のイコライザの周波数特性を示します．この場合5 Gbpsなので，信号の周波数特性は2.5 GHzが中心となります．この図では2.5 GHzで3 dB（約30％）くらい信号を増幅していますが，1 GHz以下ではゲインを絞っています．これはノイズなどを防ぐためです．信号自体は線路のロスで振幅が小さくなっていますが，途中で混入する信号はあまり減衰していない場合があります．そのため1 GHz以下は減衰させています．なお，

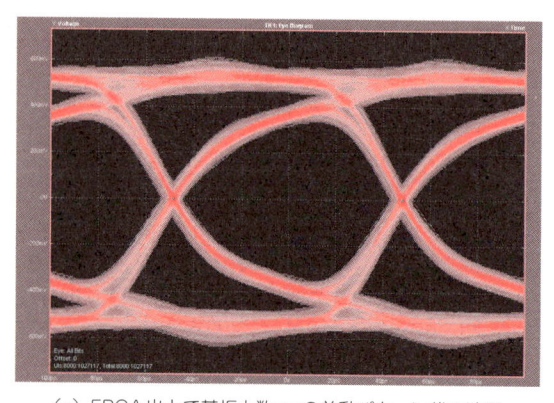

(a) FPGA出力で基板上数cmの差動パターン後の波形　　(b) 送信部直後プリエンファシスを大きく掛けた場合

図6-17　10 Gbps波形のアイ・ダイアグラム（Introductionの図1も参照）

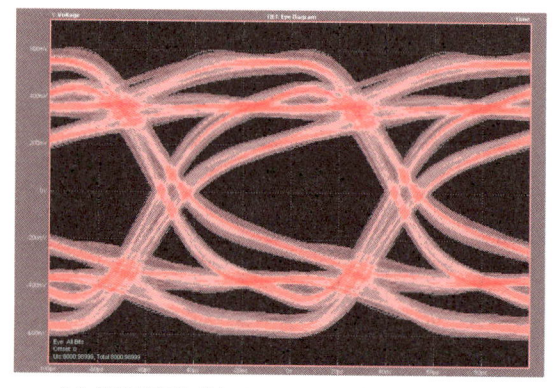

この周波数特性はデバイス内でディジタル・フィルタで実現している場合もあります．

ACカップリング

　ギガビット・クラスの高速伝送では，線路の途中を直流的にカットしてコンデンサでつなぐACカップリングが多く使われます．高速伝送では，8B10B変換などを実施して常に一定以上の時間同じレベルが続かないようにデータの切り替えを行います．データが"H"か"L"のレベルに近づくと，次に高速にビットが切り替わる時にスレッショルド・レベルまで信号が到達しないことがあるためです（図6-13）．

　このように，データ・ラインは常にレベルが変動していてDCレベルを送る必要はありません．したがって，コンデンサでDCをカットしても（ACカップリング）問題ないわけです．一方，ACカップリングにすると送り出し側のデバイスと受信デバイスがDC的に接続されないので，両者の電位差あるいはコモン・モード電圧がかなり大きくなってもデバイスに大きな電圧がかからないメリットがあります．

　通常，デバイスの入出力ピンは想定される最大DC印加電圧に対してデバイスを保護するためにダイオードなどでクランプしています．高耐電圧に対応しようとするほど，それらの保護部の浮遊容量が大きくなり高速化の制限となります．この意味からも毎秒数ギガビットでボード間などコモン・モード電圧が大きい場合にも対応しなければならないデバイスは線路は，ACカップリングすることが基本です．

高速差動伝送回路は電流ロジック回路が基本

● LVDSと電流ロジック

　通常のロジック・デバイスは，出力部のトランジスタ（あるいはFET）のスイッチング動作でロジック・

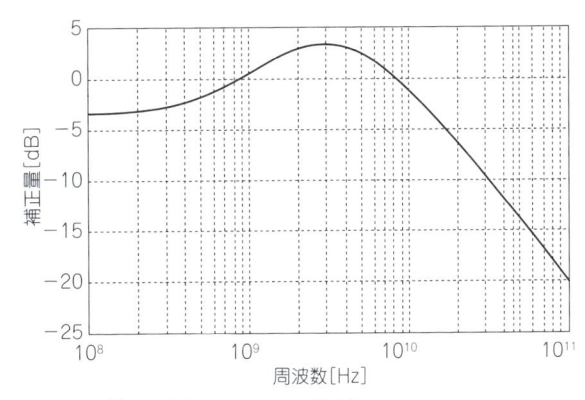

図6-18[6]　受信側イコライザの特性例

レベルを変えています．しかし，スイッチングすると速度が上がりません．内部で電子の流れを止めたり流したりという動作を行っているためです．バイポーラTTLが全盛のころ100 MHzオーダでロジックを動作させようとする場合は，ECL（Emitter Coupled Logic）という電流ロジックが使われていました．トランジスタをスイッチして電流の流れを止めたりするのでなく，電流が流れたままで電流量を変えることでロジックを送るものです．ECLで線路を駆動するため線路は50 Ωで終端して使用していましたが，電流や電圧の振幅が大きく消費電流が大きいのが難点でした．

　LVDSはECLと同様の電流ロジックを使用して振幅を小さくしました．ただし，差動線路へのつなぎ部分にトランジスタ・スイッチを使用しています．もっとも，定電流源からの電子の流れは，スイッチの位置でブロックされて停滞するのではなく他方の線路につながって流れるので，一般のロジックより高速に動くことになります．

　電流ロジックで，より高速に動作する回路としてはCMLがあります．図6-19はCMLの内部回路の例を示したものです．

　CMLはLVDSと違って切り替えスイッチがないた

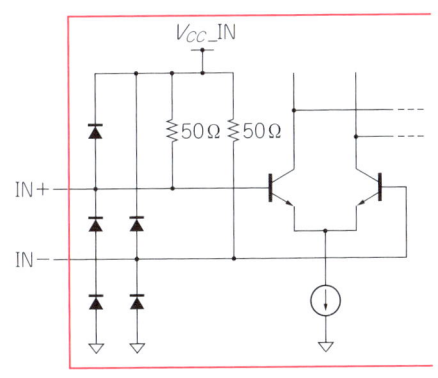

図6-19
CMLの内部回路の例
（MAXIM社 MAX3841）　　　　（a）CML入力回路　　　　　　　　　　　　　　（b）CML出力回路

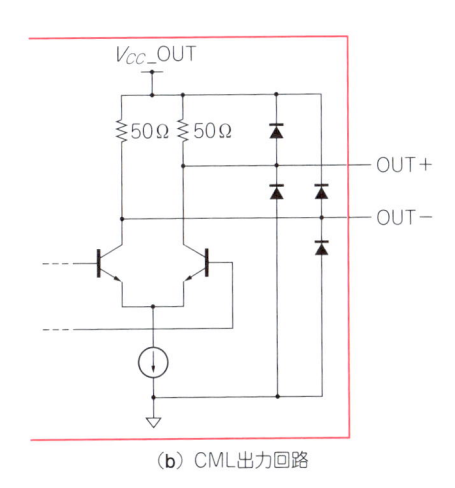

め，LVDSよりも高速に動作させられるポテンシャルがあります．メーカの資料[2]によればLVDSは最大で3 Gbps程度までですが，CMLでは10 Gbpsを超える動作が可能としています．

● **PCI express, HDMI, DisplayPortも電流ロジックの仲間**

図6-20は，PCI ExpressとUSB3.0/3.1 SuperSpeed（5 Gbps）の基本的な部分を示した回路です．PCI expressは信号線路以外に低速の基準クロックを送りますが，ここには示していません．USB3.0/3.1のSuperSpeedでは基準クロックは使いません．

この回路は，送信側受信側ともに信号線とグラウンド間に50Ωの抵抗を入れています．グラウンド面がしっかりしているとノイズに強い安定な回路構成です．信号線はACカップリングでDCカットしています．

図6-21は，ディジタル・テレビなどに使われているHDMIの基本回路を示します．PCI expressなどより前に出ていたTMDSという回路を使っています．DC結合です．送信側は，グラウンド側に入っている定電流源を差動線路の一方から他方に切り替える方法

で駆動しており，電流回路の一種といえます．

特徴的なのは，受信側（シンク側ともいう）は電源と信号線の間に50Ωが付いていて受信側の電源電圧を基準に信号が振れることです．HDMIは送信側がグラウンド基準，受信側が電源基準と基準が二つの電圧にまたがっています．PCI Expressのように，基準グラウンドをしっかり作っておけばよいということでなくグラウンドも電源層も安定に作る必要があります．

図6-22は，HDMIと同様画像データ伝送用にHDMIを改良した形の規格とも見えるDisplayPortです．しかし，HDMIを主導している団体とは別のグループが策定している規格です．信号の基準を送信側も受信側も共に電源として，電源との間に50Ωを入れて終端するCML回路そのものです．送受信間の電源層に注意して設計すれば安定に動作する形です．

また，ACカップリングとしてDCカットしています．DisplayPortの受信側が電源基準としたのは，HDMIの信号に簡単な回路の付加でつなげるようにという意味もあるようです．実際レシーバの回路は，基本的にはHDMIとDisplayPortは同じです．現状のHDMIよりDisplayPortの方が将来高速化に向いているといわれています[3]．しかし，圧倒的に台数の多い家電のテレビにHDMIが採用されているため，DisplayPortの今後はHDMIグループが出してくる今後の規格次第かと思われます．

ケーブル・ロスをコネクタ部のアンプで補償する方法

USB3.1やアップル社のサンダーボルト（Thunder Bolt）など10 Gbpsで銅線上をデータ伝送する規格が出ています．Thunder Boltの場合は内容が公開されていませんが，ポイントはケーブルにあります．ケーブルのコネクタ内にアンプが入っていて，ケーブルの損失に合わせたゲイン補償を行い，コネクタがつながるデバイス側の負担を減らしています．デバイス側は

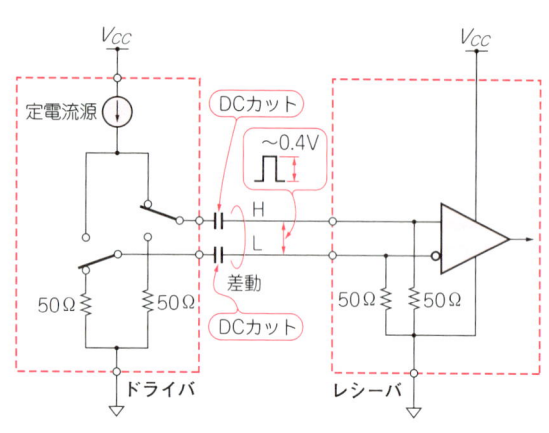

図6-20 PCI express, USB3.0 SuperSpeedの基本回路

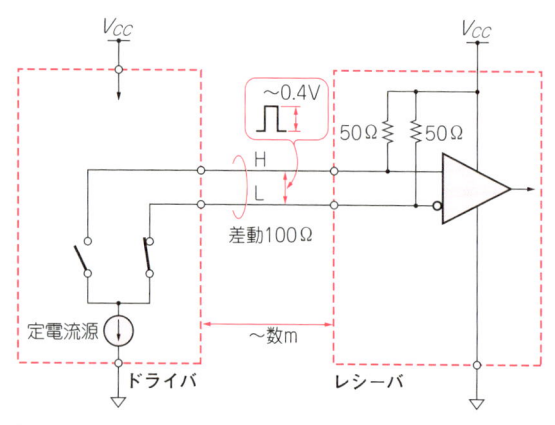

図6-21 HDMIの基本回路
出力側でV_CCにも接続する場合あり．

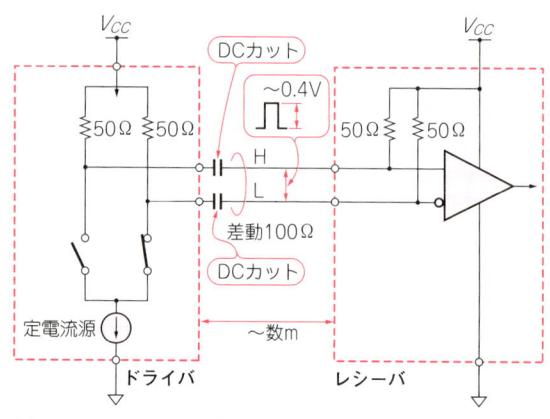

図6-22 DisplayPortの基本回路

10 Gbpsで信号を送受信しますが，コネクタまでの距離を短いパターンにすれば，外部ケーブルの損失は考えなくても済むわけです．

一方，USB3.1の10 GbpsはUSB3.0の5 Gbpsで決めたコネクタなどをそのまま使うので，設計上は注意すべき点があると考えられます．

サンダーボルトは非公開の規格ですが，10 Gbps程度の伝送速度で同様のロスを補償する形のケーブルを作りたい場合は，TLK1101Eなどのデバイスを使う方法があります[5]．

◆参考・引用＊文献◆

(1) 志田 晟；トランジスタ技術SPECIAL，No.93，ディジタル・データ伝送技術入門，2006年，CQ出版社．
(2) Texas Instruments; *LVDS Owner's manual 4th edition*, 2008.
(3) 長野英生；高速ビデオ・インターフェースHDMI&DisplayPortのすべて，2013年，CQ出版社．
(4) Texas Instruments; mini-LVDS Interface Specification rev, 2003.
(5) Texas Instruments; *11.3-Gbps Cable and PC Board Equalizer TLK1101E*, 2007.
(6) 畑山 仁 編著；PCI Express 設計の基礎と応用，2011年，CQ出版社．
(7) 野崎原生，畑山 仁，永尾裕樹 編著；USB 3.0設計のすべて，2012年，CQ出版社．
(8) MAXIM，MAX3841データシート．

(初出：「トランジスタ技術」2008年10月号)

高速シリアル・データ伝送規格の種類と概要 　　　Column

● USB（Universal Serial Bus）

PCなどとプリンタなど周辺機器との間のデータ伝送に使われます．USBが採用される前のPCと周辺機器間のシリアル通信としてはRS-232が使われていましたが，通信速度などの設定を事前に行う必要があり，面倒な面がありました．最初のUSB1.0は12 Mbpsまででしたが，USB3.1では10 Gbpsまで高速化されています（写真6-A）．規格に従えば機器でのUSB特許使用料は無料です．

● PCI Express

PC内部で高速にデータ伝送を行う規格として，それまでのPCIバスの後継規格として定められました．PCIバスのパラレル・データ伝送に対してシリアル伝送が使われています．クロックをデータに埋め込んだタイプのシリアル伝送方式です．また，大量のデータを高速に伝送するために高速のシリアル伝送チャネルを複数（16レーン）拡張可で，動画などの大量データにも対応しています．速度も16 GT/s＊の規格が出ています．＊T/sはbpsと類似の毎秒当たりのデータ数の単位で，線上を実際に送られるデータの速度を示します．

● LVDS（規格：TIA/EIA-644）

低電圧（0.4 V）の差動伝送規格として1990年代にNational Semiconductor社（当時）が中心になって決められ，ハード面のみ使用してもライセンス料などは発生しません．規格では665 Mbps（5 m）が最大ですが，デバイスによっては短い距離（ボード上）なら2 Gbps程度まで可能です．DC結合が基本ですが，AC結合する場合もあります．シリアル化や線路損失の補正を行うのはプリエンファシスで，これを行うLVDSデバイスも出ており，特殊なデータ変換などを行わない簡素な構造であることから産業用途には今後も使われるとみられます[1]．

● HDMI（High-Definition Multimedia Interface）

ディジタル・テレビなどで，ディジタル画像と音声信号をユニットから画像表示器へ一方向に伝送する通信規格です．画像データ部分はDVIのディジタルと同様ですが，DVIでは送っていなかった音声データもディジタルで送ります．規格の適用は有料です．

● DisplayPort

HDMIはライセンス料が発生するのに対応して，別のグループ（VESA）が策定した使用料無料の画像表示器への画像・音声信号の通信規格です．送受信と電源電圧基準で，線路途中はDCカットされている（HDMIはDCカットなしで，機器間のコモン電圧がICデバイスに加わり高速化に制約が出る）など，高速化の点からはDisplayPortの方が有利だといわれています[2]．

写真6-A
10 Gbpsを通す
USB3.1 マイクロコネクタ

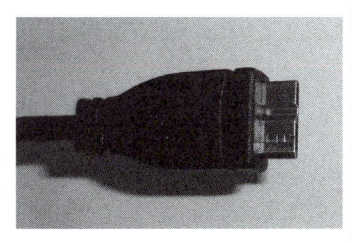

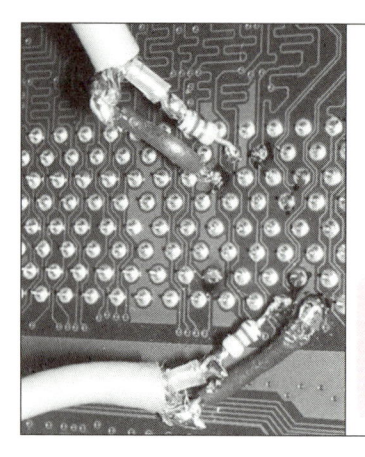

第7章 ギガビットでも使われるシングルエンド伝送

シングルエンド伝送がギガビットでも生き残っているわけは？

数百メガbpsを越えるとシングルエンド伝送は誤動作しやすくなるため，特にギガビットではクロックをデータに埋め込んだ差動シリアル伝送が主流です．しかし基板面積当たりのビット量はシングルエンドが優っています．シングルエンドの経緯を振り返りながら，ギガビットでのシングルエンド伝送について説明します．

● 毎秒数百メガビットからギガビットのディジタル信号伝送の方式は差動伝送が一般的です．差動方式を使わずに毎秒数百メガビットを数十cmのパターンで伝送させると，一般のロジック（シングルエンド）ではさまざまな問題が発生します．そのため，安定した回路動作を得るパターン設計はとても難しくなります．

● しかし，メモリ回路のデータ線は，毎秒ギガビットの速度でもほとんど差動伝送は使われていません．メモリ回路は，CPUなどと一体で高速かつ大量にデータをやりとりする必要があります．一定の基板面積で大量にデータをやりとりするために，一つの信号に2本のパターンを使用する差動伝送より，1本のパターンで一つの信号を送るシングルエンドのほうが技術的な難しさがあるとしても現状では有益だからです．

● 本章では，PCに使用されてきたシングルエンドの各種バスの信号波形の観測とメモリ回路独自の回路動作を説明し，高速メモリのパターン設計の今後についても触れます．

シングルエンド伝送が使われている高速メモリ回路

写真7-1は，PCのマザーボードで，メモリにDDR2 SDRAMを使用しています．このマザーボードの裏側で，メモリ・モジュールにつながるコネクタの点で信号波形を見たものが図7-1です．クロックは，カーソルの間隔が約2.5 nsであることから約400 MHzであることが分かります．一方，クロックの半周期（1.25 ns）で1データが送られていることからデータ・レートは800 Mbpsと読み取れます．

写真7-2は，マザーボード上のDDR2メモリとメモリ・コントローラの間のパターンです．単線で引かれているパターンとペアになったパターンがあります．ペアのパターンはクロック線で差動伝送が使われていますが，多くの単線のパターンはデータ線などでシングルエンド伝送が使われています．

USBやシリアルATA，PCI Expressなどの毎秒数百メガビットを越す高速ディジタル伝送では，差動伝送方式が使われています．

毎秒数百メガビットを越すデータ伝送では，基本的に信号の振幅を小さくします．同じスルー・レートの安価なトランジスタで構成したICでも，振幅を小さくすることにより，高速で，"H"／"L"レベル間を切り替えることができるからです．振幅を小さくしても，差動伝送では周囲ノイズ（同相のコモン・モード・ノイズ）を打ち消してくれるなどの多くの長所がありま

写真7-1　DDR2メモリを搭載したマザーボード

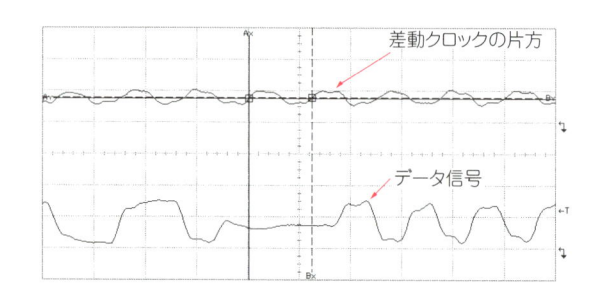

図7-1　写真7-1のマザーボードのDDR2 SDRAMモジュール（DDR2 800 PC2-6400）のコネクタ・ピンで観測した波形（2 ns/div，1 V/div．1.5 GHz帯域のオシロスコープで測定）
クロックは2.5 ns周期（400 MHz），データは800 Mbpsのデータ・レートで送られている．

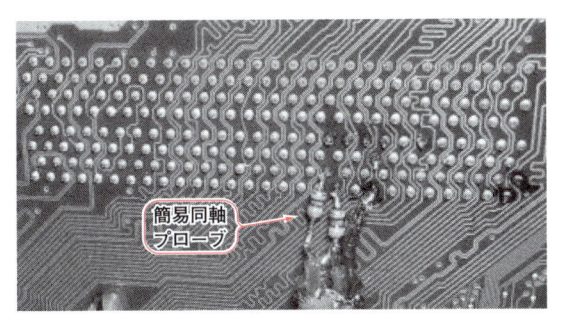

写真7-2 DDR2 SDRAMモジュールの差動クロックを簡易同軸プローブ2本で見ている様子

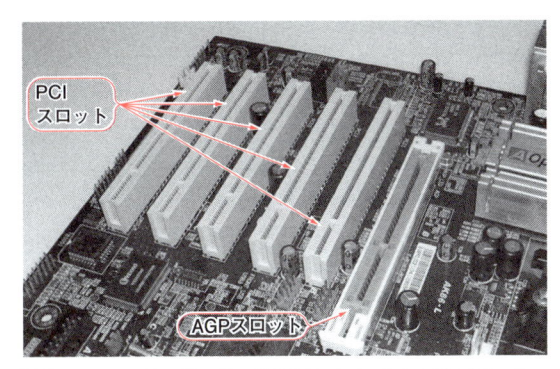

写真7-3 PCのマザーボードのPCIスロットとAGPスロット

すが，シングルエンド伝送では周囲ノイズに影響されやすくなります．

以下，PCのパラレル・バスとメモリ・バスの発展に沿って，シミュレーションを交えて高速化の技術を説明していきます．

PCIはTTLをそのままつないだだけに近いシングルエンド伝送

写真7-3は，PCのマザーボードのPCIスロット部分です．PCIバスが登場した当初は，5V電源で動作するICがバスに使用されていました．その後のマザーボードに付いているPCIは，3.3Vで動作するものがほとんどで，3.3V PCIとも呼ばれます．

写真7-4は，このマザーボードの裏側にオシロスコープのプローブ(500 MHz用)を当てているところです．図7-2は，写真7-4のようにして測定した波形です．オシロスコープは500 MHz帯域のものです．この図より，クロックが33 MHzであることが分かります．また，図7-2のデータは最も短いものを捕らえていますが，クロックの1周期の時間ぶん同じレベルが続いており，クロックの1周期で1データが送られていることが分かります．

表7-1は，FPGAがサポートするシングルエンドの規格の一部を示したものです．表7-1から，シングルエンドといってもさまざまな規格があることが分かります．表7-1の「電圧基準」とは，受信部で基準電圧と入力信号のレベルを比較してHigh/Lowを判定しているものです．高速伝送の規格は電圧基準で判定していることが分かります．

シングルエンド伝送は，1本の線で一つの信号を送りますが，メモリ回路などの場合では信号の受信側で電圧基準との大小でレベルを判定するため，単なるLVTTLやLVCMOSとは動作が異なります．LVTTLのような単なるロジックの場合をシングルエンドと呼び，メモリ回路などの場合を電圧基準判定方式と分けて呼ぶ場合があります．

AGPは信号伝送を1：1に送ることで高速化したシングルエンド伝送

写真7-3のPCIスロットの右側にAGP(Accelerated Graphic Port)のスロットがあります．写真7-5は別のマザーボードで，手前に三つあるPCIスロットの奥にAGPスロットがあり，そこにAGP対応のグラフィック・カードが装着されています．

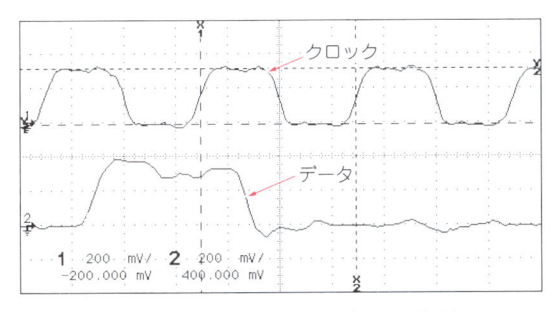

図7-2 PCIバスの33 MHzクロックとデータの波形(10 ns/div, 2 V/div)

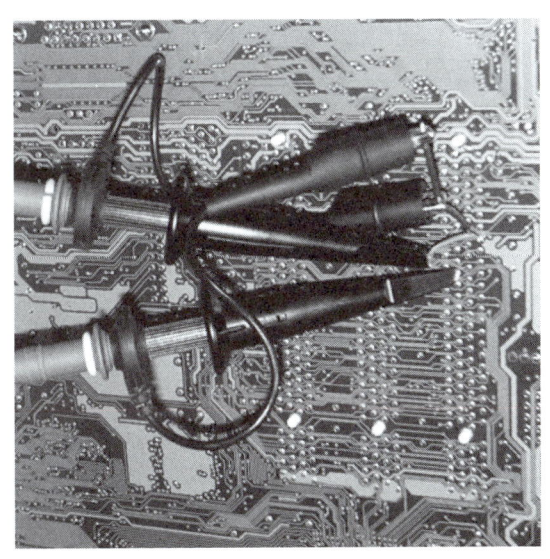

写真7-4 PCIバスの信号をオシロスコープのプローブで見ているところ

表7-1[(2)]　FPGAのサポートするI/O規格の例

I/O 規格	主な用途	データ・レート	回路のタイプ	基準電圧[V]	出力部電圧[V]	ボード終端電圧[V]
LVTTL	汎用	—	シングルエンド	—	3.3	—
LVCMOS	汎用	—	シングルエンド	—	3.3	—
2.5 V	汎用	—	シングルエンド	—	2.5	—
1.8 V	汎用	—	シングルエンド	—	1.8	—
3.3 V PCI	PC，組み込み機器	33 MHz/66 MHz	シングルエンド	—	3.3	—
AGP 1X	グラフィック	66 MHz	シングルエンド	—	3.3	—
AGP 2X	グラフィック	66 MHz, 134MHz	電圧基準	1.32	3.3	—
SSTL-3	SDRAM	166 MHz	電圧基準	1.5	3.3	1.5
SSTL-2	DDR SDRAM	～800 Mbps	電圧基準	1.25	2.5	1.25
SSTL-18	DDR SDRAM	～1333 Mbps	電圧基準	0.75	1.5	—
HSTL	SRAM, QDR SRAM	～250 Mbps	電圧基準	0.75	1.5	0.75
GTL	バックプレーン	～100 Mbps	電圧基準	0.8	—	1.2
GTL+	Pentium インターフェース	～200 Mbps	電圧基準	1	—	1.5

　AGPは，インテルがグラフィック・カードのために作成した規格です[(6)]．AGP規格が出る前はグラフィック・カードをPCIスロットに装着していました．しかし，PCIスロットにボードが装着され，それと信号のやりとりがある場合はグラフィック・カードのデータ伝送が制限されます．また，PCIスロットにいくつカードが装着されているかによって，信号波形が変わってくることがあります．

　このような理由から，グラフィック専用としてマザーボード上のコントローラから1：1でグラフィック信号を伝送するためにAGPスロットが独立しました．PCIバスから独立したため，伝送速度や信号レベルなどもより高速化できるように改良されました．

　PCIでは，クロックが33 MHzと66 MHzが規格化されていますが，66 MHzではデータ取り込み時間が非常に短くなり，スロットに装着するPCIカードの数や種類によっては安定に動作させることが難しい場合があるので，一般用PCのPCIクロックは実質33 MHzでした．

　AGPは1：1ということもあって66 MHzクロックでも時間的に余裕があり，さらに高速化するためにクロック1周期で1データではなくクロックの立ち上がりと立ち下がりで1個，さらには複数個データを送る方式が導入されました．

　グラフィック・カードを高速化するという要求から，最終的には1クロックで8データを送るAGP 8Xまで規格化されました．図7-3に，1クロック周期の時間にデータが8個送られる様子を示します．図7-4は，AGP 8Xの波形を実測したものです．

　また，図7-5に示すように，高速化を図るために信号を受け取るICの内部で終端して，波形が乱れないようにする手法も採用されています．図7-6はAGP 8Xの波形を示したものですが，3.3V LVTTLよ

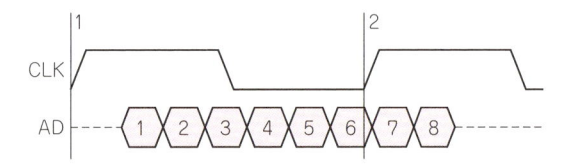

図7-3　AGPの基本波形（AGP 8X）

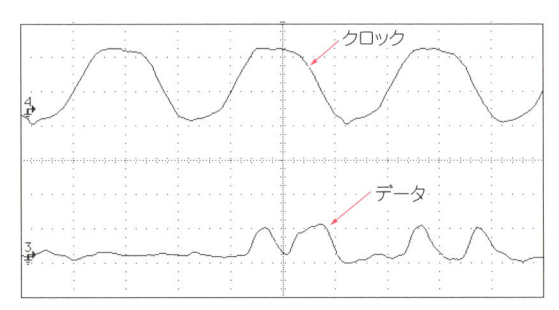

図7-4　AGPの66 MHzクロックとデータの波形（5 ns/div，上：2 V/div，下：1 V/div）
データは1ビットの幅から1周期に八つ送られていることが分かる．

写真7-5　PCのマザーボードのAGPスロットとAGPカード

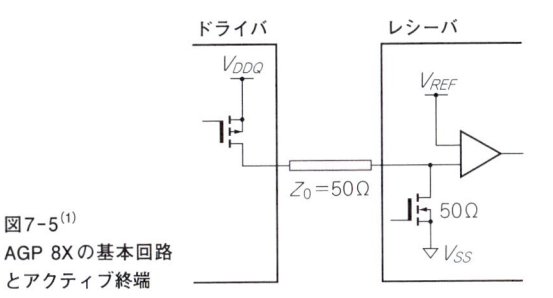

図7-5(1) AGP 8Xの基本回路とアクティブ終端

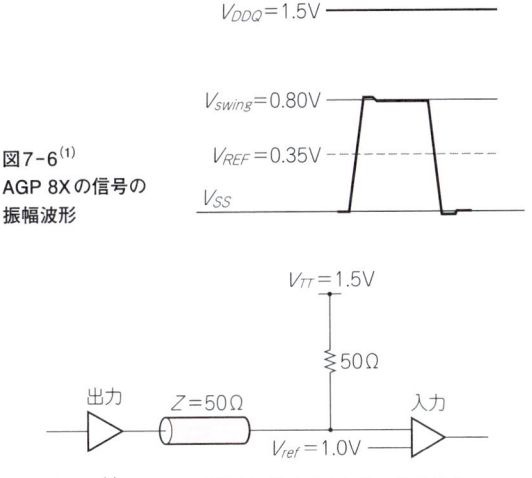

図7-6(1) AGP 8Xの信号の振幅波形

図7-7(2) CPUの周辺に使われるGTLを改良したGTLPの回路

CPUの周辺回路の高速化

● TTL系からGTLPへ

Pentium以降，CPUから周囲の回路への信号周波数が100MHzを越えるようになりました．そこで，従来のTTL系では信号波形に乱れが出るようになったために採用された伝送方式が，GTL(Gunning Transceiver Logic)を改良したGTLP(GTL+)です．GTLはゼロックスのエンジニアWilliam Gunningが考案したため，その名前を取って名付けられたとされています[4]．

図7-7はGTLPの回路です．GTLも電圧が違うだけで同じような回路になっています．それまでのロジック回路と異なり，線路の特性インピーダンス(50Ω)とプルアップした終端抵抗を組み合わせています．

バスの両端に終端抵抗を付ける規格としては，それまで330Ωと470Ωを使用したVME(VERSA module Eurocard)，220Ω/330Ωを使用したSCSI(Small Computer System Interface)などが知られていました．これらのバスは，ICが出力しないときに出力をハイ・インピーダンスにしてバスから切り離すようにしていました．全ての出力が切り離されたときに電源電圧まで線路の電圧が振れないため，次に出力されたときに高速化が図れるというものでした．

しかし，330Ωと470Ωの並列合成抵抗値は200Ω程度あり，通常の4層基板パターンの特性インピーダンス50Ω～100Ωより高く，信号は終端抵抗部分で反射していました．

● GTL/GTLPのしくみ

GTLは，プルアップの電圧を電源電圧の半分程度に下げ，さらに受信部でのロジックを通常のTTLやCMOSなどと異なり，基準電圧と比較して大小を判定するようにしたものです．

これにより，バスにつながる出力が全てオープンの場合は，終端抵抗に加わる電圧にバスの電圧が設定されます．ドライバがONとなって線路を進んでいく信号(グラウンドにショートされたLowレベル信号)は，線路端に付けられた抵抗が線路の特性インピーダンスと一致しているので，終端抵抗の部分で反射は起きないことになります．

バックプレーン・バスの場合は，バスの両端にプルアップ抵抗が付いており，どちらの線路端でも反射が起きません．バスの途中に複数付いている受信ICは，基本的にハイ・インピーダンスなので，反射が起きていない正常なロジック信号を受け取ることになります．

Pentiumの場合は，プルアップ抵抗に50Ωではなく56Ωを使っています．伝送線路の特性インピーダンスや終端抵抗は50Ωでなくとも GTLPと呼ばれて

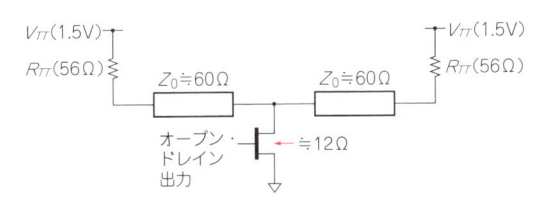

図7-8(2) Pentiumの場合のGTLPのバス駆動回路

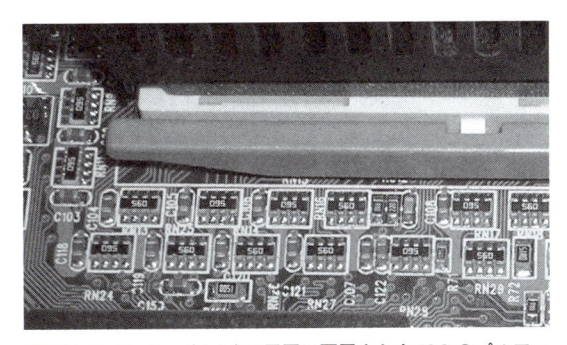

写真7-6 Pentium(上側)の周囲に配置された56Ωのプルアップ抵抗群

(a) クラス1　　(b) クラス2

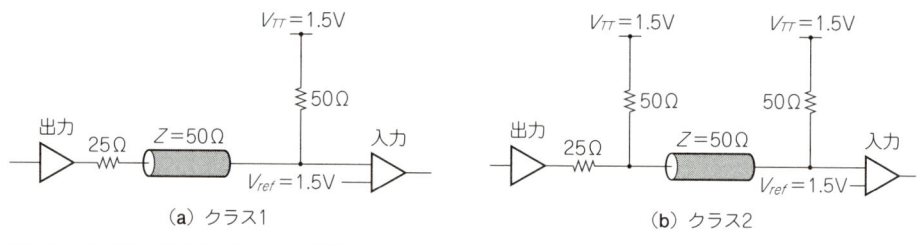

図7-9　SDRAMに使われているI/O規格SSTL-3

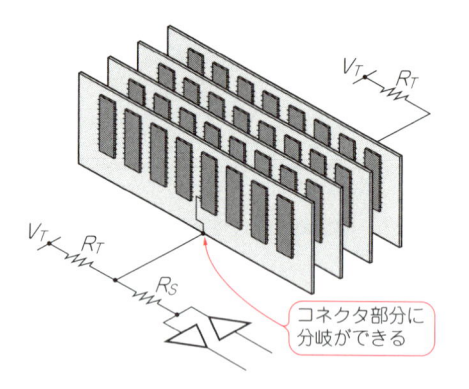

図7-10　複数のメモリ・モジュール回路

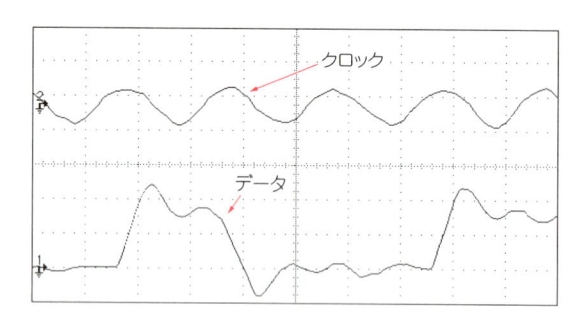

図7-11　SDRAMのクロックとデータの波形(5 ns/div, 200 mV/div)

います．図7-8は，Pentiumの場合のGTLPのバスを簡単に示した回路図です．また，写真7-6は，Pentiumが使われたマザーボードの一例で，Pentiumの周囲に多くの56Ωが付いていることが分かります．

SDRAMの回路方式SSTL

　SDRAMの回路には，図7-9に示したSSTL-3という方式が使われています．SSTL(Stub Series Terminated Logic)は，線路の途中で分岐するスタブを持った直列抵抗で終端している回路です．
　SSTL-3の"3"はICの電源電圧が3Vということから付けられています．GTLPと似た回路ですが，終端プルアップ抵抗の電圧と受信部の基準電圧が同じです．また，プルアップ抵抗が受け側のみにあるクラス1と送信側にもあるクラス2とがあります．さらに，SSTL-3では，ドライバ出力と線路の間に25Ωを直列に入れています．
　図7-9では，受信部が終端プルアップ抵抗のところに一つですが，実際のメモリ回路では図7-10のように複数のメモリ・モジュールが50Ωの線路の途中につながるため，送受信部が複数線路の途中につながることになります．ただし，SSTL-3ではプルアップは線路の端のみでマザーボード上に置かれます．
　図7-11は，SDRAMの波形を観測したものです．受動プローブで測定した波形です．クロックは約100 MHz，データ・レートも約100 Mbpsであること

が分かります．

SDRAMの高速化

　2008年ごろ，PCのメモリで主流となっていたのはDDR2 SDRAMです．SDRAMは，それまで非同期に書き込みと読み込みがなされていたRAM(Random Access Memory)を高速化する手法として，クロックに同期させるようにしたものです．
　DDR(Double Data Rate)は，クロックの立ち上がりと立ち下がりでデータを書き込みあるいは読み込むために，クロックの2倍の速度になるということからダブル・データ・レートと呼ばれます．DDR2 SDRAMの前は，このDDR SDRAMが主流でした．
　データの転送速度がSDRAMより高速になっているため，DDR SDRAMの回路方式にはSSTL-2が使われています．SSTL-2は，図7-12に示すように，SSTL-3の各部の電圧を下げた回路と言えます．なお，SSTL-2ではクロックをより正確に届けるためにクロックの線路は差動伝送です．SSTL-2の差動クロックの簡略化した回路を図7-13に示します．
　写真7-7は，DDR SDRAMの信号波形を見ているようすです．高速信号のため受動プローブではなく自作の簡易同軸プローブ[7]をはんだ付けして見ています．あらかじめ，電源を切った状態で対象となるピンに470Ω，近くのグラウンド・ピンに同軸のグラウンドをはんだ付けしておきます．オシロスコープは，50Ω入力に設定して同軸ケーブル(50Ω)をつないでいます．

(a) クラス1

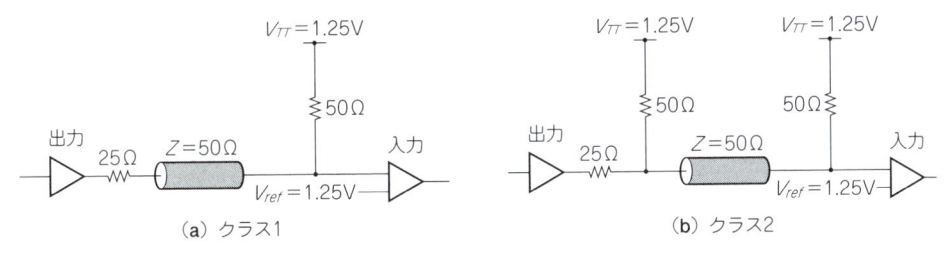

(b) クラス2

図7-12[(2)] DDR SDRAMに使われているI/O規格SSTL-2の回路

図7-13[(2)] DDR SDRAMの差動クロック回路

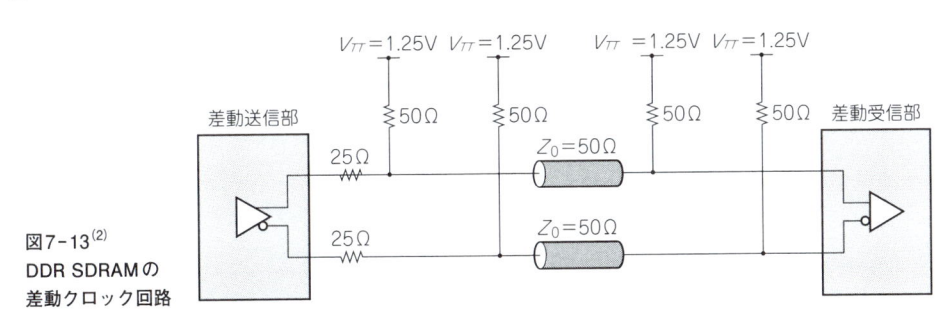

写真7-7 DDR SDRAMメモリを使用したPCマザーボードのはんだ面と信号を観測している様子(電源を入れる前に引き出し線,抵抗ははんだ付けしておく)

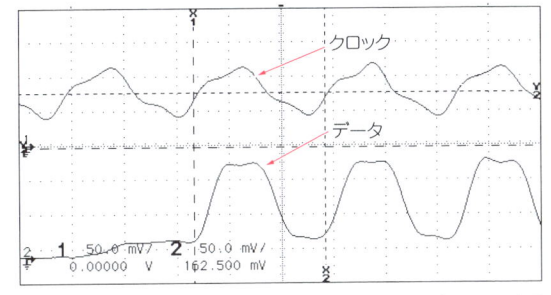

図7-14 DDR SDRAM DDR400のクロックとデータの波形 (2 ns/div, 0.5 V/div)
クロックは200 MHz,データ・レートは400 Mbps.

DDR SDRAMの伝送波形を実測したものが,図7-14です.クロックは約200 MHz,データ・レートは約400 Mbpsと読み取れます.

回路の分岐部分の対処方法

SSTL回路は,パターン途中で回路が分岐しているのが特徴です.図7-15は,分岐したメモリ・モジュール側に直列抵抗がない場合です.このときのシミュレーション波形が図7-16です.一方,図7-17は分岐部分に直列に抵抗(22 Ω)を入れています.図7-18は,この場合をシミュレーションした結果です.このように,分岐したスタブ部分に直列に抵抗を入れると波形の乱れが改善されます.

図7-19で,この理由を説明します.図(a)は抵抗がない場合です.ドライバから特性インピーダンスが

50 Ωの線路を進んできた信号の先端部分は,分岐部分に来ると図(b)のように左右に50 Ωの抵抗が付いているように見えます.つまり,図(c)のように25 Ωが分岐点に付いていることになります.50 Ωの線路に25 Ωが付いていることになるために,ここで反射が起こります.

この反射を防ぐためには,分岐点の直前に図(d)のように25 Ωを入れます.50 Ωの線路の先に50 Ωが付いていることになるためです.

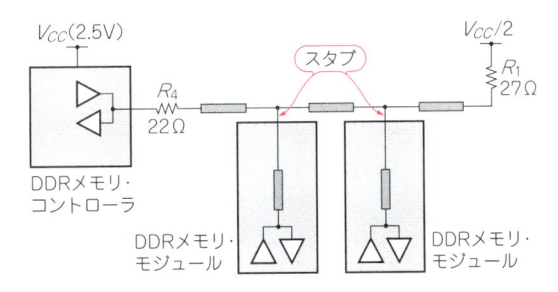

図7-15 分岐したメモリ・モジュール側に直列抵抗がない場合

回路の分岐部分の対処方法　69

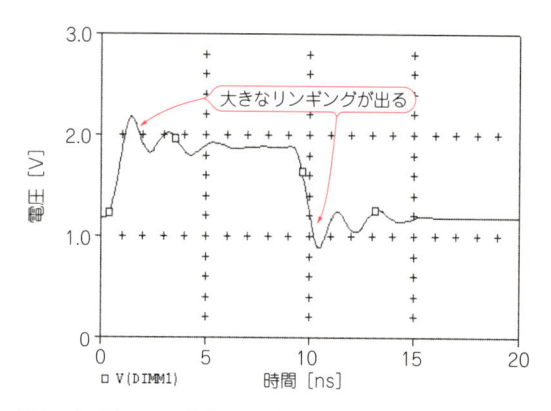

図7-16 図7-15のシミュレーション波形

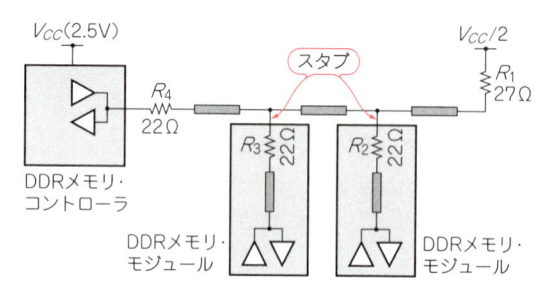

図7-17 分岐部分に直列に抵抗（22Ω）を入れた場合

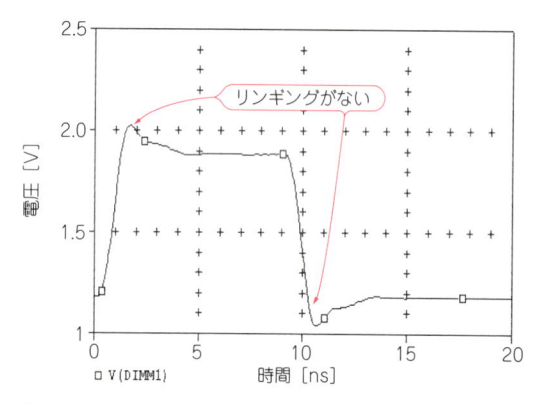

図7-18 図7-17のシミュレーション波形

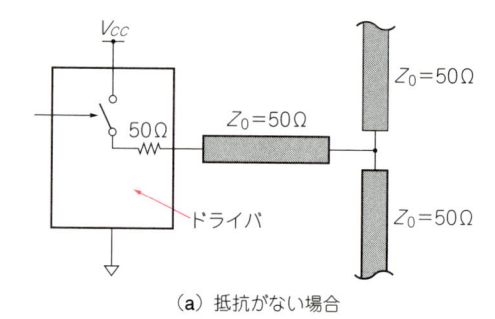

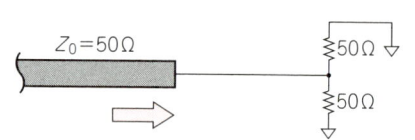

（a）抵抗がない場合

（b）左右に50Ωの抵抗が付いているように見える

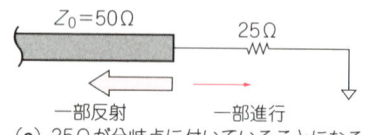

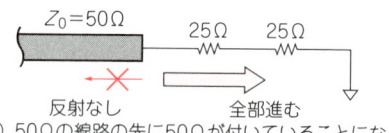

（c）25Ωが分岐点に付いていることになる

（d）50Ωの線路の先に50Ωが付いていることになる

図7-19 抵抗を入れると波形の乱れが改善される理由

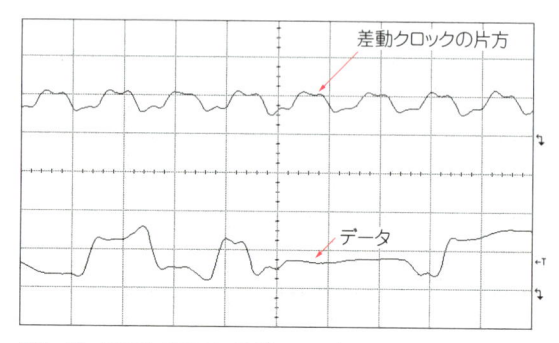

図7-20 DDR2 SDRAMモジュール（DDR2 800 PC2-6400）の波形（2 ns/div, 1 V/div）
クロックは400 MHz, データ・レートは800 Mbps.

DDR2 SDRAMのクロックとデータの波形を観測

図7-20は，1.5 GHz帯域を測定できるオシロスコープを使用して見たDDR2 800の波形です．これで見ても，クロックが400 MHz，データ・レートが800 Mbpsということが分かります．

図7-21は，DDR2 533と呼ばれるメモリ・モジュールに付け替えて波形を見たものです．クロックは266 MHz，データ・レートが533 Mbpsと読み取れます．

図7-22は，500 MHz帯域のオシロスコープでDDR2 800の波形を見たものです．これでも一応クロックとデータが見えています．

500 MHz帯域のオシロスコープの波形をここで示したのは，このモジュールは「800 MHzのメモリ」と呼ばれることがあるためです．もし，800 MHzのクロックが使われているとすると，500 MHz帯域のオシロスコープでは図7-22のように波形を見ることはできません．

メモリ・メーカのデータシートやFPGAメーカの資料には，このメモリについてはクロック400 MHz,

70　第7章　ギガビットでも使われるシングルエンド伝送

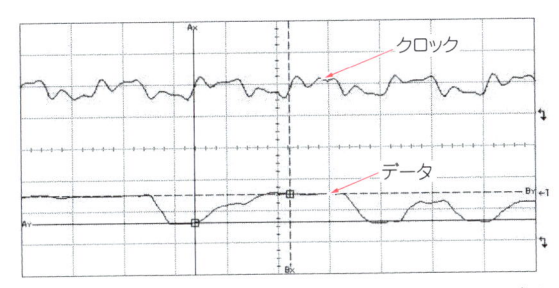

図7-21　DDR2 SDRAMモジュール(DDR2 533 PC2-4200)の波形(2 ns/div，1 V/div，カーソル間3.8 ns = 266 MHz)

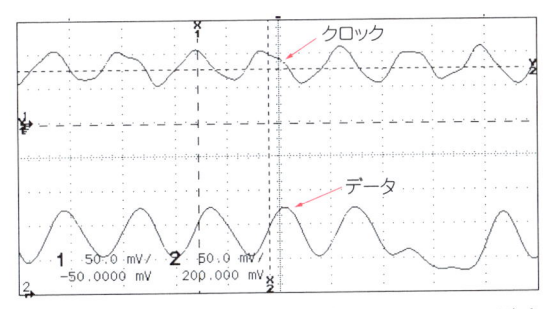

図7-22　DDR2 SDRAMモジュール(DDR2 800 PC2-6400)を500 MHz帯域のオシロスコープで見た波形(2 ns/div，1 V/div)

データ・レート800Mbpsと正しく書かれています．メモリについては，DDRが出るまではクロック周波数とデータ・レートがSDRAMのように同じでした．このため，データ・レートを周波数で呼んでも同じ数値になっていました．しかし，DDR以降はクロック周波数とデータ・レートは同じではなくなっており注意が必要です．

メモリ・モジュール内部の高速化対応

SDRAM，DDRおよびDDR2は，高速化に伴って外部回路だけでなく，内部動作も進化しています．内部動作の比較を**図7-23**に示しました．メモリ内部のクロックが133 MHzの場合について説明しています．

メモリ内部の速度を倍に上げることは，半導体製造プロセスを大きく改良する必要があります．そこで，SDRAMと同じ内部クロックを使いながら外部に出て行くデータ・レートを上げて対応しています．

DDR SDRAMでは，外部クロックは内部クロックと同じ133 MHzを使用し，クロックの立ち上がりと立ち下がりを使って外部からのデータを取り込み，内部は2倍のパラレル・データ幅にして倍の速度にしています．

DDR2では，メモリ内部のパラレル・データ・バス幅を4倍にしています．ただし，外部クロックは2倍の266 MHzとし，この倍速となったクロックの立ち上がりと立ち下がりで(ダブル・データ・レートで)データを読み込み，そして書き出しするようになっています．

DDR2では終端抵抗がチップ内に入っている

DDR SDRAMのマザーボードとDDR2 SDRAMのマザーボードを比べて見ると，メモリ・モジュールの周囲に置かれた抵抗がDDR2のほうが少なくなっていることが分かります．両方ともSSTL方式の回路ですから，必要な終端抵抗の数は同じはずです．

この理由は，DDRではマザーボード上に置かれていた終端抵抗が，DDR2ではチップに内蔵されているからです．マザーボード上のメモリのためのパターン本数はとても多くなるので，基板上に抵抗を置かなくてもよくなれば，それだけ基板面積も小さくできます．基板設計者にとっては，抵抗の特性や抵抗の配置などを考えなくても済みます．

DDR2 SDRAMが終端抵抗をチップに内蔵した理由はこれ以外にもあります．それは，DDR2 SDRAMではDDR SDRAMよりも高速な信号を扱うので，信号波形の乱れをより減らす必要があることです．

DDR SDRAMのSSTL-2では，終端抵抗が常に固定で入っていました．その状態でメモリ・コントロー

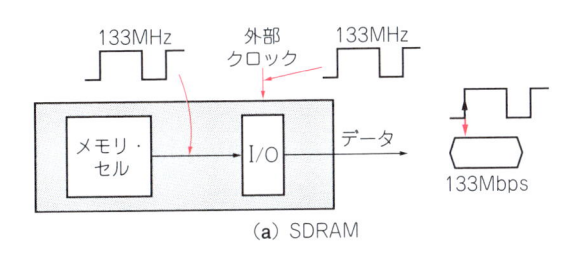

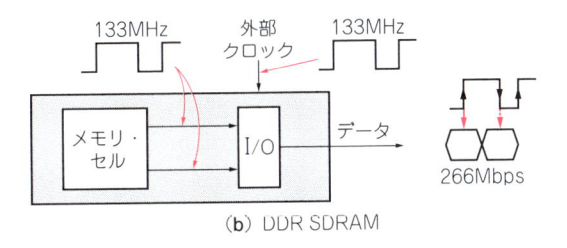

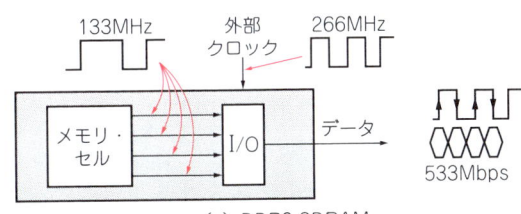

図7-23　各種SDRAMの内部動作(メモリ内部が133 MHz動作の場合)

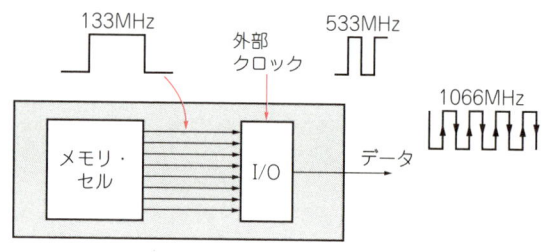

図7-24 DDR3のタイミング

ラからメモリへの書き込みとメモリからの読み出しの双方向の信号を扱っていました．線路の両端にプルアップ抵抗を置くことで，両方の場合にそれなりに対応していたことになります．

しかし，実際には信号がどちらに進むかに応じて終端抵抗の入り方は異なっていたほうがより波形の乱れを減らすことができます．DDR2では，チップ内に配置した抵抗を外部制御でON/OFFできるようにしています．これをODT(On Die Termination)と呼んでいます．

DDR3に高速化するための技術

● DDR3では同じコア周波数のまま外部データ・バス周波数を高速化

メモリ・コアのクロックは，DDR2と同じ133 MHzのままでメモリ・モジュールからの入出力(I/O)データ数8ビットに増やしています．これに応じて外部データ・バスは，DDR3では533 MHz=1066 MbpsとDDR2の2倍に高速化されます(図7-24)．

● フライバイ構造とレベリング

DDR2まで，図7-25(a)のようにクロックなどはフォークの先のように分岐させて，各メモリ・デバイスでのタイミングの遅れがほぼ同じになるようにしていました．しかし，高速化に伴いこの方法でのタイミングのずれが問題となります．対策として図7-25(b)のようにDDR3からはコマンド，アドレスとクロックが図7-25(b)のように一筆書きに送られる方法が採

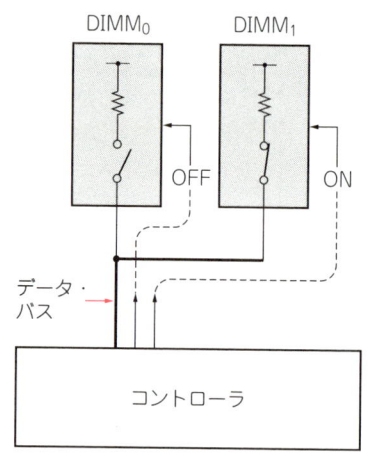

図7-26 DDR2とDDR3のオンダイ・ターミネーション

用されました．この伝送構造をフライバイ構造と呼んでいます．コマンド，アドレスとクロックが順次遅れて各メモリ・デバイスに到達する時間に合わせてデータを送らせて送り出すようにしています．このようにタイミングをずらせる方法をレベリングと呼んでいます．直接読み込み書き込みするタイミングを与えるDQ/DQS信号は，データとセットで配線されています．

● オンダイ・ターミネーション

DDRで基板上に配置されていた終端抵抗は，DDR2から終端抵抗をデバイス内(オンダイと呼ぶ)に置くようになりました．これにより，メモリ・モジュールへの制御信号で終端抵抗をOFFしたり値を切り替えたりすることができるようになりました(図7-26)．

また，DDR2では初期設定時に設定切り替えができるだけでしたが，DDR3では動作中にオンダイ抵抗をON/OFFしたり値を切り替えたりできるようになりました(ダイナミック・ターミネーション)．

DDR4高速化のポイント

● バンク・グループ

DDR3ではI/O部でのデータを4ビットから8ビットに倍にすることで時間当たりに送り出すデータ量を

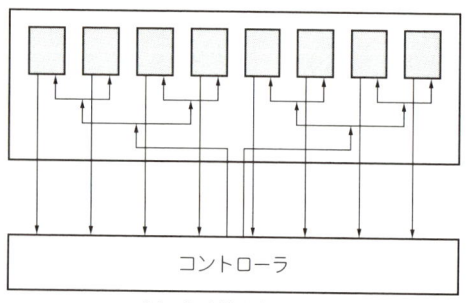

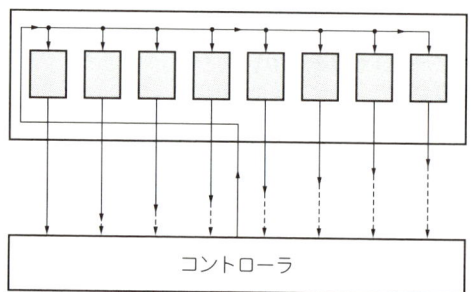

(a) 分岐構造(DDR2)　　(b) フライバイ構造(DDR3)

図7-25 分岐構造とフライバイ構造

増やしてきました．しかし，DDR4ではI/O部を16ビットに増やすのではなく，この部分はDDR3の8ビットのままでバンク・グループというデータのまとまりへのアクセスを連続的に行います．そして，データ転送量を倍にしてI/Oからの入出力データレートをDDR3の倍に高めています．I/O部を16ビットに増やすとダイの面積を多く使うため，バンク・グループ方式にしたとのことです．

● **DDR4では基本的にデータ線の分岐をやめる**

DDR3まではメモリ・モジュールはデータ・バス上に複数個配置することが可能でした．本書の第3章などで説明しているように，伝送線路の途中でデータ線路を分岐してデータを送受信することは分岐点で線路の特性インピーダンスが大きく変わるため信号の反射が起き波形品質を損なってしまいます．

● **POD疑似オープン・ドレイン終端による消費電流の低減**

DDR4では終端方式がそれまでのCCTからPODに変更されました．これにより"L"レベルの時のみ電流が流れます．データを見て"L"データが多ければ反転させ送り先にも反転させる情報を送ります．これにより電流が流れるビット数が常にデータ線の半数以下となり低消費電力化を図っています．

● **3DSとTSV技術**

DDR4では図7-27のようにチップを3次元的に2枚以上を積み重ねる3次元スタック(3DS, Three Dimentional Stack)技術が用いられます．チップに開けられたスルーホール・ビア(TSV, Through Silicon Via)を使って垂直方向にチップ間を接続することで集積度を上げています．

また，この方法により従来のマザーボード設計では，データ・バス上に1枚あるいは2枚のメモリ・モジュールが装着されている状態に対応する必要があったものが，DDR4レベルの高速データ・レートではバスの途中分岐は信頼性確保が難しくなるので，一般用途向けのメモリ回路では，メモリ・モジュールはバス上に一つのみ許容として1対1伝送のみとしています．ただし，メモリ容量がより大きく必要とされるサーバ用途のみの場合は，設計はハイレベル技術者が行うとい

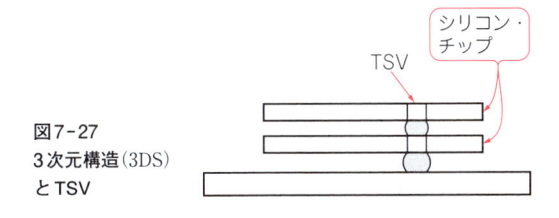

図7-27
3次元構造(3DS)とTSV

うことから特例として認めるとのことです．

3次元的に積み重ねられたメモリ・チップですが，一番下のチップが外部とのインターフェースとなります．従って，外部線路から見ると一つのチップ分の負荷しかつながっていないことになるので浮遊容量が減り，高速化につながります．

DDR3，DDR4のパターン設計

DDR3では周波数がかなり高速になり，レベリング手法の導入など基板に要求されるタイミング条件が厳しくなっています．10 psのずれも問題になるオーダです．FPGAでメモリを使う場合は，FPGAのメモリへのインターフェースが説明された資料を参考に基板設計をしてください．

◆参考・引用＊文献◆
(1)＊ 志田 晟：ディジタル・データ伝送技術入門，トランジスタ技術SPECIAL No.93，CQ出版社．
(2)＊ Altera, Application Note 201, Using Selectable I/O Standards in Stratix & Stratix GX Devices, 2002.
(3) Intel, AP-827 100MHz GTL+ Layout Guidelines for the Pentium II Processor and Intel 440BX AGPset.
(4) アプリケーションノート AN-1065J, GTLP：バスおよびバックプレーン・アプリケーションのためのインターフェーステクノロジ，フェアチャイルドセミコンダクター，1999年．
(5) PCI SIG, PCI Local Bus Specification Rev. 2.2, 1998.
(6) Intel, Draft AGP V3.0 Interface Specification rev 0.95, May 2001.
(7) エルピーダメモリ(現Mycron)：ユーザーズマニュアル DDR3メモリ新機能の説明，2009年．
(8) アルテラ：DDR3 SDRAMメモリ・インタフェースのレベリング手法の活用，2007年．
(9) JEDEC; JESD79-3 DDR3 SDRAM, 2012.
(10) JEDEC; JESD79-4 DDR4 SDRAM, 2012.

(初出：「トランジスタ技術」2008年9月号)

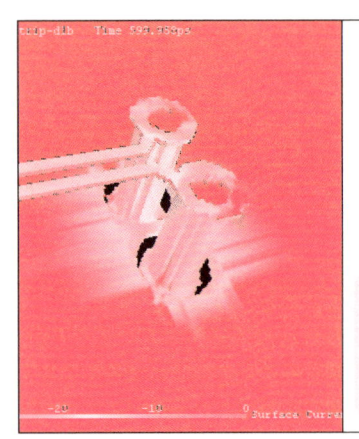

第8章 1mmの無駄なパターンも無視できない
ギガビット回路のパターン設計

ギガビット伝送の回路パターンを設計するためには数十MHzクラスのパターン設計ではあまり問題とならなかった内容でも注意が必要な点がいろいろ出てきます．本章では特にギガビット差動伝送パターンで注意すべき点を中心に説明しています．

第1章，第2章で示したように高速電気信号は線路導体の中を進む（ほぼ光速で）のでなく，線路導体の周囲絶縁体の中を進みます．高速信号のパターン設計の場合は，この基本を押さえておくことが大事です．第1章の図1-8はグラウンド層上の絶縁層の上に引かれたパターンを横から見た模式図です．シングルエンド信号の場合も差動信号の場合も，この図のように信号パターンと金属層との間の絶縁層を電気信号が通るというイメージを持って設計するとよいでしょう．

このようにパターンとべた層の間を信号が通るというのが実態のため，パターンとべた層間の断面形状によって決まる特性インピーダンスがパターン設計ではまず基本となります．シングルエンド線路の特性インピーダンスについては第2章に，差動線路の特性インピーダンスについては第5章で説明しました．

● **PCI Expressでは特性インピーダンスを規定せず**

図8-1は，パターンが外層にある場合の特性インピーダンスの求め方です．図8-2はパターンが内層にある場合です．単線の特性インピーダンスも示しているのは，単線の特性インピーダンスZ_0を元にして差動インピーダンスを計算しているためです．

これらの計算式は近似式です．また，パターンの寸法を厳密に設計しても，実際の基板に使われている絶縁材の誘電体のばらつきや，エッチング時の条件によるパターン幅の変化などで，特性インピーダンスや差動インピーダンスは数％変化すると考えるべきでしょう．

また，図8-1，図8-2の計算は非常に長い一様な線路の場合を前提としており，伝送線路の途中にあるスルーホール・ビアやICのピンといったインピーダンスの変化などによって実際の波形は変形します．

このようなことから，PCI Expressの新しい規格では，差動線路のインピーダンスは多少ずれてもかまわないとし，それよりも実際にパターンを通った波形が規定の範囲に入っていることを条件としています．

● **差動インピーダンス計算ソフトSEAT**

パターンの断面形状を入力すると特性インピーダンス，差動インピーダンスなどを計算するソフトとして，TDKが提供している部品特性解析ソフトSEATがあります（無料でダウンロードできる）．http://www.tdk.co.jp/seat/index.htm からダウンロードできます．

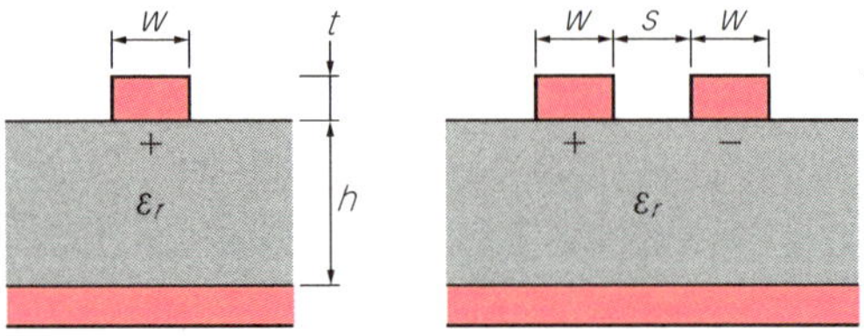

（a）単独の伝送線路　　（b）差動伝送線路

$$Z_{diff} = 2Z_0\{1 - 0.48e^{-0.96\frac{s}{h}}\} \quad \cdots (1)$$
式中のZ_0は，次式で求める．
$$Z_0 = \frac{60}{\sqrt{0.475\varepsilon_r + 0.67}} \log_e \frac{4h}{0.67(0.8w + t)} \quad \cdots (2)$$
ただし，ε_r：基板材料の誘電率，h：基板の厚み[mm]，w：配線のパターン幅[mm]，t：パターンの銅箔の厚さ[mm]

図8-1[6]　差動線路（外層）のインピーダンスの計算方法

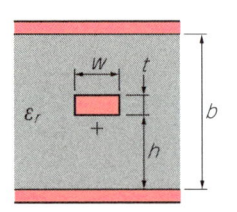

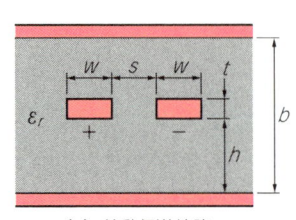

（a）単独の伝送線路　　（b）差動伝送線路

$$Z_{diff} = 2Z_0\{1 - 0.374e^{-2.9\frac{s}{h}}\} \quad \cdots (3)$$
ただし，式中のZ_0は，次式で求める．
$$Z_0 = \frac{60}{\sqrt{\varepsilon_r}} \log_e \frac{4b}{0.67\pi(0.8w + t)} \quad \cdots (4)$$

図8-2[6]　差動線路（内層）のインピーダンスの計算方法

SEATは特性インピーダンスだけでなく線路途中にフィルタなどを入れたときに波形がどの程度ひずむかを計算するソフトです．その一部の機能として付属している特性インピーダンスの計算機能を使います．

内外層パターンの信号速度の違い

● コネクタやBGAビアとの接続

毎秒ギガビットを越える高速ディジタル信号伝送では，ドライバからレシーバの間は極力同じ層のみを使用して差動パターンでつなぐことが問題を減らします．特に，ビアを経由して1層から4層に差動パターンが抜ける部分では波形乱れが生じやすくなります（図8-3）．

PCI Expressでは，一つの差動ペア線路について，ドライバからレシーバの間のビア数を制限しています．PCI Expressでは通常，コネクタを経由するのでコネクタ部分の乱れも加算されます．そのため，一つのボード上でドライバからレシーバに伝送する場合より，厳しい条件となっています．

第5章の図5-8上段を見ると，絶縁材のない線路の上側にも電界と磁界がかなりの割合で分布しています．

べた層に囲まれている内層にパターンがある場合は，線路の上も下も同じ絶縁材が取り囲んでいるために，電気信号の速度v_1［m/s］は，光速をcとし，絶縁材の比誘電率をε_rとすると，

$$v_1 = c \times \varepsilon_r^{-0.5} \quad \cdots\cdots\cdots\cdots (8\text{-}1)$$

で表されます．式(8-1)より，ε_rが4の場合は光速の半分の速度となります．

一方，パターンが外層にある場合は，電界，磁界の強い部分の半分近くが空気中（$\varepsilon_r \fallingdotseq 1$）を通っているために，内層パターンを経由する信号より速くなります．

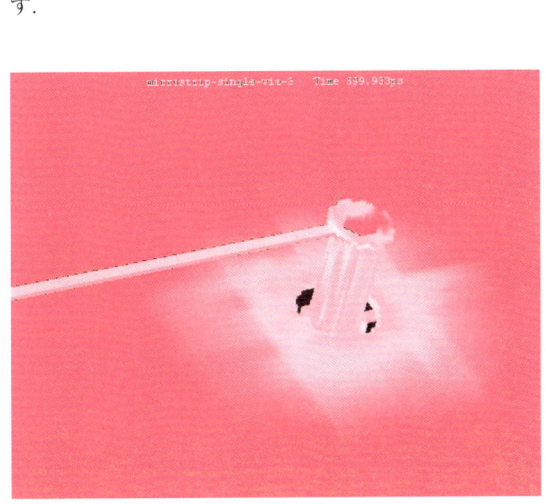

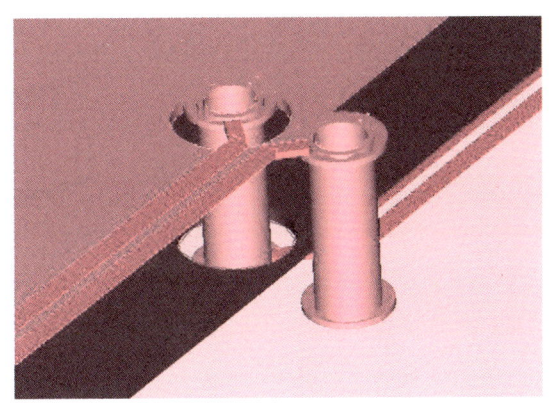

図8-3 差動信号のビア（図8-7の基板パターンにつながるPCI Express推奨の差動ビア形状）

誘電体の中を通る部分と空気中を通る部分とで，別の速度の信号が現れて異なる速度でレシーバに到達するようなイメージをもちやすいですが，通常は一つの速度で伝わります．第5章図5-8上段の(b)の磁界分布は，線路の回りを線路に垂直な面内で1周しています．つまり，絶縁材の内部も空気部分も同じ時間タイミングには同じ垂直面内に磁界があり，絶縁材部分も空気部分も同じ速度で信号が線路の方向に進んでいることになります．

空気中に半分出ているパターンの場合には実効誘電率$\varepsilon_{r(\text{eff})}$を求めて，$\varepsilon_{r(\text{eff})}$を式(8-1)の$\varepsilon_r$に適用して速度を求めます．レジストがパターンを覆っている場合は多少変化が出ますが，実質実効誘電率はレジストなしと大きな違いは出ません．

実効誘電率を求める計算式もありますが，式がそれなりに複雑です．前述したSEATでも計算が可能なので利用価値があります．

なお，これらの計算式は近似式です．想定している各断面の寸法と異なるとずれが大きくなります．標準

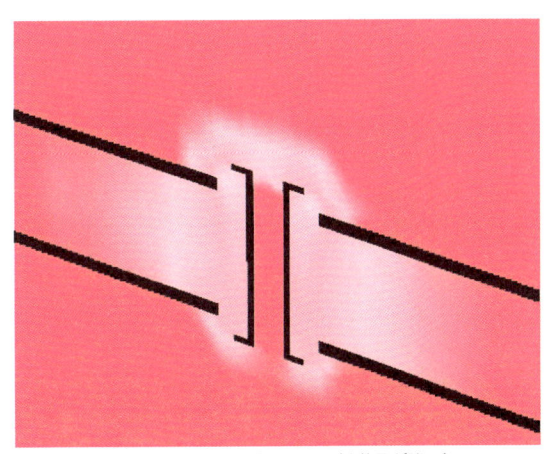

(a) 表面電流分布　　　(b) 磁界強度分布(明るいほど磁界が強い)

図8-4 シングルエンド信号がビアを通過するときの表面電流分布とビアの磁界強度分布

(a) 表面電流分布　　　(b) 磁界強度分布

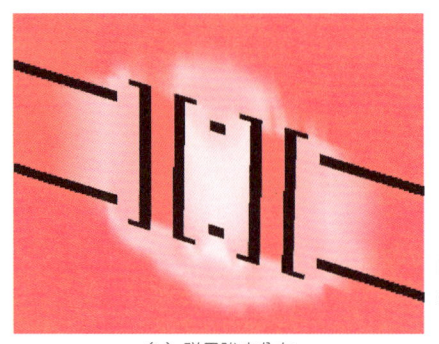

図8-5
差動信号が差動ビアを通過するときの表面電流分布と差動ビアの磁界強度分布

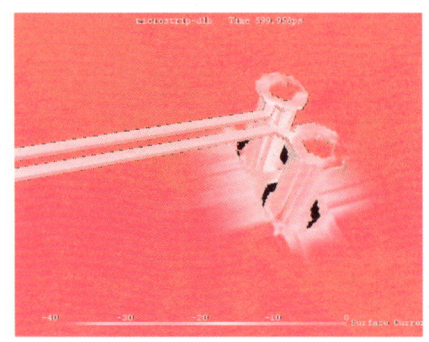

的な形状と異なる場合は3次元電磁界解析などを使って，実際の形状で計算させればより実際に近い値を得ることができます．

並列に複数ビットの信号を数百Mbps以上で送る場合など，一部を内層パターンに一部を外層パターンに配置して線路長を同じにすると，内層と外層パターンでレシーバに到着する時間に差が出てしまい問題になることがあります．実効誘電率から信号の速度を評価し，内層と外層でパターンの長さを変えるといった検討が必要になります．

ビアを信号が通過するときのべた層間の状態

図8-4(a)は，シングルエンドのビアの内層内側を通過する電流を示したものです．上側のべた層は隠しています．図8-4(b)はビアの中心で線路パターンに垂直の面でカットし，面上の磁界の強度分布を見たものです．明るいほど磁界が強くなっています．

一方，図8-5(a)は差動ビアの場合のべた層内面の表面電流，図8-5(b)は磁界強度分布です．差動ビアの場合と比べてシングルエンドのビアではべた層内面はビアの周囲に電磁界がかなり広がっていることが分かります．このことから，差動ビアを適切に設計すると，シングルエンドのビアに比べて信号の乱れが少なくなることが分かります．もちろん，単なるパターンに比べると電磁界はそれなりに乱れているので，毎秒ギガビット以上の伝送ではあまりビアを多用しないほうがよいことに変わりありません．

差動ビアが横に並ばずに斜めになっている場合はどうでしょうか．図8-6はシミュレーションした結果で，磁界ベクトルを示しています．図8-6(a)に比べるとビア間の磁界の分布が疎になっており，この部分でインピーダンスが大きくなっていることが分かります．

差動パターンの設計ポイント

● 差動パターンの推奨寸法とコネクタやビアの接続
▶パターンの推奨寸法

図8-7は4層基板を使用してPCI Express用のパターンを設計する場合の推奨寸法を示したものです．

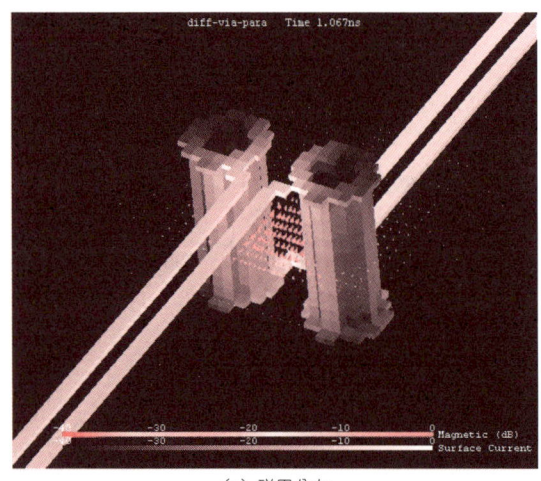

(a) 磁界分布　　　(b) ビアが斜めになっている場合の磁界分布

図8-6　4層基板のビアを差動信号が通過するときの電磁界分布

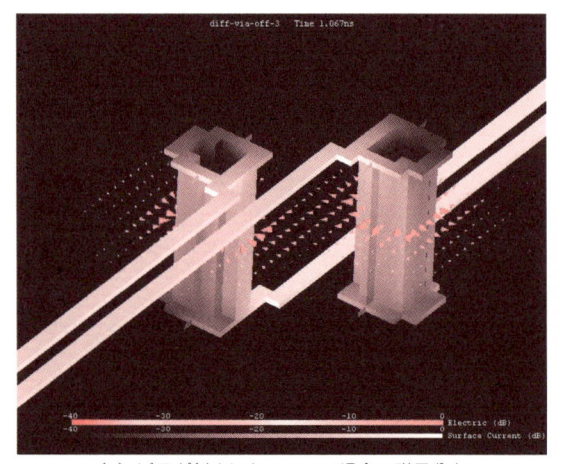

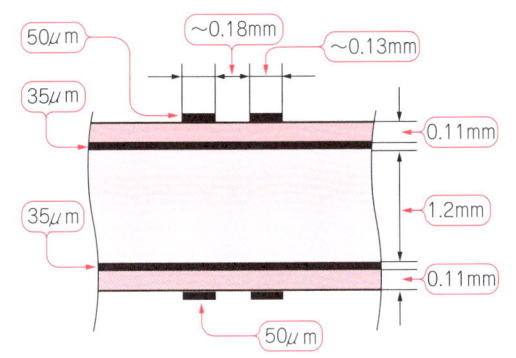

図8-7[(2)] 4層基板の差動パターンの例（PCI Expressの推奨パターン断面サイズ．$\varepsilon_r = 4.2$の4層基板FR-4使用時の標準的な寸法．レジストは示していない）

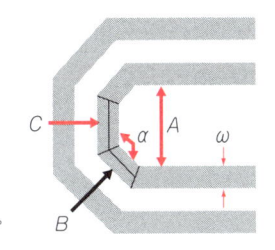

図8-8
差動ペア線路の曲げ方
$A \geqq 4w$　$B, C \geqq 1.5w$　$\alpha \geqq 135°$

● 差動信号線路の曲げ方

デバイスからコネクタまで直線でつなぐと最短でよいのですが，通常は途中でパターンを曲げる必要が出てきます．差動ペア・パターンを曲げるときのポイントを図8-8に示しました．90度に折り曲げるとパターン設計は容易ですが，途中の135度に曲げた部分を長くする方が内部ガラス繊維の影響も受けにくくなります．緩やかな曲線で曲げることも一部で行われていますが，曲げを曲線にしないとギガビット信号が通りにくくなるというわけではありません．5 Gbps信号の立ち上がり時間は100 ps程度です．表面パターンで実効誘電率は3.1程度なので100 psで進む距離は20 mm程度になります．

図8-8で$w = 0.2$ mm, $B = 0.4$ mmとした場合と，この曲げ部分を円弧にした場合とでは，あまり差はありません．ビアやACコンデンサのパッド，その配置の仕方の方が，信号伝送により影響を与えるといえます．

● ペア線間の長さを合わせる

ディジタル差動伝送では，線路の特性インピーダンスを基準の値に正確に近づけるよりも，線路の長さを合わせる方が重要と言われます．ペア線の長さが異なると，信号がずれて伝わることになります．このずれはスキューとも呼ばれます．スキューがあると差動伝送が正しく行われず，不要信号（コモン・モード成分）が発生して周囲ノイズになったり誤動作につながる場合があります．

途中の線路パターンを同じ長さに配線できても，図のようにICパッド付近ではどうしてもベストの配置に配線できない場合があります．そのような場合は，図8-9のような方法でできるだけペア線の長さが同じになるように配線します．写真8-1は，5 Gbpsの差動線路をコネクタにつないでいる例（PCI Express Gen2公認評価冶具）です．

コネクタへの配線などの制約から，全体として線路長がペア間でどうしても異なってしまう場合の対処として，図8-10のように一方の線路を蛇行させて吸収する方法があります．ただし，この蛇行は受信側ではなく送信側にまとめるようにします．受信側でこのようなペア線の対称性を崩し，線間の面積を大きくすると，受信信号はケーブルなどを通ってかなり減衰しているので，その部分で外部ノイズを拾うと影響が大きいためです．蛇行部分の寸法は図8-11のようにします．

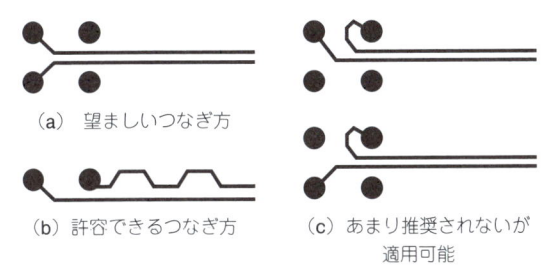

(a) 望ましいつなぎ方
(b) 許容できるつなぎ方
(c) あまり推奨されないが適用可能

図8-9　ブレークアウト部分の配線

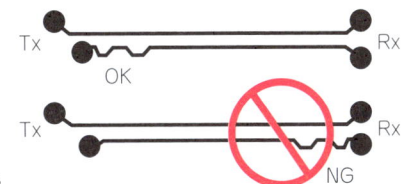

図8-10
Tx出力側で長さを合わせる

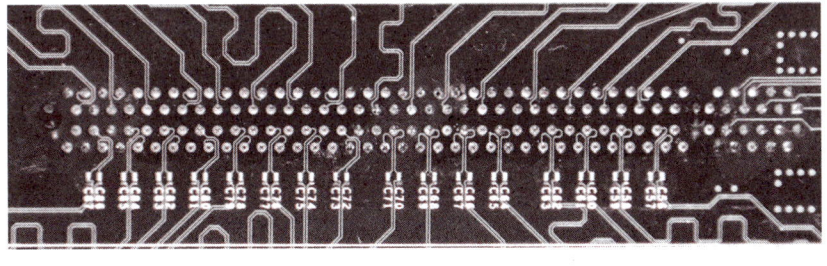

写真8-1
5 Gdps差動線路のブレークアウト部のパターン実例

差動パターンの設計ポイント

図8-11
蛇行パターンのサイズ
$E<2D$, $F≧3w$
(wはパターン幅)

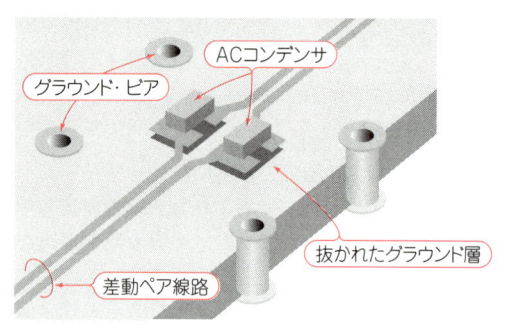

図8-13 ACコンデンサ部の特性インピーダンス調整

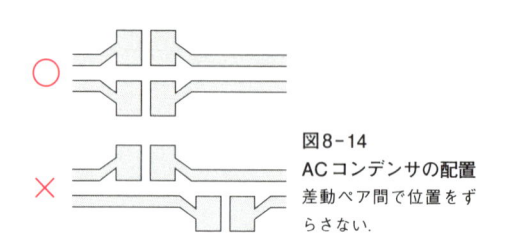

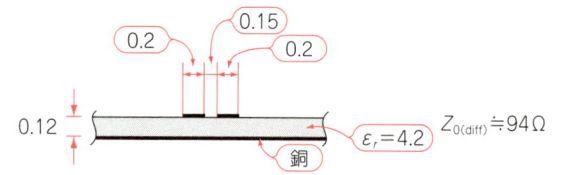

図8-14
ACコンデンサの配置
差動ペア間で位置をずらさない.

(a) 差動線路の差動特性インピーダンス〔$Z_{0(diff)}≒94Ω$〕

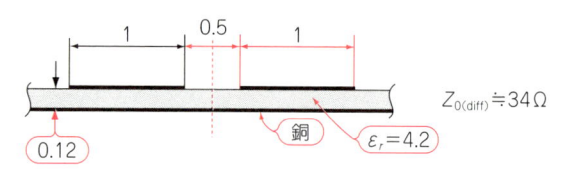

(b) ACコンデンサのパッド部の差動特性インピーダンス〔$Z_{0(diff)}≒34Ω$〕

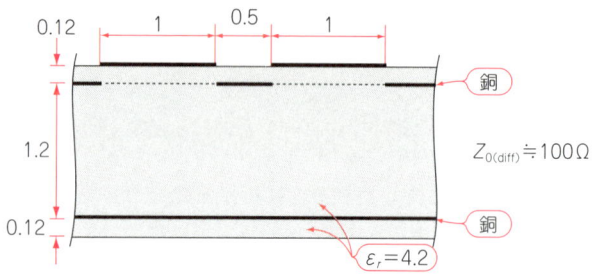

(c) 穴あきパッド部の差動特性インピーダンス〔$Z_{0(diff)}≒100Ω$〕

図8-12 ACコンデンサ部パターンの差動特性インピーダンス

● ACコンデンサの配置とパターン設計

　ACコンデンサは，送信側と受信側の間に直流電流を流さないようにするため，線路の途中に挿入します．直流をカットするのは，直接接続されていると送信側と受信側ユニットの電位差(DC電位)がコモン電圧として受信ICに加わり，デバイスのDC耐圧を上げる必要があるからです．5Gbpsと高速性を優先するデバイスでDC耐圧も上げることは製造を難しくし，デバイスのコストアップにつながります．また，高速伝送では直流電位を送る必要がありません．このような理由から，直流をカットするACコンデンサが使われています．

　ACコンデンサの容量は，0.1μF(規格では0.07μFから0.2μF)で1mm×0.5mm以下の十分に小さいサイズを選ぶ必要があります．1mm×0.5mmの場合でも，部品をはんだ付けするためのパッドの幅は1mm程度に大きくなります．

　高速信号回路では，標準的な絶縁層の厚さが0.12mmの4層基板の場合，図8-12(b)に示したように，1mm幅のパッド部分の特性インピーダンスは34Ωに低下します．このように，線路の途中で大きく特性インピーダンスが変化すると，その部分で信号が反射します．反射が起こらないようにするために，線路の直下のベタ・グラウンド層に穴を開ける方法があります(図8-13)[7]．

　図8-12(c)から分かるように，特性インピーダンスは100Ω程度になり，反射も少なくなります．ただし，コンデンサの長さ方向は1mm程度です．したがって，信号がACコンデンサ部分に来たときの立ち上がり時間が約100psとすると，100psで信号が20mm程度進むので，1mm程度の長さの特性インピーダンスの違いはそれほど大きな波形ひずみにならないといえます．10Gbps以上のようなUSB 3.1 SuperSpeedより高速な信号の場合に適用すると有益でしょう．なお，図8-13に示したように，穴を開ける場合は穴の周囲にグラウンド層間をつなぐビアを4個くらい配置するようにします．穴を開けると信号が穴の中に入り込むので，ベタ層の間の内部へ信号が広がりにくいようにするためです．

　図8-14はACコンデンサの配置を示します．ペア線の線路方向に対して直交する位置に並べて配置します．ACコンデンサの位置がずれていると差動信号の乱れにつながり，ペア線路間の信号遅れやスキューの一因にもなります．

　また，図8-15はACコンデンサの基板内の位置を示したものです．デバイスとコネクタの中間にACコンデンサを置いた場合とコネクタの近くに置いた場合を示しています．両方の配置について，線路を通過する信号の損失をシミュレーションした結果が図8-16です．図中の赤色の線が図8-15の(a)，グレーの細

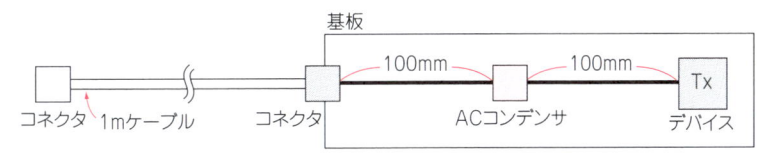

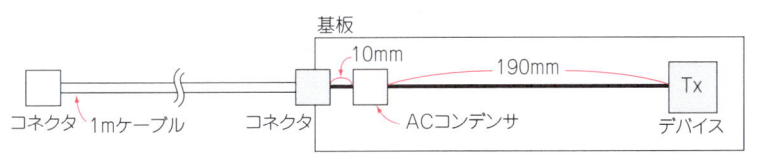

図8-15
ACコンデンサの位置と通過ロス

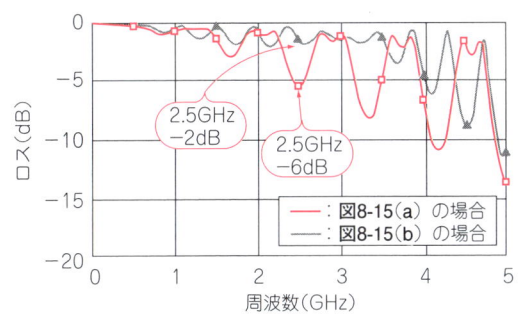

(a) ACコンデンサを20cmパターンの中間に配置

(b) ACコンデンサをコネクタから1cmに配置

図8-16 図8-15のシミュレーション結果

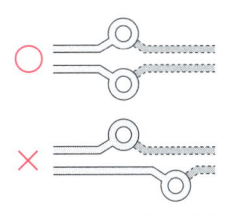

図8-17 差動ビアの配置

い線が(b)の場合です．この図からACコンデンサを中ほどに置くと通過損失が増えることが分かります．ただし，シミュレーションの条件を少し変えると，ロスが増える周波数が2.5 GHzからずれる場合もあるので，中央にACコンデンサを置くと必ず2.5 GHz付近で損失が増えるとは限りません．中央に置いた場合にロスが増えることがあるのは，同様な共振を起こすパターンを重ねることになるためと考えられます．

図8-5(b)のシミュレーション結果から分かるように，差動ビアの配置は図8-17の上のように並べるのがよいのですが，同図の下のようにずらせて配置すると差動信号がビアの間をうまく通らなくなります（図8-6）．

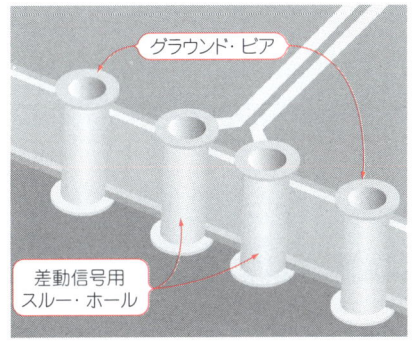

また，図8-18は，差動ビアの両側にグラウンド・ビアを設ける様子を示したものです．図8-5の磁界分布で，内層間に信号の一部がはみ出していることが分かります．このように，内層を貫通するビアは，内層間に信号の一部が漏れます．図8-18のように，貫通ビアのすぐそばに複数のグラウンド・ビアがあると内層間への漏れが抑えられますが，すぐそばにグラウンド・ビアがなく，内部でビア間隔などが信号周波数（2.5 GHz）で共振する条件になっていると，差動信号に影響を及ぼすことがあります．

写真8-2は，6 Gbpsの差動信号線のパターン例です．この基板は4層のPCマザーボードで，内層は2層ともグラウンドとなっています．部品面からはんだ面に差動線路が抜けているビアが集まっている個所を見たものです．この写真から分かるように，差動ペア線路の各ビアのそばにはパターンにつながらないビアが置かれています．このビアは，内層のグラウンド層間を接続しています．図8-18のように差動ビアの両側に

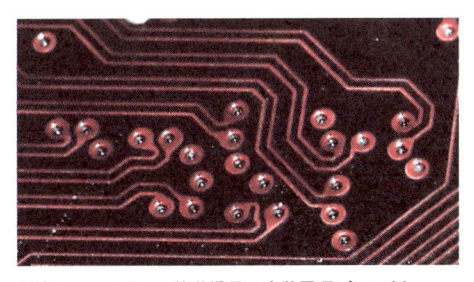

図8-18 差動ビアとグラウンド・ビア

写真8-2 6 Gbps差動信号の内装貫通ビアの例

差動パターンの設計ポイント 79

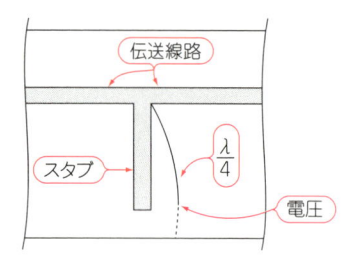

図8-19 伝送線路に付加したスタブ

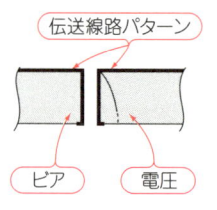

図8-20 ビア・スタブ

2個のグラウンド・ビアを配置しなくても,差動ビアが多数通過している個所では,差動ビア一つに一つのグラウンド・ビアを置くことでグラウンド層間をつなぐようにします.

なお,**図8-18**の差動ビアの立体図で分かるように,信号が通過する差動ビアは内層の部分はランドがない単なる円筒形状になるようにします.

● スタブ・ビアの共振

USB 3.0 SuperSpeedのパターンには,コネクタ(タイプA,B)の部分でスルー・ホールが必要になります.スルー・ホールを信号が通過する場合は,**図8-5(a)**のようにビア部分でほぼ問題なく信号が通ります.しかし,コネクタ側の面を通ってきた配線の場合は,コネクタ部分でスタブができます.

スタブとは,**図8-19**のように伝送線路の途中に線路が突き出した形状のもので,**図8-19**で示すように先端がオープンの場合は,波長の1/4がちょうどビアの長さになった周波数で共振を起こします.**図8-20**のように先端がオープンになっているスタブが1/4波長で共振すると,スタブの付け根は共振周波数でグラウンド電位に近くなり,信号伝送に大きな影響を与えます.

通常の1.6 mm厚さの基板の場合は,オープン・スタブの共振周波数は20 GHz(40 Gbps)と高く,SuperSpeedの周波数ではほとんど問題になりません.しかし,多層基板で基板の厚みが厚くなり,より高い周波数の場合には,このような現象が起こることを留意しておく必要があります.7 mm程度の基板厚のFR4基板では,10 Gbps(5 GHz)でオープン・スタブ・ビアが共振します.

対策としては,パターンの反対側からスルー・ホールを途中までドリルで削るカウンタ・ボーリングと呼ばれる方法などがあります.コネクタ・ピンの場合はこの方法は使えないので,スルー・ホール・タイプのピンではなく表面実装タイプのピンのコネクタを用います.

● 基板絶縁層のガラス繊維の影響

基板材として,通常FR4が使用されます.FR4は,ギガビット信号の基板材料としては電気的な特性がかなり悪く,GHzを越える高周波回路の分野では使用しないのが普通です.しかし,高周波回路で一般に使われるガラス入りテフロンやセラミックなどの基板材料はFR4に比べると高価なので,パソコンなどのように大きな基板面積が必要な製品にはコストの面から

ロジック・アナライザのプローブの当て方　Column

ロジックの状態を確認するときは,ロジック・アナライザのプローブを信号線路に当てて見るのが普通ですが,数百Mbps以上の信号線路に通常の感覚でクリップ・プローブなどをつなぐと回路が誤動作することがあります.ビア経由のコネクタでも信号波形をひずませる場合があります.

PCI Expressなどでは,**写真8-A**のように差動パターンの途中にレジストをはがしたパッドを設けて専用プローブをこの部分に押し当てることで,高速差動信号に実質影響を与えずにロジックを確認することができるようになっています.

写真8-Aを見ると,一つのペアごとに内層グラウンドに直近のビアでつながったパッドがあり,プローブ側のインピーダンスがおかしくならないように配慮されていることが分かります.

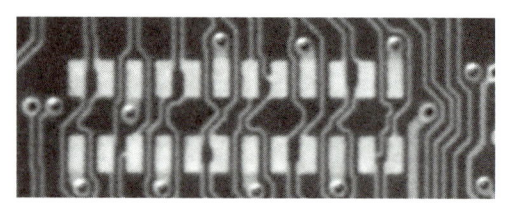

写真8-A PCI Expressが推奨するロジック・アナライザ用パッド

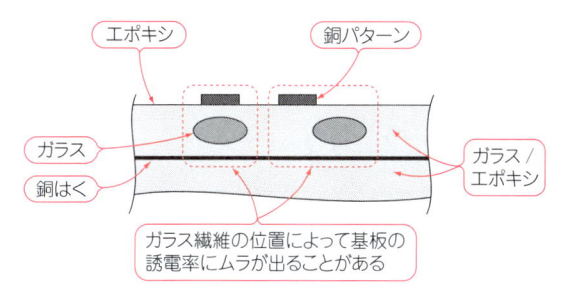

図8-21　基板絶縁層内ガラス繊維による影響

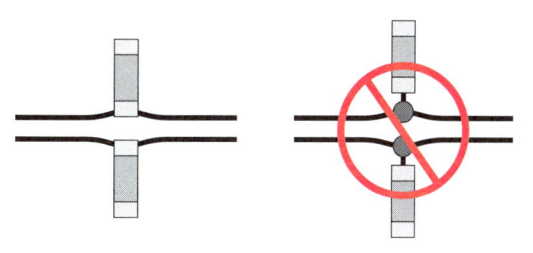

図8-22　線路を分岐させない

ほとんど使われていません．

その代わり，パソコン周辺で使われるギガビット伝送においてはFR4の欠点がさまざまな伝送技術を駆使して克服されています．デバイスの動作や機能は複雑になりますが，大量生産するICは非常に安価に生産できるため，コストアップになる基板を使うよりもFR4と高機能デバイスを組み合わせた方がトータルのコストが下がるためです．

ギガビット伝送の領域では，損失が大きいため従来の高周波設計では使ってはいけないとされてきたFR4ですが，強度などの物理的性質がよく，製作がしやすいという特徴を持っています．何よりもFR4より安価に量産できる材料が出てきていません．このため，さまざまな信号伝送のための回路技術を駆使してFR4が使われています．

FR4は内部にガラス繊維が使われていますが，ガラス繊維とエポキシ樹脂では比誘電率が異なります．また，ガラス繊維やエポキシ樹脂そのものも種類や製造ロットによって比誘電率が変化します．比誘電率は温度によって変化し，周波数によっても異なります．

ギガビット信号を伝送する差動線路にFR4を用いる場合，内部のガラス繊維の比誘電率が一様でない点が問題となります．図8-21は，基板内部のガラス繊維の様子を示したものです．ガラス繊維が布状に織られているので繊維の糸の上にパターンがある場合と繊維の糸と糸の間にパターンがある場合では比誘電率が異なります．比誘電率が変わると信号の速度が変わってきます．差動伝送では，差動ペア間の信号に遅れが生じるとペア間スキューが出て問題となります．

この対策として，差動ペアでは斜め45度のパターン部の比率を多くして配線したり，基板材料そのものの内部ガラス繊維を基板の縦横の方向に対して10度程度傾けたものを使用するなどの方法があります．

● パターンは分岐させない

USBの差動信号線路はコネクタを経由してユニット外部に引き出されるので，外部から静電気放電（Electro-Static Discharge = ESD，主に人から機器への火花放電）が進入することを想定して，それにデバイスが耐えるように基板回路を設計する必要があります．このため，一般的には差動線路に耐静電気放電（ESD）デバイスを挿入します．このとき差動線路の途中から図8-22の左図のようにパターンに直接デバイスのランドを置くようにします．図8-22の右図のようにパターンを分岐させると，分岐部分でインピーダンスが低下したり，分岐されたパターンの長さや接続されたデバイスの特性によって差動信号が大きく影響を受けるので，適合試験に合格しないことがあります．

◆参考・引用*文献◆

(1) 志田 晟；ディジタル・データ伝送技術入門，2006年，CQ出版社．
(2)* 志田 晟；PCI Expressのすべて，デザイン・ウェーブ・マガジン，2007年12月号，CQ出版社．
(3) D. Coleman 他，PCI Express Electrical Interconnect Design，Intel Press，2004.
(4) T. Granberg，Handbook of Digital Techniques for High-Speed Design，Prentice Hall，2004.
(5) W. Dally 他，Digital Systems Engineering，Cambridge，1998（リプリント2008）．
(6)* 志田 晟；高速シリアル伝送インターフェースLVDSの実際，トランジスタ技術，2008年7月号，CQ出版社．
(7) Altera；High-Speed Channel Design and Layout，T-095-1.0，2007.

（初出：「トランジスタ技術」2008年12月号）

注▶本章で，3次元高周波電磁界解析に用いたソフトウェアはCIS社製MicroStripesである．
問い合わせ先：AETジャパン（http://www.aetjapan.com/）

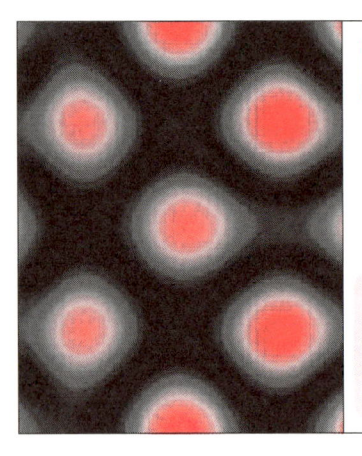

第9章 電源系もギガビット領域での動作に対応する必要がある
ギガビット回路のパワー・インテグリティ

ギガビット・クラスの大規模FPGAは消費電流が非常に大きくなっており電源ピンから見たデバイス内部インピーダンスは非常に低くなります．このピンにつながる電源側のインピーダンスはそれに合わせて非常に低くしておく必要があります．しかし小さなインダクタンスでも，ギガビットでは大きなインピーダンスとなります．パワー・インテグリティの知識が対策のカギとなります．

通常の20～30 cm程度までのサイズの基板で数十MHzまでの回路を動作させる場合には考慮する必要がなかったのですが，毎秒数百メガビットからギガビットの信号を通す基板では，グラウンド層や電源層の共振が起こります．それまでは一定電圧で安定していると見なせたグラウンド層や電源層の電圧が大きく変動する場合があります．この基板共振の対策を含め電源系を負荷の高速ディジタル・デバイスなどに対して安定に動作させることを，パワー・インテグリティ（電源系の品質保持といった意味）と呼んでいます．本章では基板共振の現象を含むギガビット回路の電源安定化対策について要点を説明します．

同時スイッチング・ノイズSSN

通常，デバイスの中は図9-1のようにゲートなど電流が変化するスイッチなどが複数入っています．各スイッチング・トランジスタからデバイスのグラウンド・ピンまでのIC内部の配線はインダクタンスと見なされます．今ゲートAに注目し，ゲートAは動作していないとします．

この時デバイス内のほかのゲート（図9-1でB）が動作したとします．ゲートBにより変化したグラウンド電流が，インダクタンスL_gを高速に流れると電圧が発生します．この電圧は注目しているゲートAのグラウンド点を変化させてしまいます．この時のグラウンド電圧の変動をグラウンド・バウンスといいます（図9-2）[2]．グラウンドだけでなく電源側が変動する場合も含めてグラウンド・バウンスということもあります．

グラウンドあるいは電源バウンスによって出力データが変化するという問題までは出にくいといえますが，同じデバイス内のほかのゲートのタイミングが変動する場合があります．時間変動ですからこれは第12章で説明するジッタの原因となります．

デバイスの中で特に複数のスイッチが同時に変化すると，より大きなグラウンドあるいは電源変動が発生します．このように，デバイス内部で同時に複数のスイッチが動作して発生するノイズのことを同時スイッチング・ノイズ（SSN；Simultaneous Switching Noise）と呼んでいます．デバイスまでの配線のインダクタン

図9-1 デバイス内部の簡易モデル

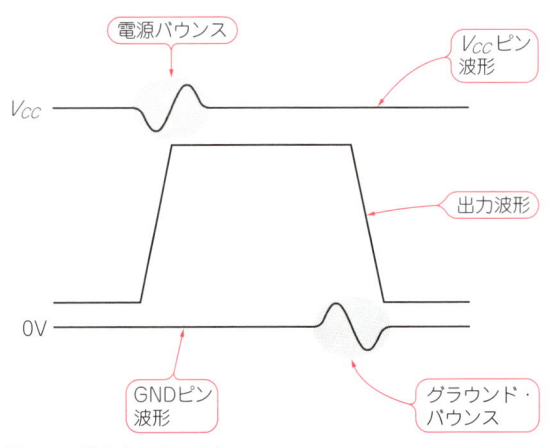

図9-2 グラウンド・バウンス

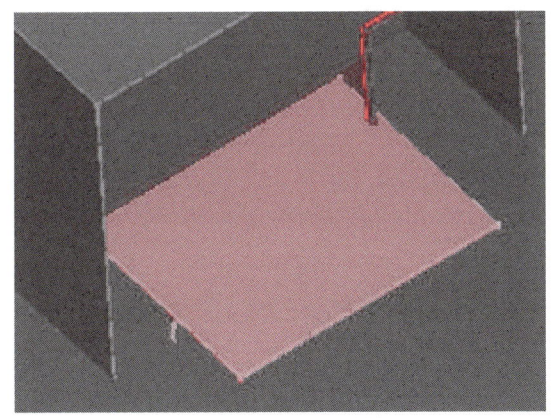

(a) 20 cm×30 cmの基板

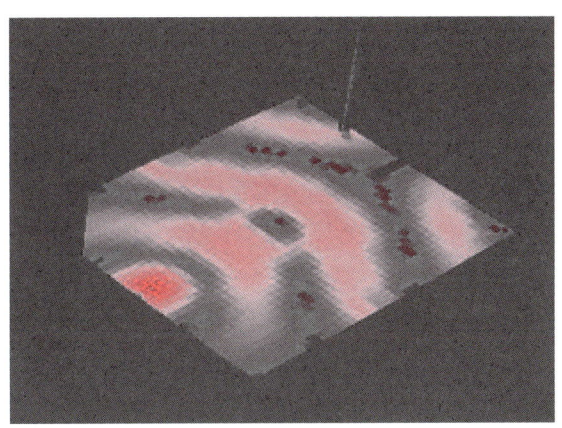

(b) (a)の基板に500 MHz(1 Gbps相当)を印加している様子

図9-3 グラウンド共振のシミュレーション

スによる変動も含めて同時スイッチング・ノイズと呼ぶこともあります．複数のビットがパラレルに変化する場合など大きなグラウンド・バウンスが発生します．

グラウンド・バウンスはインダクタンスによるリンギングとして発生するためグラウンド・ピンで見ると0V以下にも振れることが普通です(図9-2)．同時スイッチングの対策としては，できるだけデバイス内で一斉に変化することを避けるという対応も考えられますが，デバイスのグラウンド・ピンや電源ピンから電源を見た時のインピーダンスを低くすることが基本となります．

特に数百MHz以上の高周波成分は，デバイスから離れた位置の電源のインピーダンスを下げてもあまり効果はありません．デバイスの電源ピンの直近とグラウンド層間にサイズの小さいチップ・コンデンサを付けて対応します．デバイス内部で高速に変化する部分の電流はチップ・コンデンサから電源ピン経由で供給されます．もちろん，デバイスのグラウンド・ピンとそのコンデンサのグラウンド側電極間は最短でかつ低いインダクタンスで結ぶ必要があります．

グラウンド層が共振して誤動作を起こす

数百Mbps以上の信号伝送では，20〜30 cm程度の大きさの基板を使うと内層のグラウンド層や電源層が共振することがあります．直流的には電源層やグラウンド層は一定の電圧ですが，高周波的には電位が変動する場合があります．図9-3(a)は20 cm×30 cmの基板のグラウンド層です．左側中央部から高周波が層間に印加すると，図9-3(b)のようにグラウンド層の電圧が波打つように変動していることが分かります．

● キャビティ共振

図9-4(a)は，一辺25 cmの両面べた層基板の左端

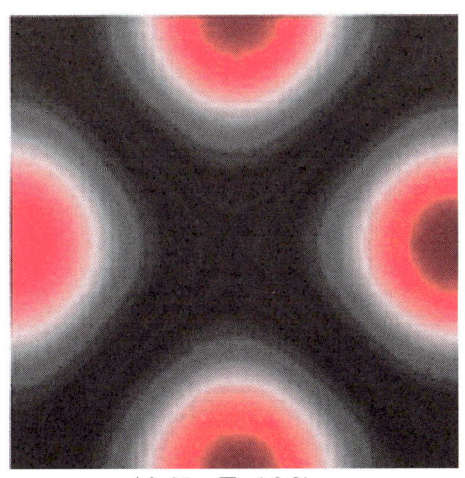

(a) 25cm□ 1.2 Gbps

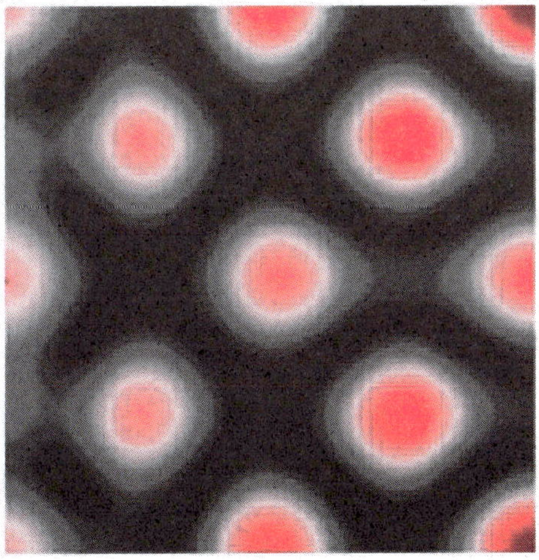

(b) 25cm□ 2.4 Gbps

図9-4 べた層共振視覚化ソフトSPHINXで計算出力したもの

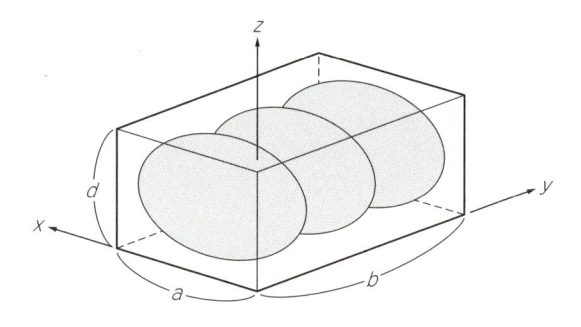

図9-5 空洞(キャビティ)共振器

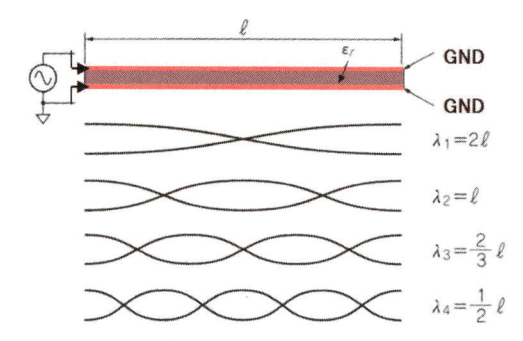

図9-6 内層共振と波長λの関係

中央部分から600 MHz(1.2 Gbps)の信号が入った場合の基板上の電圧分布状態を示しています．また図9-4(b)は1.2 GHz(2.4 Gbps)の信号が入った場合です．これらの図はSPHINXというソフトウェアでシミュレーションしたものです[(4)]．図9-3(b)では，べた層上の電圧変動が波のように印加点から広がっていくだけです．図9-4(a)，(b)のように基板のサイズに応じた特定の周波数では，このパターンの位置が移動せず振幅のみが変化します．このように2次元的な位置が固定して変動が表れる現象をキャビティ共振と呼んでいます．

キャビティ共振とは，図9-5のような直方体のキャビティと呼ばれる金属の中空の箱にマイクロ波を印加した時に起きる共振のことです．直方体空洞共振ともいわれます．直方体の内部に示したまゆ型の形状は内部電界を示しています．この空洞は，全ての面が金属の場合は金属の面で電圧が0になるモードで共振しますが，単なる両面基板のべた層の場合は基板端はショートされていないので，基板端が"腹"になるモードで共振します．

図9-6は共振を起こしている基板のべた面の断面を見たもので，基板の長さ(l)と印加される周波数(の波長＝λ)が一定の関係の場合に内部共振が起きる条件を示します．共振が起きると図9-6の波の腹と節の位置は固定し，腹の位置での電界の大きさ(位相含む)が変化します．このように腹や節の位置が変わら

ない波を定在波と言います．

基板のサイズより波長(の1/4)が短い信号が基板回路で使われている場合には，グラウンド層や電源層であっても共振現象が起きることがあります．図9-4は全面べた層になっている両面基板で層間にはビアなどの接続がない単純な場合です．

式(9-1)は図9-5のキャビティ共振で高さz方向が十分に小さい基板のような場合に起きる共振周波数を示します．

$$f_{mn} = \frac{1}{2\pi\sqrt{\mu\varepsilon}}\sqrt{\left(\frac{m\pi}{a}\right)^2 + \left(\frac{n\pi}{a}\right)^2} \cdots\cdots (9-1)$$

式(9-1)でεは絶縁材の誘電率，μは透磁率です．mはx側，nはy側の共振の次数で正の整数です．

電源系のインピーダンスとターゲット・インピーダンス

基板内層で大きな共振が起きないように対策することが基本となります．

しかし，年々IC規模が大きくなるにつれて電源ピンから流入する電流も大きくなっています．電源系のインピーダンスが高いと，デバイスの電源ピンでの電圧変動が許容以上になります．

デバイスの電源ピンの位置での電源変動がどの程度に抑えられているべきかを数値化するターゲット・インピーダンスZ_Tと呼ぶ値で判断する考え方があります[(1)]．Z_Tは，式(9-2)で表されます．式(9-2)で，注目する電源ピンの電源電圧をV_{dd}，電源回路からこのピンに流れる平均電流を最大電流I_{max}のH%とし，電源の許容リプル率をR%としています．

$$Z_T = \frac{V_{dd} \times R}{H \times I_{max}} [\Omega] \cdots\cdots\cdots\cdots (9-2)$$

デバイスの電源入力ピンでの電源電圧$V_{dd} = 2.5$ V，$I_{max} = 10$ A，$H = 50$ [%]，$R = 5$ [%]，の場合，この電源ピンのターゲット・インピーダンスは，

$$Z_T = \frac{2.5 \times 5}{50 \times 10} = 0.025 = 25 \text{ [m}\Omega\text{]}$$

となります．図9-7は横軸に周波数，縦軸をインピ

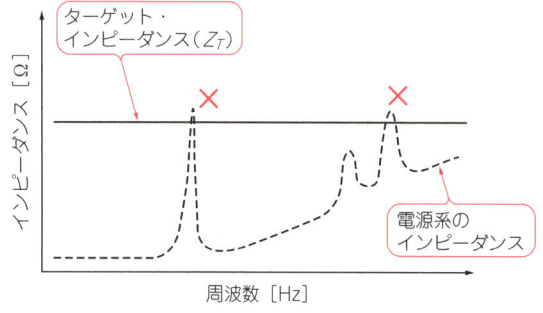

図9-7 ターゲット・インピーダンス

図9-8
チップ・コンデンサの等価回路

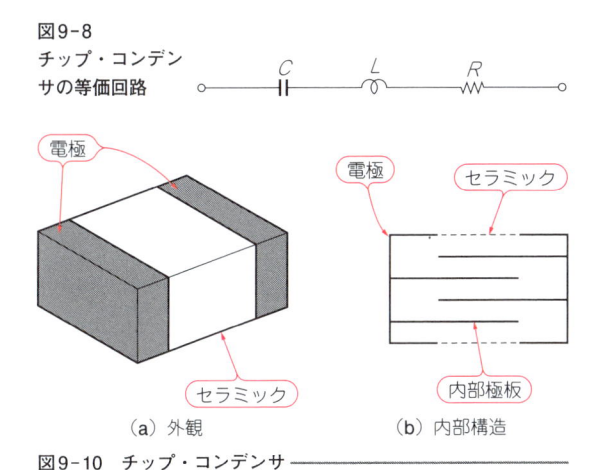

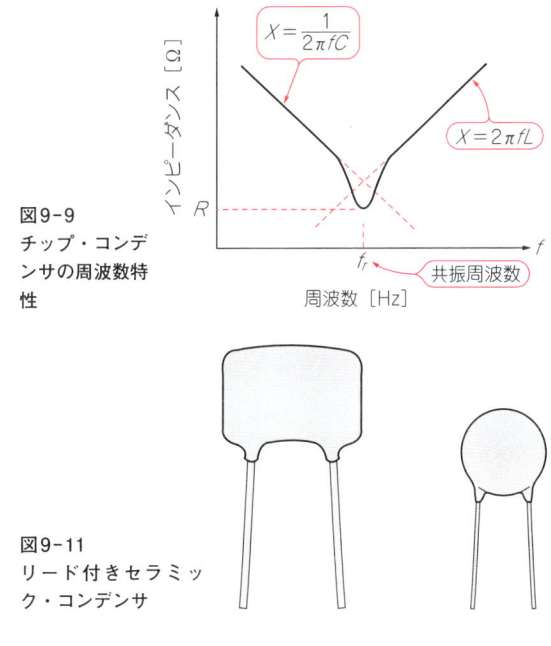

図9-9
チップ・コンデンサの周波数特性

図9-10 チップ・コンデンサ
（a）外観
（b）内部構造

図9-11
リード付きセラミック・コンデンサ

ーダンスにとったグラフで，実線はターゲット・インピーダンス，点線は電源系のインピーダンスを示します．電源系のインピーダンスがピークになっている個所は，内層共振や電源回路のコンデンサとインダクタンス成分の共振などによりインピーダンスが上昇している周波数を示します．パワー・インテグリティなどでは共振によりインピーダンスが小さくなっている場合を共振，大きくなっている場合を反共振と呼んでいます）．

図9-7のように，ターゲット・インピーダンスより電源系のインピーダンスが超えていると誤動作を起こす可能性が高いです．規模の大きな高速ロジック・デバイスほど動作する周波数範囲は広くなるので，この例のようにターゲット・インピーダンスをどの周波数も同じにして考えます．しかし，その条件では厳しすぎる場合は，問題とならないことが明白な周波数についてターゲット・インピーダンスを上げることもあります．

内層共振を抑えるためのコンデンサの付け方

電源系のインピーダンスを下げるには，基本的には電源ピン直近の電源パターンからグラウンド層間に小型のコンデンサを置くことで対応します．コンデンサは高周波では図9-8の等価回路のようにコンデンサ（C）分だけでなく，インダクタ（L）分と抵抗（R）分を考慮する必要があります．このためチップ・コンデンサの周波数特性は図9-9のようになります．

ギガビット基板では通常チップ・コンデンサ（図9-10）を使うので，リード付きタイプ（図9-11）などよりインダクタンス分はかなり小さくなっています．極板のサイズやコンデンサを取り付けるパッドあるいはパッドへの配線パターンによるインダクタンス分がギガビット周波数帯では無視できなくなることに留意します．

図9-9でインピーダンスが最も小さくなっているところが共振周波数で，それ以上では周波数の上昇に伴ってインピーダンスが大きくなっています．その周波数範囲では部品はコンデンサでなくインダクタンスとして働いています．インピーダンスが最も下がっているところは，図9-8のLとCが直列共振しているところで，そこではインピーダンスがRとなります．

内層共振が起きている周波数と共振周波数が近いコンデンサを選んでデバイスの近く（電源ピン近く）で内層の層間をAC接続します［図9-13（a）］．コンデンサを置くとその場所のインピーダンスは基本的に下がりますが，別のところに反共振点が移ったり，別の周波数での共振でインピーダンスが高くなる点が出る場合もあります．次に示すようなソフトウェアなどを活用して，実際の基板を起こす前にいろいろ試して抑え込んでいくことになります．

パワー・インテグリティ対策ソフト

基板設計データをもとにして，そのパターンで内層共振が起きないか，起きそうだとするとどのように対策すればよいかをシミュレーションできるソフトウェアが市販されています．図9-12はそのようなソフトウェアの例DemitusNX[3]を示したものです．内層は電源層とグラウンド層です．図9-12（a）が対策前で，大きく共振が起きている個所が表示されます．図9-12（b）は，共振が起きている個所にコンデンサ・ビアでグラウンド層と電源層をつないだもので，共振が減っていることが分かります．

パワー・インテグリティ対策ソフト 85

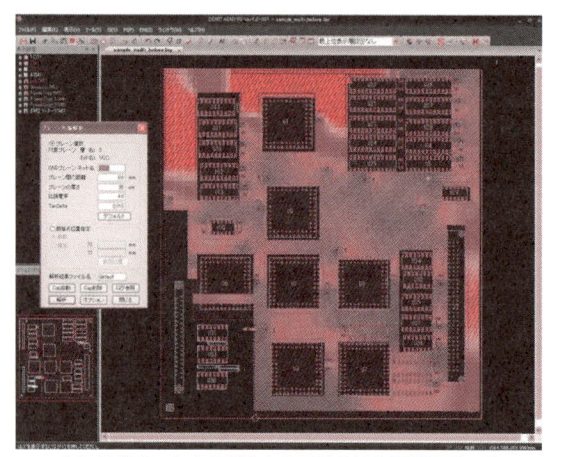

(a) 対策前．左上の部分と右下部分に共振が出ている　　　(b) 対策後．コンデンサで電源層とグラウンド層間をショート

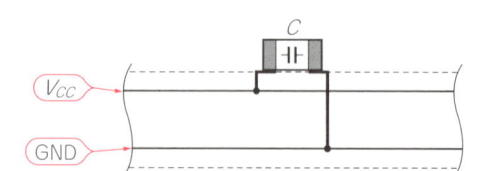

図9-12[3]　グラウンド共振の対策

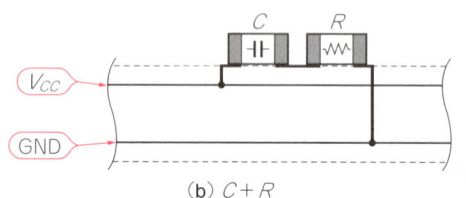

　(a) Cのみ　　　　　　　　　　　　　(b) $C+R$

　(a) 共振対策のC　　　　　　　　　(b) EMI対策用のCR

図9-13
共振対策のCとEMI
対策用CR

　なお，このようなソフトでは共振対策だけでなく開発元のEMIなどの対策技術を盛り込んだルール・チェック機能を持っているものがあります．以下のような点について，一定の基準で基板パターンをチェックし設計で問題が出そうな個所をレポートしてくれます．

▶基板ルール・チェック項目の例（Demitus資料より）

- ・配線長チェック
- ・ビア数チェック
- ・内層プレーンまたぎチェック
- ・リターン・パス不連続チェック
- ・基板端チェック
- ・放射電界チェック
- ・信号グラウンド・パターン有無チェック
- ・信号グラウンド・パターン・ビア間隔チェック
- ・プレーン外周チェック
- ・フィルタ・チェック
- ・デカップリング・キャパシタ・チェック
- ・差動信号チェック
- ・クロストーク・チェック

EMI対策とパワー・インテグリティ対策の兼ね合い

　内層共振対策を実施しても基板からの漏洩電磁波ノイズが下がりきらない場合があります．コンデンサ・ビアを配置するとその位置での共振ピークは消えますが，コンデンサは共振のエネルギーを吸収するわけではなく，その分のエネルギーはほかに移るだけです．そのため，基板端などからノイズが空間に放出される場合があります．

　このように，ノイズが空間に出る場合の対策として，コンデンサと直列に抵抗を付ける方法があります（図9-13）．抵抗でノイズの電磁エネルギーを熱に変えてしまうわけです．基板共振対策に抵抗とコンデンサで対応すると共振インピーダンスが十分低下しないことがあります．両者に対応するには，まずコンデンサ・ビアあるいは（内層の2層ともグラウンド層の場合は）単なるビアで内層共振を抑え，次にノイズ放射にかかわる個所を抵抗を直列に入れたコンデンサ・ビアを配置するという手順になります．

◆参考・引用＊文献◆
(1) Power Integrity Modeling and Design for Semiconductors and Systems, Pearson Education, Inc., 2008.（和訳あり）
(2) Microsemi; Application Note AC263 Simultaneous Switching Noise and Signal Integrity, 2012.
(3)＊ DemitasNXのウェブ・サイト：
▶ http://jpn.nec.com/demitasnx/
(4) SPHINXのウェブ・サイト：
▶ http://www.e-systemdesign.com/sphinx.html

第3部　ギガビット伝送を計測・シミュレーションする

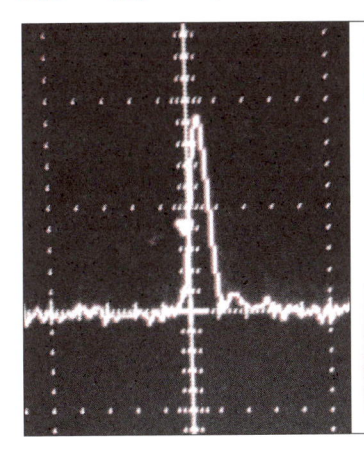

第10章　オシロプローブでは測れない!?
ギガビット信号波形を観測するにはテクニックがいる

本章では，ギガビット波形を正しく見るためのノウハウについて説明します．ギガビット伝送の波形は，帯域の広いオシロスコープがあれば測れると簡単に考えていると正しい計測はできません．

　ギガビット波形は普通のオシロスコープ・プローブそのままでは正しく見ることができません．ギガビット信号を観測する場合は，"高速な電気信号は導体間を進む電磁波である"という本書の第1章で説明したことをよく理解して取り組む必要があります．本章ではギガビット波形をオシロスコープで見るためのポイントについて説明します．

ギガビット信号をオシロプローブで見るテクニック

● パッシブ・プローブの限界

　ギガビット信号を観測するには帯域が十分広いオシロスコープが必要となりますが，オシロスコープと対象回路の間はどうすればよいでしょうか．オシロスコープで波形を見るには，**写真10-1**のようなパッシブ・タイプのプローブを用いるのが一般的ですが，このようなプローブは公称帯域が500 MHz程度までです．

　500 MHzはデータ・レートでは1 Gbpsとなります．このプローブで約2 ns幅のパルス波形を測定してみると，**図10-1**のようにリンギングが出て，正しい波形とはいえません．オシロスコープは数GHzの帯域を持つものを使用しています．

　図10-2は波形観測時のセットアップを示します．50 Ω出力のパルス・ジェネレータから特性インピーダンスが50 Ωの同軸ケーブルで50 Ωの終端につなぎ，終端抵抗の部分ⓐ点にプローブを付け，ⓑ点に**写真10-1**のグラウンド・クリップをつないで波形を見ています．**図10-3**は，パルス・ジェネレータ出力をオシロスコープの50 Ω入力に直接同軸ケーブルでつないで見た波形です．

　なお，ここで使用したパルス・ジェネレータの性能の関係でパルス高さの再現性がよくないため，各波形図の振幅差は参考としてください．

　写真10-2は観測帯域が20 GHzあるオシロスコープのフロント・コネクタ部を示しました．このクラスのオシロスコープの入力は50 Ωのみとなっていて，ハイインピーダンスの一般のプローブをつなぐには出力を50 Ωに変換するアダプタ，あるいはアダプタ付

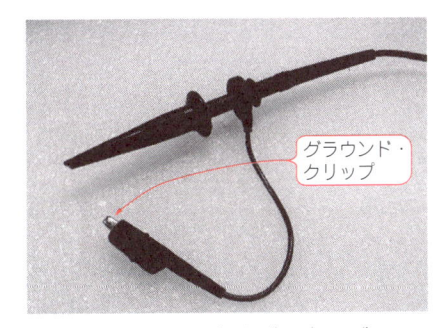

写真10-1　500 MHzパッシブ・プローブ

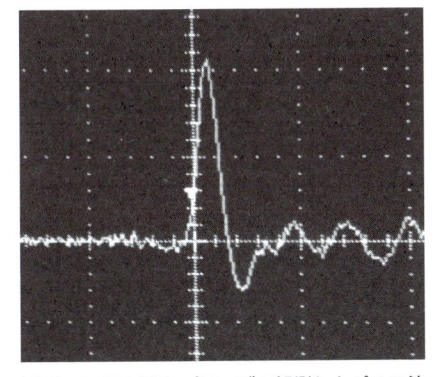

図10-1　500 MHzプローブで観測したパルス波形（1 V/div，10 ns/div）

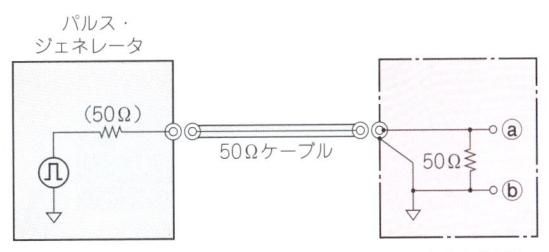

図10-2　測定の様子（パルス・ジェネレータ50 Ω出力を接続）

ギガビット信号をオシロプローブで見るテクニック　87

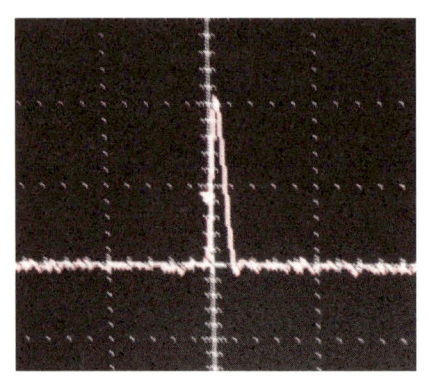

図10-3 パルス・ジェネレータ出力(1 V/div, 10 ns/div)

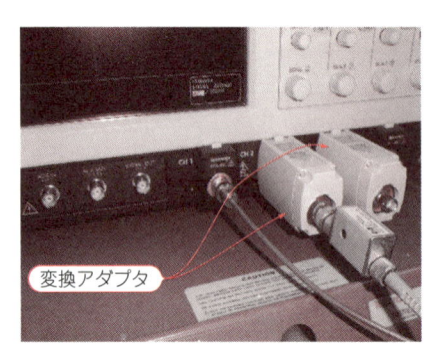

写真10-3 オシロスコープ50Ω入力に同軸ケーブルで入力

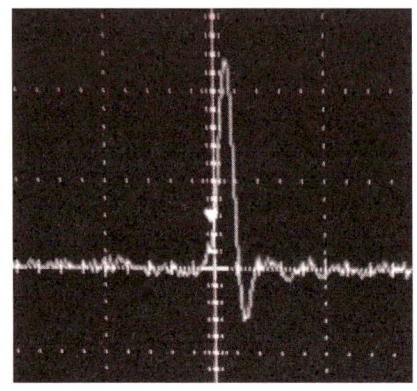

図10-4 グラウンド・クリップ使用時のプローブ波形(1 V/div, 10 ns/div)

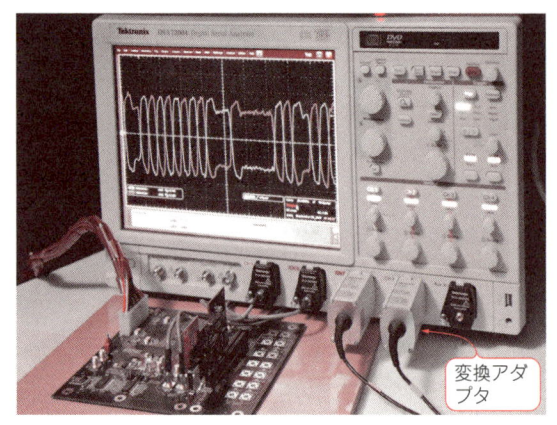

写真10-2 ≧10GHz帯域のオシロスコープの例(テクトロニクス社 DSA72004 帯域20 GHz)

写真10-4 オシロプローブ＋グラウンド・クリップ

きのプローブが必要です．

　写真10-2で前面パネルの下部に白い箱のようなものから線が出ているものがあり，これが変換アダプタ部です．これから出ている先がパッシブのプローブ部分です．

　写真10-3は帯域が数GHzのオシロスコープの場合で，中央部の同軸ケーブルをつないでいるポートが標準の50Ω入力です．その隣の二つのポートに付いている白い箱のようなモジュールは，ハイインピーダンス・プローブ用変換アダプタです．これに一般のパッシブ・プローブをつなぐことができます．変換アダプタの帯域は50Ω直接入力より制限されます．図10-1はこの変換モジュールを介して観測したものですが，直接入力の図10-3ではパルスの後にリンギングは見られないにもかかわらず，パッシブ・プローブではリンギングが続いて出ています．この原因は主にプローブのグラウンド・リードによるものです．

　写真10-4は，普通のパッシブ・オシロプローブの先端の絶縁部を外した状態に付属のグラウンド・クリップを取り付けたものです．通常のオシロプローブでは，同軸線のようにグラウンドが筒状に先端近くまで覆っています．この筒状のグラウンドにクリップを差し込みます．この状態で見た波形が図10-4です．図10-1に比べるとリンギングが改善されていることが分かります．

　なお，このクリップを付けて基板パターンなどを観測する場合は，観測するピンの近くにグラウンド点が必要です．もちろん，そのグラウンド点までパターンを引いてきたのではグラウンド・リードを使うのとあまり変わらなくなります．シングルエンド信号を見る場合，信号パターンの基準べた面につながるビアを測定点の近くにあらかじめ用意しておくことが必要です（図10-6）．

88　第10章　ギガビット信号波形を観測するにはテクニックがいる

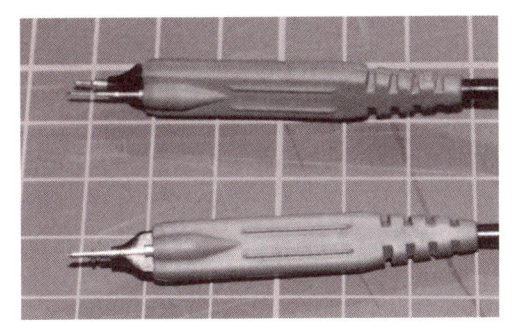

写真10-5 シングルエンド・アクティブ・プローブの例
(Techtronix P7240 4 GHz)

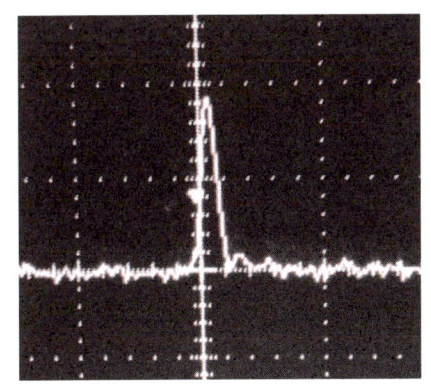

図10-5 アクティブ・プローブ使用時の波形
(1 V/div, 10 ns/div)

● アクティブ・プローブ

写真10-5はギガビット対応シングルエンド信号用のアクティブ・プローブの一例です．このプローブ(P7240)は公称帯域4 GHz，これで測った波形が図10-5です．リンギングはかなり改善されていることが分かります．グラウンド・ピンはばねで伸縮するように作られているため，手持ちで基板上のパターンを見る場合でもそれなりに観測状態を保持することができます．ただし，信号観測点の近くにグラウンド・ビアが必要なのは写真10-4のパッシブ・プローブの場合と同様です．

図10-6はアクティブ・プローブで信号パターンを見る様子です．信号を見る点の近くにグラウンド点として内層グラウンドにつながるグラウンド・ビアを設けています．また，観測点のレジストをはがしてパターンがプローブ・ピンで当たれるようにしています．信号パターンの途中に観測目的のためにビアやランドを設けることは信号品質を劣化させることがあるので避けた方がよいでしょう．なお，この図のアクティブ・プローブのグラウンド・ピンは，信号測定点とグラウンド間の距離をある程度変えることができるようにクランク状になっているタイプです．

● オシロプローブの周波数特性

オシロスコープ用プローブといえば入力インピーダンスが1 MΩや10 MΩとされています．しかし，そのインピーダンスはどの周波数までの値でしょうか．図10-7は各種オシロプローブの周波数特性を示したものです．縦軸がインピーダンスで横軸が周波数です．10:1受動プローブと示されたものが10 MΩです．パッシブ・プローブのものですが10 MΩのインピーダンスとなっているのは10 kHz以下です．図中のFETプローブと表示したものも，1 MΩ以上が確保されているのは数百kHzまでです．

高速信号回路では対象となる信号が通る伝送線路のインピーダンスは百Ω程度までです．シングルエンド線路では50 Ω程度が普通となります．この理由は第2章の特性インピーダンスで説明したように，高速電気信号は信号伝送線路の導体とグラウンド導体の間（差動伝送線路の場合は線路間）の絶縁体の部分を進み，線路の断面を現実的なサイズに保った条件では特性インピーダンスを上げることは難しいためです．従って，

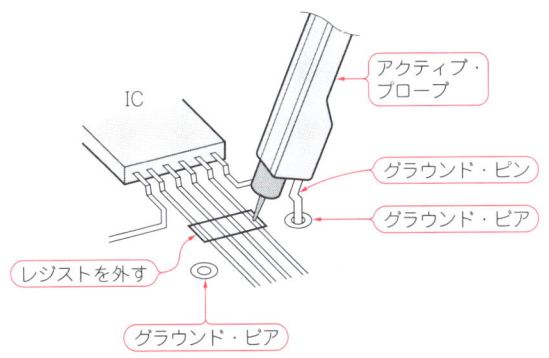

図10-6 シングルエンド測定で必要なグラウンド・ビア

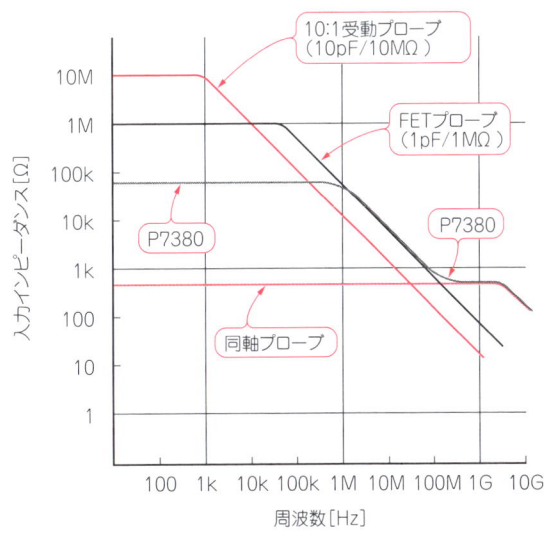

図10-7 各種オシロスコープ・プローブの周波数特性

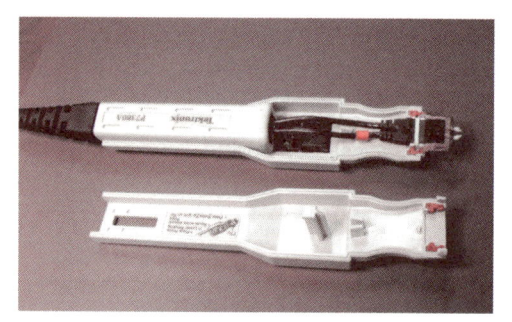

写真10-6 アクティブ差動プローブの例(テクトロニクス社 P7380,8 GHz)

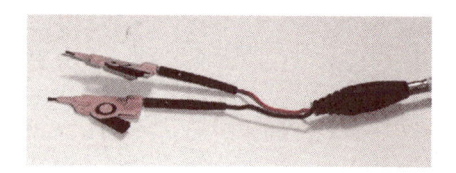

写真10-8 ロジック・アナライザ用プローブ

プローブ側のインピーダンスが数百Ωあればそれなりに波形を見ることが可能というわけです.

特性インピーダンス50Ωの線路にインピーダンス50Ωのプローブをつないだ時に信号の振幅は50%低下,プローブ側が100Ωの場合は33%低下します.

波形観測では3割低下程度を許容範囲として,100Ω程度までのインピーダンスであればプローブの周波数特性と見なすことができます.周波数特性の規定は各プローブの仕様書を参照してください.**図10-7**の中にP7380と示されたものは公称8 GHz帯域の差動アクティブ・プローブの周波数特性です.P7380の外観を**写真10-6**に示します.

● アクティブ・プローブの帯域拡大のカギは同軸線路使用

P7380などのギガビット対応アクティブ・プローブの多くは,**図10-8**に示すようにプローブ先端部とアンプ間を同軸線路でつなぐ構造になっています.アンプの入出力は50Ωなので,アンプの前後に50Ωの同軸線路をある程度伸ばしても10 GHz程度でも波形の

ひずみはほとんど発生せず時間だけが遅れることになります.

この構造が採用されるまでのアクティブ・プローブは,プローブ先端に高インピーダンスのFETデバイスを置いてそれに短いピンをつなぐ構造としていました.

しかし**写真10-5**で分かるように,波形を取り込むためには近くにグラウンド・ピンが必要で,このグラウンド・ピンと信号ピン間の特性インピーダンスは300Ω程度です.またリード・インダクタンスも影響するのでGHz以上では周波数特性が素直でなくばたつくようになります.一方,細い同軸線路でつなぐと10 GHzでもインダクタンス成分や容量成分が独立して現れないので周波数特性を伸すことが容易になります.

写真10-7は20 GHz帯域のアクティブ・プローブP7500シリーズのはんだ付けヘッドです.先端のリードは回路にはんだ付けして固定するためのもので,基板上に抵抗を経由して50Ωのパターンにつながっていて,その先は50Ωの同軸線で引き出されています.同軸線路からアンプまでの長さは10 cm程度までとなっています.あまり長いとケーブルの損失が無視できなくなるためです.なお基板にはんだ付けする際に,リードを直接はんだ付けする場合と小型の100Ω程度の抵抗を経由して接続する場合とがあります.

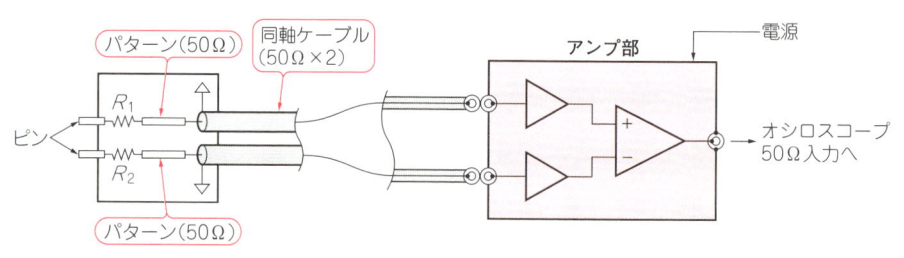

図10-8 ギガビット差動オシロスコープ・プローブのおおよその構造例

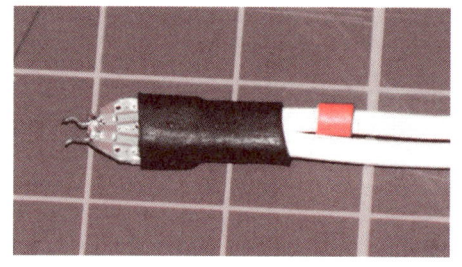

(a) 抵抗がない状態
(b) 抵抗を付けた状態

写真10-7
18 Gz差動オシロスコープ・プローブはんだ付けヘッド
テクトロニクス社 P7500シリーズ用はんだ付けヘッド.

90 第**10**章 ギガビット信号波形を観測するにはテクニックがいる

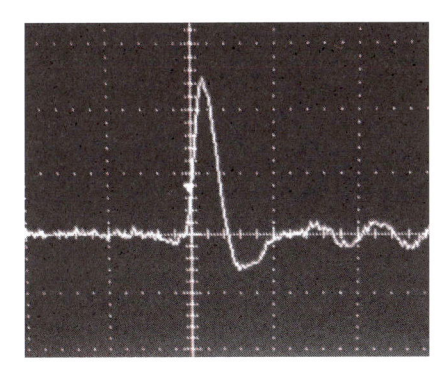

図10-9 ロジアナ・プローブの波形(1 V/div, 10 ns/div)

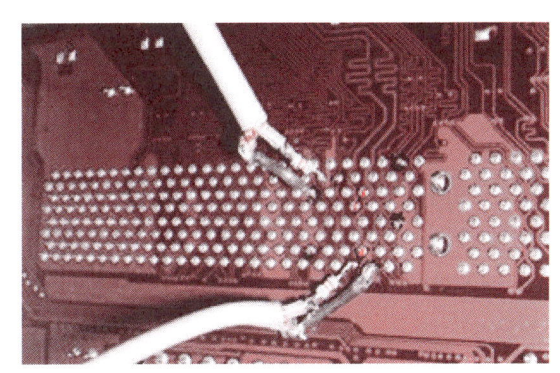

写真10-9 抵抗＋同軸ケーブルによる簡易ギガビット・プローブ

● ロジック・アナライザのプローブをギガビット信号線に使うときの問題点

写真10-8はロジック・アナライザのプローブで，狭いピッチのICピンに先を挟んでロジック信号を見る際に使われるものです．図10-9はこれをオシロスコープのパッシブ・プローブにつないでみたものです．一見，図10-1の場合よりリンギングは小さくなっているようですが，リンギングの波の幅が広がっていて大きく波形が影響を受けています．

ロジック・アナライザでは，通常実際のアナログ波形を見ないので，ギガビットで入出力が出ているピンを見るときは波形を大きくひずませ，誤動作の原因になっていることがあります．

● ギガビット簡易プローブ

かなり高価なアクティブ・プローブでもGHz帯でのインピーダンスは図10-7から数百Ω以下ということが分かります．GHz以下の周波数でのインピーダンス特性が必要ない伝送線路の波形を見る用途の場合には，同軸プローブを使う方法もあります．図10-7の中に同軸プローブと示されたカーブがその特性を示しています．

これは図10-10に示したような50Ωの同軸線の先に小型の450Ω程度の抵抗を付けたものです(写真10-9)．図では1608の470Ω以下と書いていますが，周波数特性がよい小型の皮膜抵抗であればチップ抵抗でなくとも使えます．また450Ωでなく470Ωと書いているのは入手性の点からです．図10-11はこの同軸プローブを製品化されたもの(テクトロニクス社 P6150)の周波数特性です．

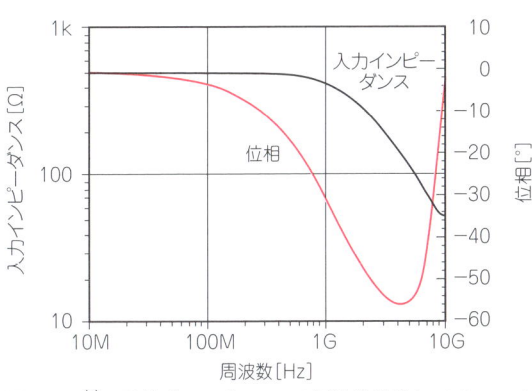

図10-11[1] 同軸プローブP6150の周波数特性(テクトロニクス社)

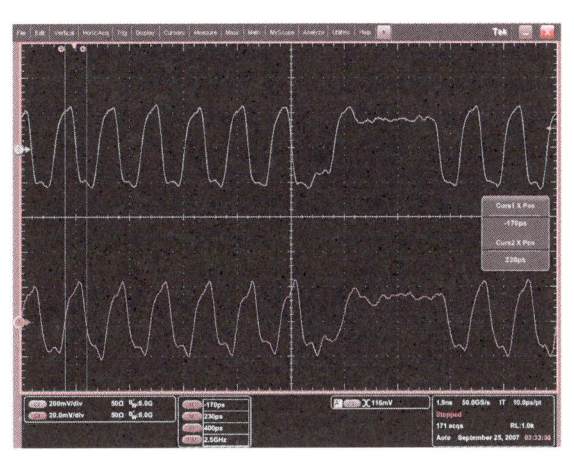

図10-12 同軸簡易プローブによる実測波形

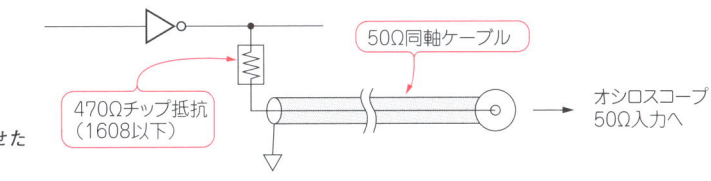

図10-10 小型抵抗と同軸線を組み合わせた簡易型10：1プローブ

ギガビット信号をオシロプローブで見るテクニック

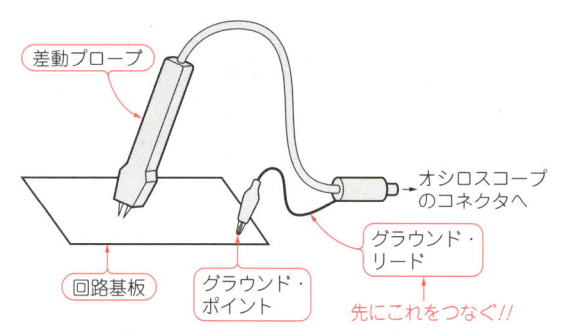

図10-13　差動プローブのグラウンドのとり方

（a）SMAコネクタ

（b）3.5 mmコネクタ

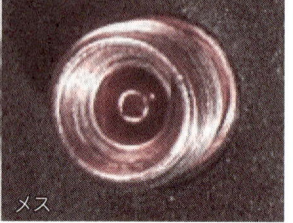

（c）2.92 mmコネクタ

写真10-10　SMAと類似同軸コネクタ

差動プローブの使い方

　写真10-9の簡易同軸"プローブ"はシングルエンドで波形観測しています．このようなシングルエンドのプローブの場合，グラウンドが測定点の近くにある必要がありました．差動プローブの場合はグラウンド点が測定点のすぐそばになくとも測ることができます．ただし，コモン・モード電圧が大きい場合はオシロスコープの入力アンプを破損する恐れがあるので，プローブで測定点に触れる前に，差動プローブのグラウンドを対象回路のグラウンドにDC的にまず接続しておきます（図10-13）．

　なお，差動信号を見るのに通常のシングルエンドのプローブのグラウンドを差動線路の一方に当てて他方の差動線路をプローブの本来のホット側につなぐことはやってはいけません．オシロスコープのプローブ・グラウンドは通常オシロスコープの筐体グラウンドにつながっています．オシロスコープ本体のグラウンドを差動回路で駆動することになり，また大きなコモン・モード電圧がオシロスコープのグラウンドと被試験回路間に出ている場合は，被試験回路を破損することになります．

同軸コネクタにも周波数上限がある

　数百MHzまでに多く使われているBNCコネクタはギガビットでは問題があるため使われません．BNC

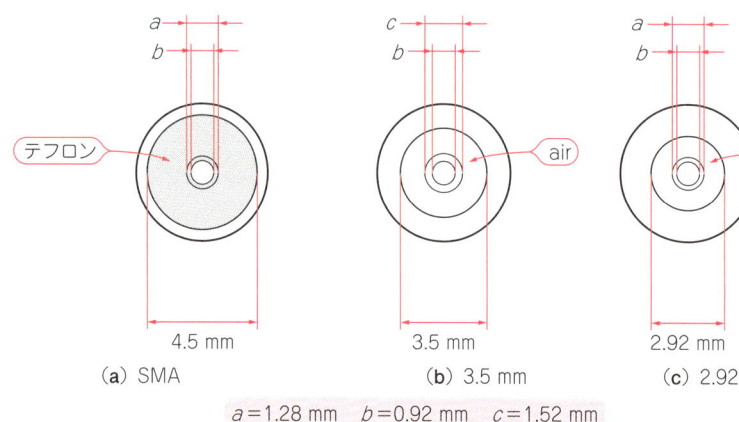

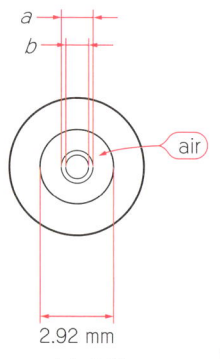

（a）SMA　4.5 mm
（b）3.5 mm　3.5 mm
（c）2.92 mm　2.92 mm

a = 1.28 mm　　b = 0.92 mm　　c = 1.52 mm

図10-14
SMA類似コネクタのサイズ
（公差などを考慮したおおよその値）

写真10-11　SMPコネクタSMA（左上）との比較
PCI Express公式5 Gbps試験治具基板．

表10-1[3]　同軸コネクタの種類と上限周波数

コネクタ名称	3.5 mm	2.92 mm	2.4 mm	1.85 mm	1.0 mm
外部導体内径 [mm]	3.5	2.92	2.4	1.85	1.0
上限周波数 [GHz]	34	40	50	65/67	110
TE11発生下限 [GHz]	38.8	46.5	56.6	73.3	135.7

と中心導体がほぼ同じサイズのN型コネクタは数GHzまでの計測器などで使われます．しかし，大型ということもありギガビット回路の計測ではSMAコネクタおよびSMA類似コネクタが多く使われます（第12章のColumn，p.110も参照）．

写真10-10はSMAコネクタとSMAを機械的につなぐことができる類似コネクタ3.5 mmと2.92 mmです．機械的につながるといってもSMAコネクタにはサイズがいい加減な粗悪品も多く出回っているので，安易につなぐことは避けた方がよいでしょう．高価な計測器を壊すことになりかねません．

3.5 mmや2.92 mmという名称は，図10-14に示すように外部導体の内径から付けられています．なお，図10-14の寸法は工作用のものではなく，おおよその参考値です．

SMAはコネクタ端面までテフロンが充填されていますが，3.5 mmと2.92 mmはコネクタ接合部は空気になっています．特性インピーダンスは全て50Ωです．

2.92 mmは内部導体の外径およびその中の穴の内径がSMAと同じです．このコネクタはWiltron社（現ANRITSU）がマイクロ波計測器に採用し，ちょうどマイクロ波のKバンド（18 GHz〜26 GHz）に適すことからKコネクタとも呼ばれています．同軸線路はTEM波以外に同軸内で空洞共振することで伝わる波が存在します．ただし最も低い周波数で現れる共振モードはTE11と呼ばれるもので，SMAでは30 GHz程度から，3.5 mmでは約39 GHz，2.92 mmでは約47 GHzからです．

TEM波で使用できる上限周波数は3.5 mmで34 GHz，2.92 mmで40 GHzです．SMAでは汎用品では使用上限周波数は12 GHz程度ですが，高精度品では20 GHzを超える程度まで使えるものもあります．

2.92 mmコネクタは内部導体のサイズはSMAと同じです．このため中心導体の円筒状の壁が薄くなっています．SMAのようにテフロンで固定されているわけでなく空中に出ているだけなので挿抜回数寿命はあまり多くありません（仕様では数百回程度）．2.92 mmコネクタにピン中心がずれているような安価なSMAコネクタを安易に差し込んでしまうと2.92 mmの内部導体が壊れることがあります．一方3.5 mmコネクタは，中心導体をSMAより太くして外部導体の内径も3.5 mmと2.92 mmより少し大きくして中心導体の強度を上げ挿抜回数を伸ばしたものです．このコネクタを開発し特許を公開したHP社（現キーサイト・テクノロジー社）では，自社の計測器に2.92 mmは使わず3.5 mmを使用しています．2.92 mmは，ほかの計測器メーカの40 GHz帯までの計測器では使われています．写真10-10(b)はアジレント・テクノロジー社[3]（現キーサイト・テクノロジー）の計測器のもの，(c)はテクトロニクス社のオシロスコープ用アダプタのものです．

さらに高い周波数用の同軸コネクタ

写真10-11は5 Gbps以上の信号を評価するPCI Express公式試験用基板の一部です．写真の左上に置いたコネクタがSMAです．PCI ExpressのGen1（2.5 Gbps）試験基板ではSMAが使われていましたが，この基板に実測されている同軸コネクタはそれより小型でねじ式でないSMPと呼ばれるコネクタです．ワンタッチ挿抜なのと同軸の内径が小さいため，周波数特性が数十GHzまで伸びています．

SMPコネクタは取り扱いが楽ですが，マイクロ波の計測器側には使われていません．40 GHzを超えるマイクロ波の計測器に使われているのは，表10-1に示すSMAと同じようなねじ締めタイプです[3]．信頼性の点からねじ締めタイプが用いられています．2.4 mm，1.85 mm，1.0 mmともに外部導体の内径寸法です．また，これらはSMAとは外部ねじのサイズが違うためSMAを差し込んで使うことはできません．

● 小型同軸コネクタでもマルチギガビット計測には向かないものもある

Wi-Fiなどの無線用途には，MMCXコネクタなどの超小型同軸コネクタが使用されています．仕様の帯域は6 GHzまでとSMAの十数GHzに比べて低くなっています．また抜き差し回数寿命も低くなっています．

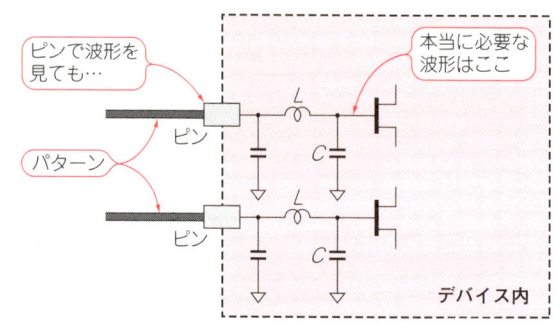

図10-15 実際はチップ内の波形が必要

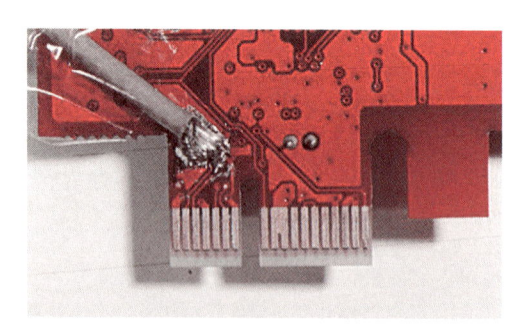

写真10-12 "自作" 2.5 Gbpsテスト波形発生器

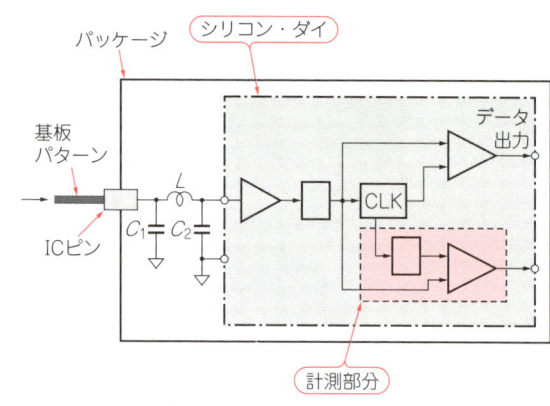

図10-16 チップ（シリコン・ダイ）に計測機能を埋め込む例

計測器用途としては向かないと考えるべきでしょう．

パッケージされたICの チップ内部波形を見る

　オシロスコープはデバイスのピンの外の波形を測ります．しかし，ピンとデバイス内部で実際に信号を受けてデバイスが動作する場所との間には，**図10-15**のようにインダクタンスや容量が存在します．10ギガビットを超えるようになってくると，これらパッケージのLやCが波形に大きな影響を与えてくるため，ピンの外で見る波形とデバイス内部での波形とが異なってきます．場合によってはピンの部分では崩れた波形でも内部では問題ないこともあります．

　そこで，デバイス内部のLやCなどの影響をオシロスコープが計算してデバイス内部の波形を画面上に表示させる機能が搭載される機種も出てきています．具体的には回路シミュレータで計算させています．ただしデバイス・メーカはチップの詳細な内部情報をあまり出しません．IBISファイルなどで公開されているパラメータだけでは，実際に求める波形になっているか明確とはいえません．

　また，上のLやCなどの補正が完全にできたとしても，チップで初めに信号が到達するトランジスタのところの波形は求まっても，実際にクロックに合わせてデータを取り込むトランジスタはさらにチップ内部であり，その部分でどのような動作になっているかは依然分かりません．そこで別のアプローチとして，

FPGAメーカの中にはチップ内部で実際に信号を取り込んでいる部分の波形の情報が取り出せるようにする動きも出ています．**図10-16**はその様子を示したものです[4]．

　オシロスコープのように波形を取り出すのではなく，5 Gbpsなどデバイス内部で実際にデータをサンプリングする部分のそばに，同じサンプリングする回路を置いてサンプリングさせます．この時タイミングやサンプリングするレベルを少しずつ変えて，どの範囲でどの程度エラーが出るかを見ることで，アイ・ダイアグラムに相当する情報をチップ自身で得ることが可能になります．特にチップ内部のイコライザで高周波数域を増幅している場合，ピン部分の波形ではアイが開いてなくとも内部では開いていることがありデバイス内部の波形を見て判断することが重要になります．

　なお，オシロスコープでもデバイス内部のイコライザとパッケージ内部の特性を入力ピンの波形に対し補正計算することで内部波形を"見る"ことが可能です．

　PCI ExpressやUSB規格では，デバイスが必要な数Gbpsテスト・パターンを発生できることが必須条件となっています．2.5 Gbpsのテスト・パターンを試験機で発生させようとすると高価な発生器が必要となりますが，安価なPCI Express規格のボードがあれば限定されたパターンではあるもののテスト・パターンを発生させることができます．

　写真10-12は，X1のPCI Expressのカード上の途中パターンをカットして50Ω同軸ケーブルをつなぎ，2.5 Gbpsのテスト・パターンを発生させる治具を作ってみたものです．

◆参考文献◆
(1) テクトロニクス，P6150データシート．
(2) テクトロニクス，Z差動プローブファミリーカタログ．
(3) アジレント・テクノロジー，5988-8015JA マイクロ波同軸コネクタ，2003．
(4) Altera，WP-01161-1.0, 2011．

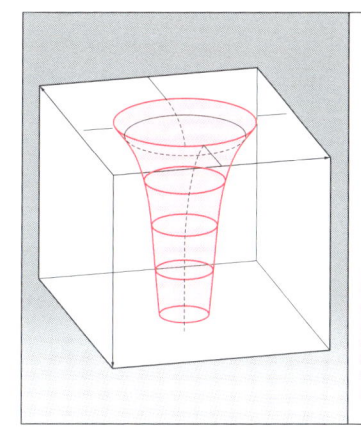

第11章 1兆回の伝送に1回のエラーも許さない
データ伝送のジッタ測定と対策

ギガビット伝送は，速度が速いだけでなく短時間に膨大な量のデータも送ります．対象回路がどのくらいの率でデータ伝送エラー（正しく伝わらない）を出すのか，その性能を正しく把握する必要があります．ジッタ測定では，1兆個ものデータを実際に送らずとも回路のエラー発生率を示します．

　各導体の線路を通る伝送レートが毎秒ギガビットの高速になると1秒で10億（10^9）ビットという大量のデータが伝送されます．このため伝送エラー（ビット・エラー）を1兆（10^{12}）ビットで1回以下に抑えることが一つの目標となります．PCI ExpressやUSB 3などでも10^{12}個のデータで十分エラーが起きないことが規格となっています．

　本章ではビット・エラーの主な原因となるジッタとビット・エラー率の測り方，および対策について説明します．

頻度の少ないエラーも高速伝送では対応が必要

● 高速ディジタル伝送では何兆回に1回以下の伝送エラーという性能を確認しなければならない

　PCI Expressなどの多くの高速データ伝送では，10^{12}に1回の伝送エラー以下に収めるように規定されています．1億が10^8なのでその1万倍，つまり1兆のデータに1回以下というとんでもない数字に思えます．

　2.5 Gbpsの高速伝送では，1秒間で10^9の2.5倍のデータが送られることになります．実際には伝送途中の制御などで転送量はこれよりは少ないですが，オーダとしてはこのように大量のデータが1秒で送られます．1時間連続で伝送すると$2.5 \times 10^9 \times 60 \times 60 = 0.9 \times 10^{12}$

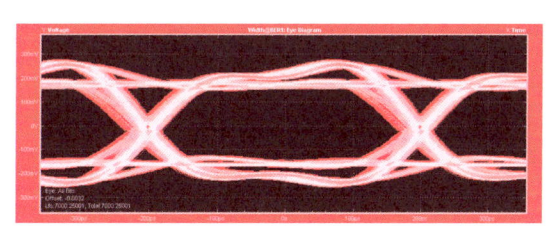

図11-1　アイ・ダイアグラムの一例

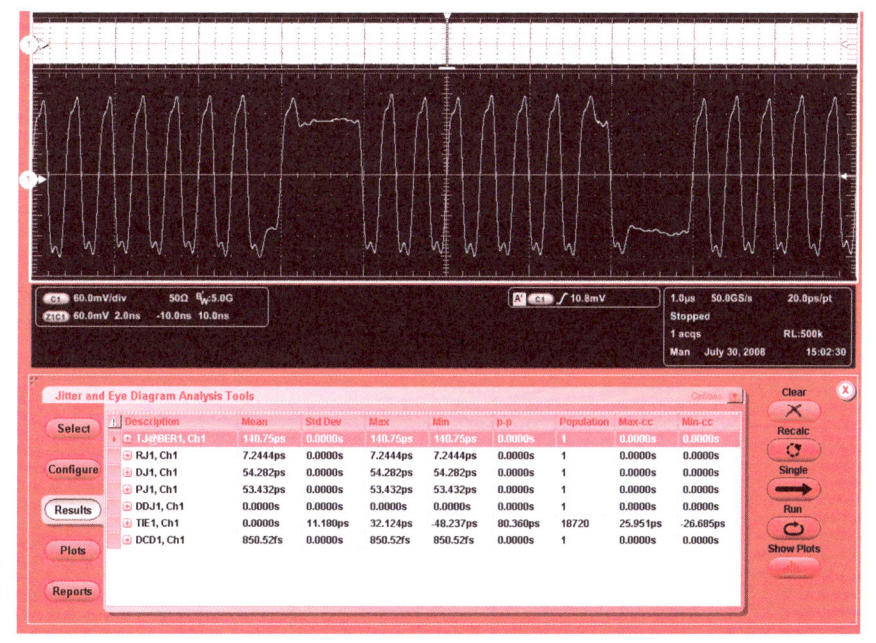

図11-2　ジッタ測定結果の表示例（テクトロニクスの解析ソフトウェアDPOJETを使用）

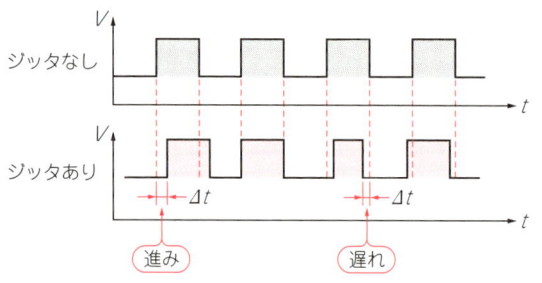

図11-3 ジッタは時間方向の波形変動

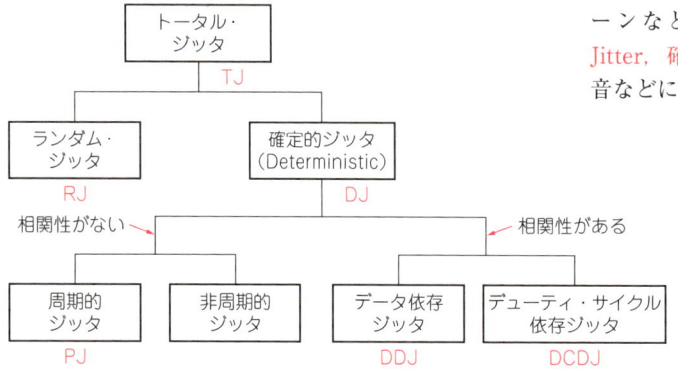

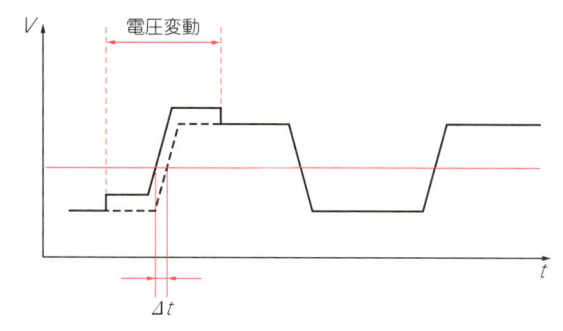

図11-4 ジッタは電圧方向の変動でも発生する

となり，ほぼ10^{12}です．おおよそ1時間データを伝送して1回以下のエラーということです．1時間ごとにエラーが起きても困りますが，10^{12}という数値は一つの目安としてとんでもない数字ではないことが分かります．

しかし，実際に1兆ビット伝送して確認するのも大変なので，統計的な処理を行うことで回路のエラー頻度をチェックする方法が採られています．

図11-1は，一定数のビットを重ね書きさせたアイ・ダイアグラムの一例です．重ね書きした中央部が，目（アイ）のように見えることから名付けられたと言われています．また，図11-2はハイ・エンド・オシロスコープ用のオプション機能を使って，波形の時間変動パラメータをひととおり測定させた結果を示しています．このような時間変動をジッタと呼んでいます．ここでは，テクトロニクスのハイ・エンド・オシロスコープに組み込んだ同社のDPOJETというジッタ・アイ・ダイアグラム解析ソフトウェアを使っています．

ジッタとは時間方向の信号の変動

図11-3は横軸が時間で縦軸が電圧にとったディジタル波形を簡素化して示したものです．図の上の波形はジッタがない場合で，点線で示した一定時間で繰り返す基準タイミングに対して横軸のずれがありません．

一方，下の図はジッタがある場合で波形の立ち上がり/立ち下がりのタイミングが基準タイミングに対して進みや遅れが出ています．

図11-4は波形に対して電圧方向の変動が加わった場合です．ディジタル信号は実際には図11-3のように時間0で立ち上がり/立ち下がりするわけではなく，立ち上がりと立ち下がりに時間がかかります．受信側で図11-4に示す横の点線の電圧で"H"/"L"レベルを判定している場合に，もし立ち上がり部分で電圧変動があると図11-4に示したようにΔtの時間ずれが生じます．特にこの信号がクロックやデータ取り込みタイミングなどを決めている場合は，回路の広い範囲で時間変動が起きることになります．

第9章で説明した同時スイッチング・ノイズやデバイス内のグラウンド・バウンスなどによっても，図11-4のような立ち上がり時間の変動が発生します．同時スイッチの大きさなどによってジッタ量も違ってきます．

● ジッタに関する基本的なパラメータ

図11-2下の枠内に表示されたRJ，DJ，PJなどは，パラメータ名をもとに略号にしたものです．図11-5は，通常ジッタの測定で表記される略号を区分して整理したものです．

TJ（Total Jitter，トータル・ジッタ）は，全てのジッタを合わせたものです．TJは，ランダムなRJ（Random Jitter，ランダム・ジッタ）とデータのパターンなどに応じて確定的に出るDJ（Deterministic Jitter，確定的ジッタ）に分けられます．RJは，熱雑音などによる変動です．平均値（時間で表示）とp-p（ピ

図11-5 ジッタの基本的な分類

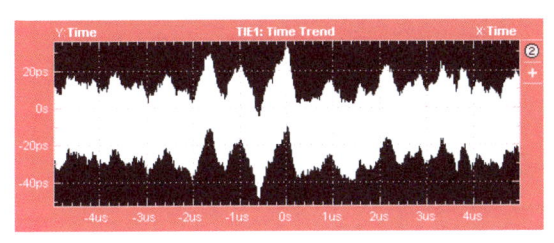

図11-6　TIEを測定データ全体についてプロットした時間トレンド波形

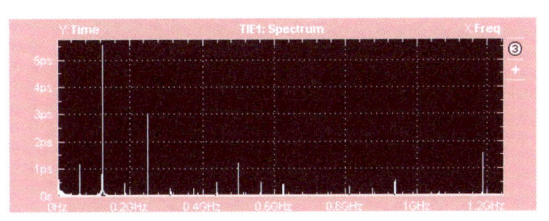

図11-7　図11-6の周波数解析

ーク・ツー・ピーク)値で示します．RJのp-p値はポイントを多く取るほど広がっていきます．

DJは，さらにデータ・パターンなどと相関性がないジッタと相関性があるジッタに分けられます．相関性がないジッタは，PJ(Periodic Jitter，周期的ジッタ)と非周期的ジッタに分かれます．

データ・パターンと相関性があるものは，DDJ(Data Dependent Jitter)とDCDJ(Duty Cycle Dependent Jitter)とに分かれます．分類のしかたによって，このあたりの分け方はいくぶん異なっていることもあります．

例えば，DDJをさらにISI(Inter Symbol Interference．前のデータ・パターンにより後の波形に影響が出ること)とDCD(Duty Cycle Distortion)に分けて表示する場合もあります．

図11-2の表を見ると，DJはp-p値が0となっています．これは，RJのようにランダムなノイズではないためです．また，DJはデータ・ポイントを多く取っても変化しません．

図11-2の表中のTIEというパラメータはTiming Errorのことで，本来のロジックの変化タイミングからどれだけ前後にずれて，High→LowあるいはLow→Highに変化しているかを表すパラメータです．

図11-2の波形で一番上は，ジッタの評価のために取り込んだ多くの波形，2番目はその一部を拡大したものです．ジッタをこのように分解するのは，どのパラメータが支配的になってジッタを大きくしているかを知るためです．これにより，ジッタを大きくしている原因を特定して対策し，1兆ビットに一つ以下のエラーとなる安定な回路にしていくことができるようになります．

図11-6は，TIEを測定データ全体についてプロットしたものです．これより切り替わり時のタイミングのずれ方の傾向を見ることができます．また，図11-7は，それを周波数分析したもので，特異的な周波数でピークが出ていれば，その周波数成分で動く部分からの影響を回路が受けていることが分かります．その部分を対策することでジッタを改善することができます．

ビット・エラー・レートと測定

ビット・エラー・レート(Bit Error Rate；BER)は送ったデータ数B_tに対する誤動作したデータ数B_{err}の比です．

$$BER = \frac{B_{err}}{B_t} \quad \cdots\cdots\cdots\cdots\cdots\cdots\cdots (11-1)$$

図11-8は横軸が時間，縦軸が電圧でデータ2ビット分の時間を表したものです．時間軸の$-0.5UI$と$+0.5UI$のUIは1ビットの単位時間で，0が本来のデータ・ビットの中心時間です．$-0.5UI$と$+0.5UI$は本来のビットが切り替わる時間を示します．図11-8に波形を書き込んでいるように，実際は$-0.5UI$あるいは$+0.5UI$のタイミングとずれてデータが切り替わるのが普通です．図11-8の中央にサンプリング点と示した点は，本来のデータ取り込みのタイミングと"H"あるいは"L"レベルを判定する閾電圧V_tの交点です．図の波形の例ではこのサンプリング点でデータを取り込むと正しくデータが取り込まれます．

一方，$-0.5UI$のタイミングで取り込むと，データはエラーとなります．図11-9は，電圧を図11-8と同じ値に固定してサンプリング・タイミングを$-0.5UI$から$+0.5UI$まで少しずつ移動させながらサンプリングする様子を示します．各サンプリング点で多くのデータを測り，各点でのエラー率を測ります．Pの点で，例えば100個のデータで10個のエラーが発

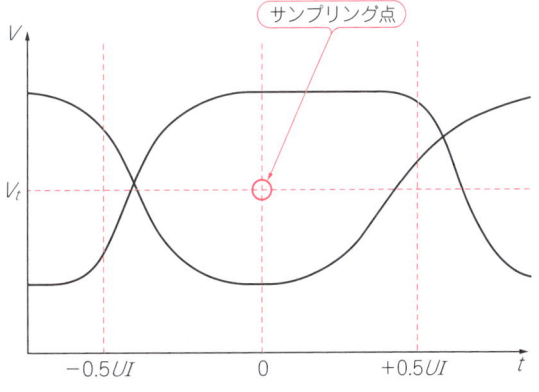

図11-8　ビット・エラー・レートのサンプリング

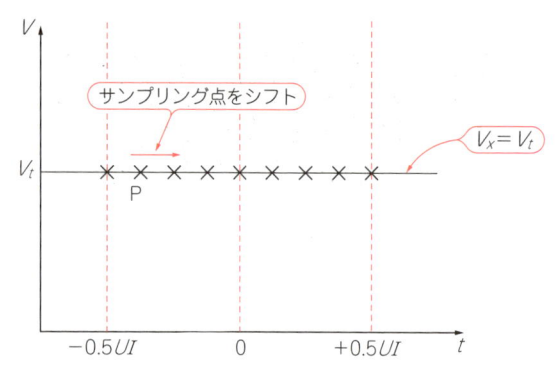

図11-9 －0.5UIから＋0.5UI間をサンプリング

生していたとすればBER = 0.1となります．規格では10^{12}個に1回以下のエラーですが，通常実際に10^{12}個のデータを取り込まずにそれより少ないデータ数で統計的処理をして，各点でのBERを算出するようにしています．処理の手法は規格によって異なっています．

アイ・ダイアグラムとバスタブ曲線

ジッタの測定でよく出てくるのが，アイ・ダイアグラムとバスタブ曲線です．図11-10は，ジッタを実測する際にグラフ表示の設定で表示させているところです．ジッタ解析ソフトウェアでは，各パラメータにいろいろなグラフを表示させ，視覚的にもジッタの原因を特定しやすいようになっています．

図11-11は，アイ・ダイアグラムとバスタブ曲線の関係を示したものです．

● アイ・ダイアグラム

図11-1のところで説明したように，アイ・ダイアグラムはビットごとの波形を本来のクロック・タイミングで一定数を重ね合わせたものです．

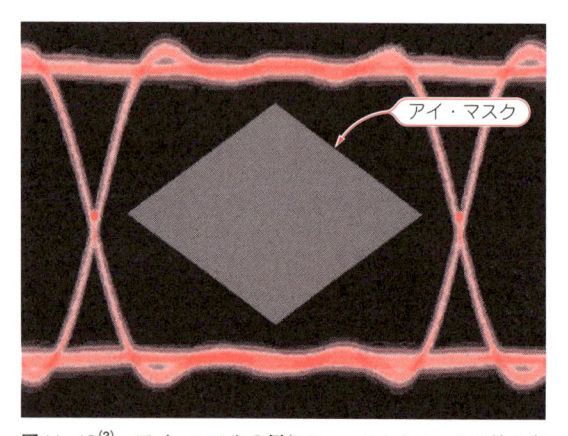

図11-10[3] アイ・マスクの例（5 Gbps，テクトロニクス社の資料より）

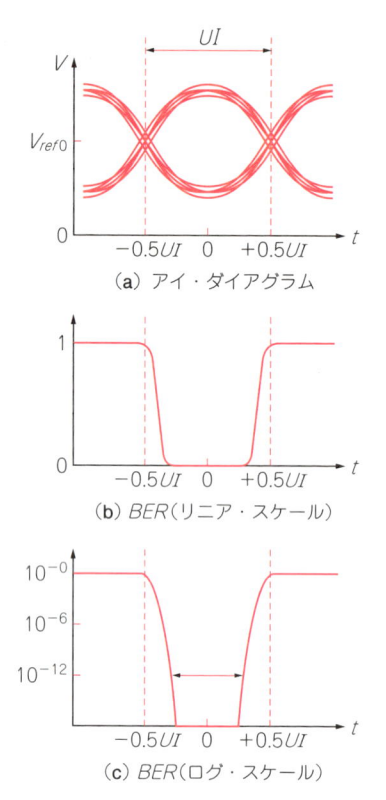

図11-11 アイ・ダイアグラムとバスタブ曲線の関係

アイ・ダイアグラムのアイがどれだけ開いていればよいかを決めるのがアイ・マスクと呼ばれるものです．図11-10にアイ・マスクの例を示します．既定の条件で取り込んだアイ・パターンのアイが，このマスク以上に開いている必要があります．ただし，PCI Expressの5 Gbps以上の規格ではアイ・マスクで判定せず，電圧方向は0UI位置の開口高さで見ますが，時間方向は次のバスタブ曲線で統計的にBERが10^{-12}の範囲が1UIに対してどの程度になっているかで判定するようにしています．

図11-11(a)はアイ・ダイアグラムで，波形を重ね合わせたものです．UIは，Unit Intervalの略で1ビットの時間を示します．UI中央の時間を0として，左側－0.5が本来のデータ切り替わり位置，右側＋0.5が本来のデータ切り替わり位置となります．

UIで正規化すると，ビット・レートが異なる場合でも比較することができます．図11-11は全て同じビット・レートの場合で，時間軸も合わせてあります．PCI Expressのようにクロック埋め込み波形の場合，データから本来のUIの＋0.5と－0.5の点を割り出して重ね合わせます．図11-10の場合は，PCI Expressデバイスが発生させたパターンを使用しているため，

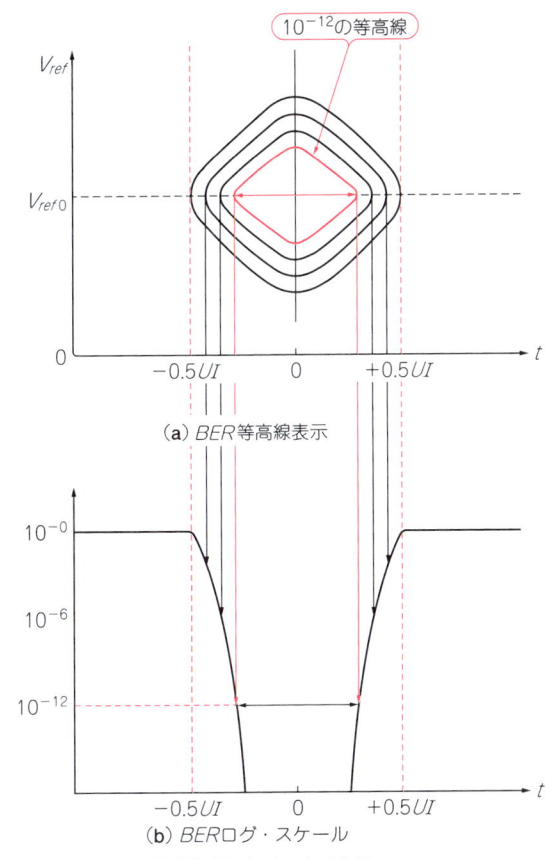

図11-12 BER等高線表示とバスタブ曲線

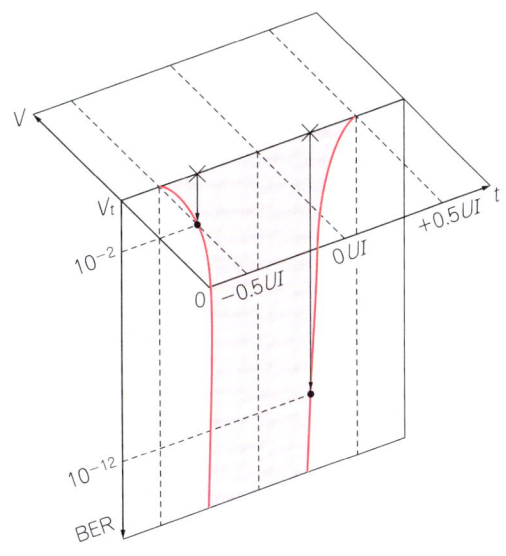

図11-13 電圧座標とバスタブ曲線のBER座標の関係

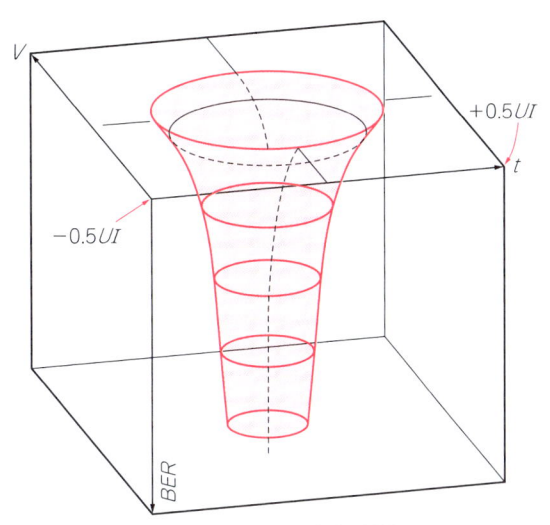

図11-14 バスタブ曲線の集合と等高線の関係

PCI Expressの波形用に用意されたクロック再生条件を設定して測定しています．通常，解析ソフトウェアにはいろいろなUIの位置を求める条件が設定できるようになっています．

● バスタブ曲線

図11-11の図(a)はアイ・ダイアグラムです．図(b)は，図11-9でビット・エラーを測る時の参照電圧を中央値のV_tに固定して，サンプリング・タイミングを時間方向に移動させながらビット・エラーを測りプロットしたものです．縦軸がビット・エラー・レート(BER)で横軸が時間です．時間軸は図(a)のアイ・ダイアグラムと合わせて示しています．

BERの図は，ちょうど西洋式風呂桶の断面に似ていることからバスタブ（風呂桶）曲線と呼ばれています．

バスタブ曲線は，縦軸がリニア・スケールの場合はよりバスタブに近くなりますが，BERが非常に小さい部分を表すことは難しくなります．そこで縦軸を対数軸にしたバスタブ曲線が用いられるのが普通です．

図11-11(c)が縦軸を対数にしたものです．10^{-6}，10^{-12}が表示されています．10^{-12}の部分の広がり（矢印参照）から，その回路がどの程度10^{-12}のエラーが起こりやすいかを判断することができます．

● BER等高線表示

ビット・エラーの表示方法の一つとして図11-12(a)のような等高線表示で示されることがあります．この等高線はどのようにして描かれたものなのでしょうか．図11-9ではバスタブ曲線を作るためのサンプリングの参照電圧V_xを$V_x = V_t$固定で行いました．参照電圧を0 Vから波形の最大電圧まで可変させてバスタブ曲線を得ます．すると参照電圧ごとに図11-11(c)のようなバスタブ曲線が得られます．図11-12では参照電圧が中央値の場合のバスタブ曲線を等高線表示と対比させて示しています．

また図11-13では，図11-9と図11-12(b)の関係が分かるように斜め方向から見た図で示しています．複数の参照電圧についてバスタブ曲線を作り，曲線を3次元的に並べると図11-14のようになります．このロート状のものを一定のBER値でスライスした断面がBERの等高線表示となります．

ビット・エラーの見積もりと対策

実機が動いている場合は実測して図11-2のようなジッタ解析リストから問題となるジッタを抽出します．さらにそのジッタの内容に応じて原因を推定することを図11-2の説明で示しました．

しかし，実機ができてから対策を開始していたのでは開発期間が長引く恐れがあります．実機ができる前にある程度のジッタを推定しておくとよいでしょう．基準となるクロックのジッタやデータ送信デバイスや受信デバイスおよび伝送経路で発生するジッタなどを，計算やシミュレーションなどで求めて予測する方法などがあります[2]．

システムが複雑になるほどジッタに影響する要素も増え，簡単に明確なジッタ量を予測することは難しいといえますが，開発途中でユニット単位での予測と実験・実証を繰り返していくことで，ジッタ性能を追い込むために費やす時間を減らすことができるでしょう．

◆参考文献◆

(1) D. Derickson, M. Muller 編；Digital Communications Test and Measurement, Prentice Hall, 2008.
(2) S. Hall, H. Heck；Advanced Signal Integrity for High-Speed Digital Designs, John Wiley & Sons Inc., 2009.
(3) Tektronix；An Introduction to PCI Express Measurements, 2006.

（初出：「トランジスタ技術」2008年10月号）

ジッタ耐性テスト　　　　Column

USBなどの規格に適合させる試験の中にジッタ耐性テストがあります．ジッタ試験波形発生機から被試験機器に既定のジッタを印加して，被試験器の受信側（レシーバ）がどの程度のジッタまで耐えられるかを試験するものです．

試験波形発生機は試験条件のディジタル波形を発生し，その波形に既定のジッタを重畳して発生できるタイプで，治具を経由して被試験デバイスにジッタが印加されます．デバイスは受信した内容を出力側から送り出し，それをジッタ測定機（この図の場合，ジッタ計測機能内蔵のオシロスコープ）につないでジッタを測定します．

表11-AにUSB3.0 SuperSpeed 5 Gbpsの場合のジッタ耐性試験のジッタ印加条件を示します．試験波形発生機はディジタル信号として8B10B符号化され，かつ354シンボルごとにSKPオーダード・セットが挿入されたPRBS16-1パターンに表11-Aのジッタを印加し，印加周波数ごとに6秒間3×10^{10}ビット長の間エラーが発生しないことを確認します．信号に印加するランダム・ジッタはUIで表したrms値で指定され，周期性ジッタはサイン波で500 kHzから50 MHzを印加します．

（テクトロニクス社USB3.0ジッタ試験資料より引用）

表11-A　USB3.0 SuperSpeedジッタ耐性テスト印加ジッタ条件

ランダム・ジッタ	周期性ジッタ（正弦波）	
振幅（UI_{rms}）	周波数	振幅（UI）
	500 kHz	2（400 ps）
	1 MHz	1（200 ps）
	2 MHz	0.5（100 ps）
0.0121（2.4 ps）	4.9 MHz	
	10 MHz	
	20 MHz	0.2（40 ps）
	33 MHz	
	50 MHz	

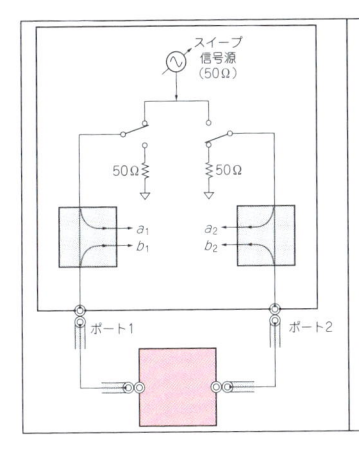

第12章 基板の中の見えないパターンを測る
線路の特性インピーダンスと周波数特性を測定する

パターンの特性インピーダンスを計算していても，実際の基板では製造上の様々な要因から特性インピーダンスはかなりばらつきます．できあがった基板の特性インピーダンスを測る方法を説明します．またギガビットで損失が大きくなるパターンやケーブルの周波数特性を測る方法も示します．

基板のパターンの幅や絶縁材の厚みなど，特性インピーダンスを計算して指定しても，実際にできてくる基板の特性インピーダンスはエッチングの条件や絶縁材のばらつきなどによりかなり異なるのが普通です．どうしても実際の基板パターンの特性インピーダンスを測ることが必要になります．またパターンやケーブルの損失がギガビットの帯域でどの程度になっているかを測定することも回路評価では必要となってきます．

本章では前半の12-1節で線路の特性インピーダンスの測定，後半の12-2節で損失などの周波数特性の測定について説明します．

12-1 特性インピーダンスを実測する

内層に潜った線路の特性インピーダンス

外層のパターンやパターン幅は何とか外部から見ることができますが，それでも絶縁層の厚みやガラス・エポキシの誘電率のムラなどで実際にパターンの特性インピーダンスがどうなっているかは分かりません．さらに内層パターンであれば幅もなかなか分かりません．

使わない基板であればカットして内部を測ることもありえるかもしれませんが，製品に使う基板では破壊せずに測る必要があります．そのような場合TDRという手法が使われます．TDRとは Time Domain Reflectometry あるいは Reflectmeter の略で，時間ドメイン反射法といった意味です．

特性インピーダンスの測定手法 TDRのしくみ

● TDRとは

PCI Expressなどの数百Mbpsを越える高速データ伝送のパターン幅は，0.1 mm程度と非常に細いのが普通です．銅箔をエッチングしてパターンを作る際に，条件が少しでも変わるとパターン幅が大きく変わり，特性インピーダンスも変化することになります．

パターン幅に異常がある場合，外層パターンであれば目視で確認することが可能です．しかし，内層パターーンに異常があった場合は，判断が難しく，どの部分に異常があるかを知ることはとても困難です．

そのような場合に，パターンの一端を機器につなぐだけで内部パターンのどのあたりがどの程度指定したパターン幅（特性インピーダンス）よりもずれているか，といった情報を得ることができるのがTDRです．

図12-1はTDRの簡単な構成図です．TDRシステムは，高速オシロスコープおよび超高速に立ち上がるステップ波形発生器を含むTDRサンプリング・モジュールから構成されます（写真12-1）．

被測定回路とTDRサンプリング・モジュール間を50Ωの同軸ケーブルでつなぎ，高速（0.1 ns以下）で立

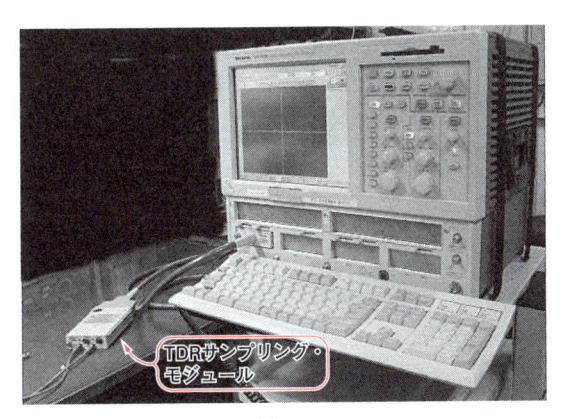

写真12-1 TDR測定器の一例

図12-1
TDRシステムの構成

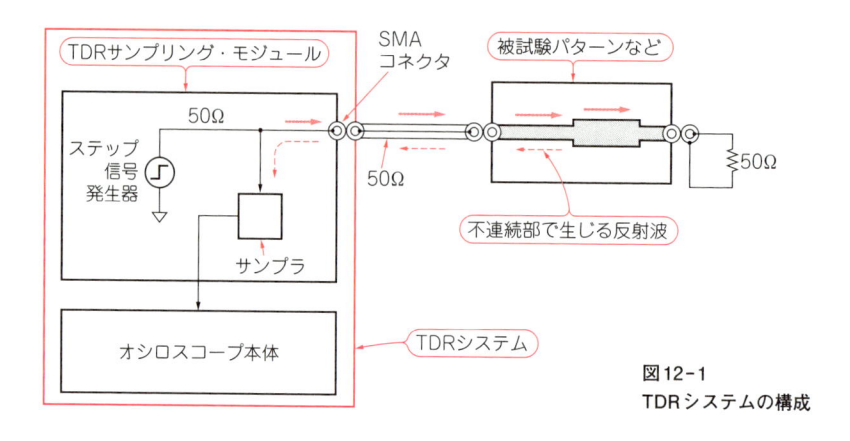

ち上がるステップ波形を被測定回路に印加します．出力部の線路に現れる電圧の時間変化をサンプリング・モジュールで受け取り，さらにオシロスコープに導いて横軸を時間軸とした電圧波形を観測します．**写真12-1**はTDRシステムの一例です．

図12-2はTDRで測定した波形の一例です．太さが変わっているパターンの部分の長さと横軸の波形が対応しています．

なお，ベクトル・ネットワーク・アナライザ(VNA)で時間波形を見てTDRと同様の情報を得る方法もあります．12-2節で説明します．

● **線路に印加されたパルス波形の振る舞い**

TDRでは，階段波形を被試験線路(パターンなど)に印加しますが，まず被試験線路に狭い孤立パルスを加えた場合を説明します．

図12-3は，狭いパルスを線路に印加したときの反射の様子を，時間を追って示したものです．信号印加点に狭いパルスを印加します．線路途中の50Ωと異なる部分で一部が反射されて印加点のほうに戻っていきます．この例では，約100Ωの線路を想定しています．

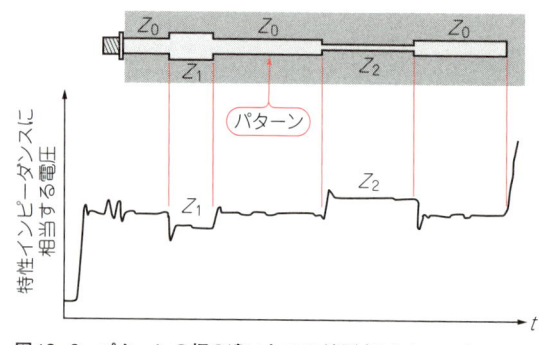

図12-2　パターンの幅の違いとTDR波形(テクトロニクスTDR資料より)

このとき，パルスは，線路周囲の比誘電率に応じた光速に近い速度で線路を進みます．光速(電気信号)より速く情報を知ることはできないので，線路途中でインピーダンスに変化があったことは反射波が印加点まで戻ってこないと分かりません．

印加した信号の先端が線路途中のインピーダンスが変わっている個所まで進むのにかかった時間をt_pとすると，パルス波形印加後$2 \times t_p$時間後に印加点に反射波が戻ってきます．

● **線路に印加されたステップ波形の振る舞い**

次に，ステップ波形を印加した場合です．**図12-4**は，被試験線路にステップ波形を加えたときの様子を，時間を追って示したものです．**図12-4**の被試験線路は**図12-3**と同じものです．

TDRでは図12-4のようにステップ波形を印加し，同時に信号印加点で電圧を観測します．線路の途中から反射してくる信号と印加信号とを合成した電圧波形を，時間経過に沿って記録したものがTDR波形です．

図12-4の線路では，前半の部分は特性インピーダンスが50Ωで途中から100Ωになっています．50Ωより大きい100Ωの部分で反射される信号は，印加される信号と同位相で印加点の方向に戻っていきます．**図12-4**の③，④の図で分かるように，印加される階段状の波形に加算された電圧で，印加点側に戻っていきます．

しかし，波形を観測しているステップ波形の印加点では，この反射波が戻ってくるまでは線路の途中で何が起きているかは分からず，印加した波形の電圧のままです．**図12-4**の⑤になって初めて，観測点で電圧が変化し，線路の先でインピーダンスに変化があったことが分かります．

図12-5は，観測点での電圧を時間経過とともにプロットしたものです．○印で示した時間は，**図12-4**の④に相当するタイミングです．線路先では電圧が変

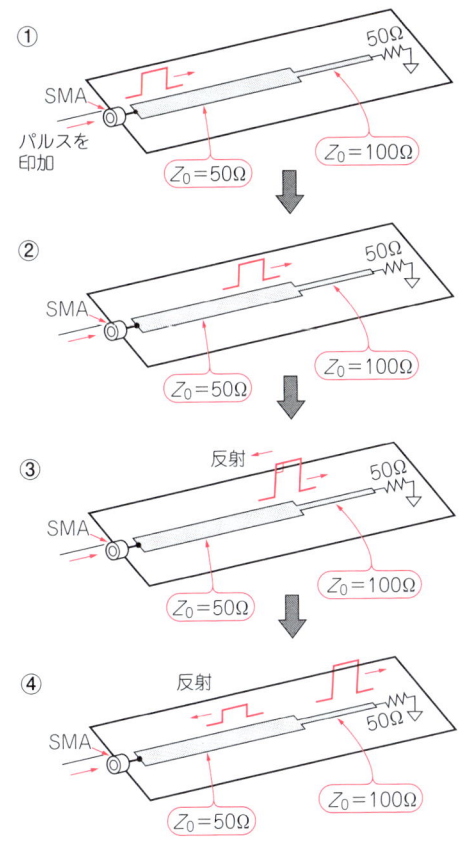

図12-3 試験パターンにパルス波形を印加

化していますが，観測点では電圧の変化が起きていません．図12-6の○印のタイミングは図12-4の⑤に相当し，観測点の電圧が変化し線路の途中でインピーダンスに変化があったことが観測側で検出された時点となります．

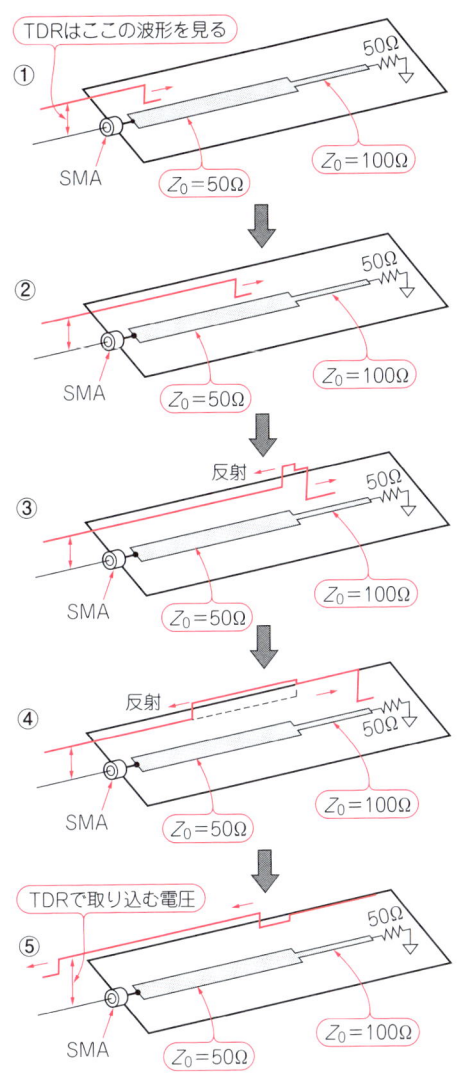

図12-4 試験パターンにステップ波形を印加（説明のために波形の振幅は実際より誇張して示している）

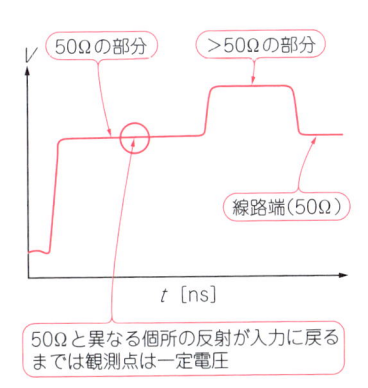

図12-5 時間-電圧グラフで表したときの図12-4の④の位置

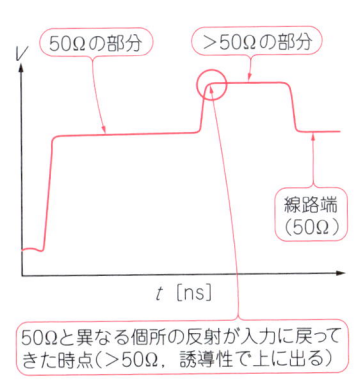

図12-6 時間-電圧グラフで表したときの図12-4の⑤の位置

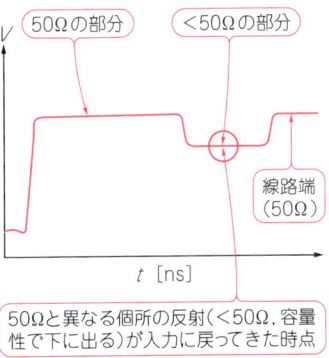

図12-7 50Ωより低い線路の時間-電圧グラフ

12-1 特性インピーダンスを実測する 103

● 線路端が50Ω/オープン/ショートの場合の振る舞い

図12-8は，特性インピーダンス50Ωの線路の先に付けた負荷が，50Ω，オープン，ショートの場合について説明したものです．

▶ 50Ωの場合

図(a)は50Ωが付いている場合です．時間t_pで線路を進んだ階段波形は線路端の50Ωに反射することなく吸収されます（抵抗で電気信号は熱に変わる）．

反射が起きないので，2×t_p時間経っても観測点ⓐでは電圧の変化がなく一定のままです．

▶ オープンの場合

図(b)は線路端がオープンの場合です．オープンの場合，進んできた電圧がそのままの電圧で折り返されて元に戻っていきます．このために，観測点ⓐでは2×t_p時間以降，初めの電圧の2倍の電圧が続くことになります．

初めに線路を信号が進むときは，線路をコンデンサと考えると印加電圧で充電していくことに相当します．線路端まで達すると行き場がなく元に戻っていきます．このとき戻りの電荷と進んでくる電荷の符号が同じであるために，線路間の電位は2倍となって戻ります．

印加点まで戻ると波形発生部は50Ωになっているために，戻ってきた反射成分は50Ωに吸収されて発生部からの再反射はありません．このため外部からは線路全体が印加電圧の2倍で固定された状態に見えます．

実際には電圧印加部から光速で次々に電荷が送り込まれる状態は続いています．

▶ ショートの場合

図(c)は線路端がショートの場合です．観測点ⓐでは2×t_p時間以降0Vが続くことになります．

電源からは，電荷のペアが線路に次々に送り込まれます．線路端まで達すると上の線路の電荷は下の線路に，下の線路を進んできた電荷は上の線路に進んでいきます．上下の線路で同じ量の電荷のペアで進んできているので打ち消し合って線路間の電位が0Vとなって戻っていきます．

電源まで戻ると電源インピーダンスが50Ωに設定されているため戻ってきた電荷は吸収されてしまい，さらに電源部で反射して線路に戻ることはありません．このため，ステップ波形を電源側から印加し続けているにかかわらず，線路上の電位は0Vが続きます．

オープンの場合と同様に，外見上は動作が固定していますが，電源からは光速で電荷が供給され続け，その情報が光速で線路を進み，線路端で反射して，線路全体が0V電位になる動作が続きます．本書第3章を参照してください．

● TDR測定結果の電圧からパターンの特性インピーダンスを求める

図12-9は，TDR測定結果の電圧からパターンの特性インピーダンスを求める計算式を示したものです．

基準の50Ωパターンより狭いパターンの場合は50Ωの電圧より大きく出て大きい特性インピーダンス，狭いパターンは電圧が低く出て小さい特性インピーダンスとなります．

実際に，各パターンを信号が通過する時間t_pに対してTDR波形では2×t_pになります．線路を往復する時間を見ているためです．

● 線路途中にC，Rが付いている場合のTDRでの見え方

図12-10は，線路途中とグラウンドとの間にコンデンサCが付いた場合，および線路途中に直列にインダクタLが入った場合にTDRでどのように見えるかを模式的に示したものです．

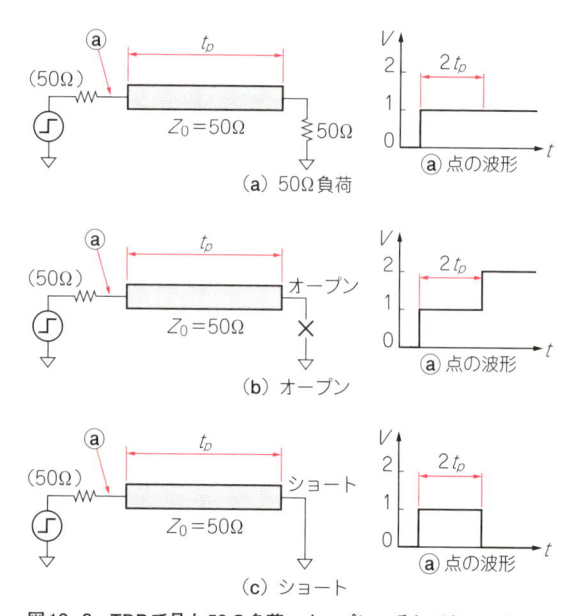

図12-8 TDRで見た50Ω負荷，オープン，そしてショート

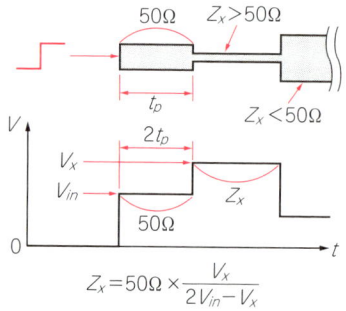

$$Z_x = 50\Omega \times \frac{V_x}{2V_{in} - V_x}$$

図12-9 TDRで測定された電圧と特性インピーダンスの関係

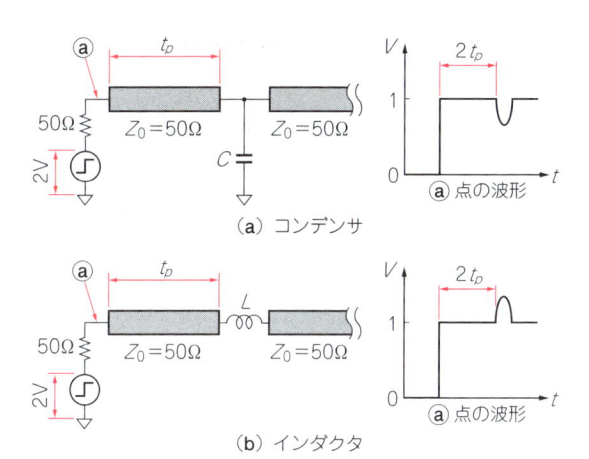

図12-10 TDRで見た線路途中のコンデンサC，インダクタLの影響

表12-1 二つのTDR測定法の比較

項　目	時間測定タイプ	VNAタイプ
耐電圧	数V以内と低い	オシロより高い
価　格	高速オシロ(高価)があればTDRユニット追加のみ	20 GHzのVNA購入が必要で高価
差動測定	差動TDRユニットを追加	4ポートVNAが必要
TDR波形	TDRユニットが必要	ソフトウェアで計算
レベル校正	通常実施しない	基本的に実施

線路途中まで信号が進む時間をt_pとすると，$2 \times t_p$時間後にコンデンサの場合は50Ωの電圧より小さく，インダクタの場合は大きく出ることが分かります．

極板が大きく巻き込まれたコンデンサや巻き数が多く線路長が長いコイルの場合は，それらの部品内部を電気信号が進む時間が長くなり，線路途中に別の特性インピーダンスの伝送線路がつながることに相当するため，図12-10とは異なった複雑な波形になることがあります．

図12-10のような波形となるのは，小さなチップ・コンデンサや線路長の短いインダクタなどの場合です．

● **TDRの弱点**

TDRは線路途中の様子が何でも見えるような印象を受けますが，弱点もあります．

大きな弱点としては，線路途中でインピーダンスが変わる個所が複数ある場合です．それぞれのインピーダンス変化点で反射が複雑に起こり，印加点での波形が複雑に重なってしまうことがあります．

ある程度計算で多重反射を補正する手法が用いられことがありますが，完全に取り除けない場合もあります．多重反射を考慮せずに，TDRの波形からそのまま線路途中のインピーダンスや位置を判断することがないように注意する必要があります．

あらかじめ，パターンの設計情報が分かっている場合は，時間応答が得られる3次元シミュレーションなどで多重反射の状態を把握して，TDR波形と比較するという方法も行う場合もあります．

12-2 伝送損失の周波数特性を評価する

ネットワーク・アナライザ(VNA)を使用したTDR測定

ベクトル・ネットワーク・アナライザ(VNA)は，基本的に各周波数点で被測定回路の反射特性や通過特性などの周波数応答を測るものです．

横軸が周波数で得られたデータは逆フーリエ変換することで横軸時間の波形に変換できます．実際にはネットワーク・アナライザで得られる周波数データから負の周波数のデータを作って加えてから逆変換します．時間測定によるTDRと比べると表12-1のような対比となります．

基板ロスの周波数特性を測るにはネットワーク・アナライザを使う

● **ネットワーク・アナライザは高周波回路開発のための基本測定器**

数百MHzから数GHzの高周波を扱う回路開発実験で最も主要な測定器は何でしょうか．

多くの実務開発者がネットワーク・アナライザと答えるようです．確かにオシロスコープは高周波の波形の大きさなどをそれなりに知ることはできます．しかしギガビット・クラスの周波数ごとの線路の損失などを正確に測ることは難しいといえます．

ネットワーク・アナライザは高周波での周波数点ごとの損失など回路応答をできるだけ正確に測定することを目的に作られた測定器です．写真12-2はベクトル・ネットワーク・アナライザ(VNA)の一例です．

図12-11に2ポート・ネットワーク・アナライザによる測定の構成図を示します．

● **ケーブルやパターン線路の損失を測定する**

VNAのポート間にケーブルやパターンをつなげばケーブルやパターンの損失周波数特性を測定できます．VNAには，通常特性インピーダンス50Ωの同軸コネクタが付いています．50Ω同軸ケーブルとコネクタ

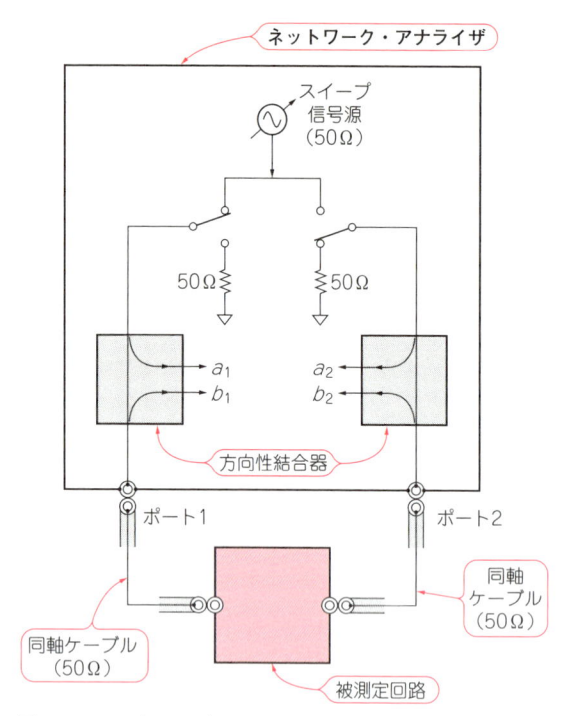

図12-11　2ポート・ネットワーク・アナライザによる測定の簡素化構成図

写真12-2　ネットワーク・アナライザ(4ポート)を使用している様子
ローデ・シュワルツ社製ZNB 20　0.1 M～20 GHz ベクトル・ネットワーク・アナライザ．

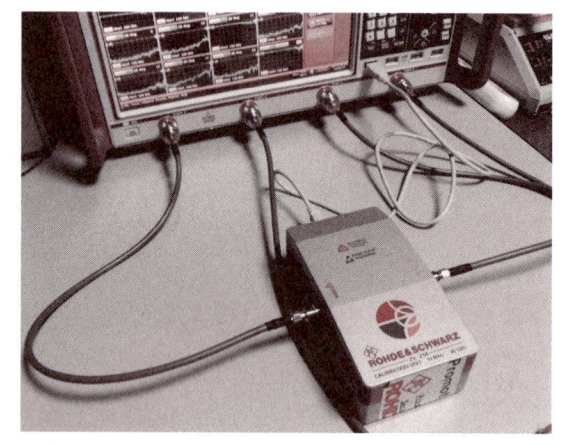

写真12-3　ネットワーク・アナライザでは校正が必須
USB接続の自動校正ユニットをつないでいる様子．

でVNAに接続するのが基本となります．USB3.0用の差動ケーブルなどは後述の測定用の治具アダプタ(**写真12-3**など)を使用して接続します．

　USB3.0やPCI Expressの差動パターンは50Ωとは異なりますが，差動への変換や差動90Ω系で見た時のパターンの損失などの特性は計算で変換します．4ポートのVNAでは，通常画面の設定でどのポートを差動として組み合わせるかを設定できます(**図12-12**)．

● 線路や部品の反射特性を見る

　一般の回路設計者にとって高周波回路が扱いにくい原因の一つが，この反射という現象ではないでしょうか．通常，OPアンプなどで扱う数MHz程度までの回路では，出力をグラウンドに落とせばそれで信号は消えてしまうというのがいわば常識です．しかし，高周波回路では回路の一部をグラウンドに落としても信号が消えず，もとの線路を戻る反射という現象が起きます．ギガビット信号の波形をできるだけひずみなく伝送するために，線路の端で信号の反射が起きないように抵抗で終端するという方法が採られます．

　ギガビット・デバイスではデバイス内部に通常抵抗が内蔵されます．パッケージ途中の配線やピンなどによって定数にずれが起きますが，どの程度のずれまでが許容されるかは，ネットワーク・アナライザで反射の様子を見て判定できます．

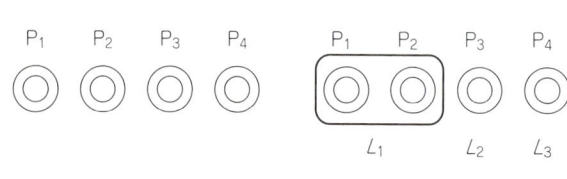

(a) 4×シングル　　(b) 1×バランス，2×シングル　　(c) 2×バランス

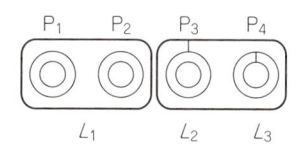

図12-12 差動ポート設定指示の例

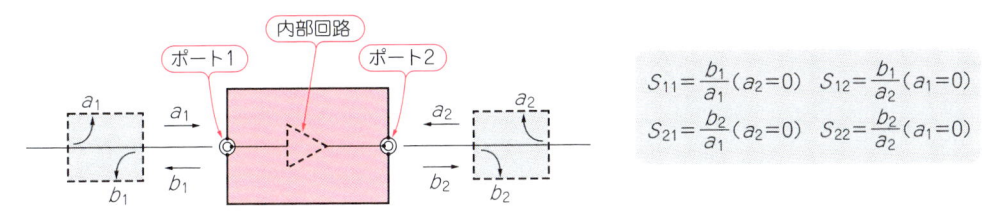

図12-13 Sパラメータの基本的な考え方

$$S_{11}=\frac{b_1}{a_1}(a_2=0) \quad S_{12}=\frac{b_1}{a_2}(a_1=0)$$
$$S_{21}=\frac{b_2}{a_1}(a_2=0) \quad S_{22}=\frac{b_2}{a_2}(a_1=0)$$

● Sパラメータ

以上,説明した回路(部品)の通過特性と反射特性は,基本的にはSパラメータという値を計測して判断します.USB3やPCI Expressなどギガビットの伝送規格で,ハードウェアの仕様［電気機械仕様(Electro Mechanical)あるいは物理仕様(Physical略してPHY,ファイ)と呼ばれている］の損失や反射性能の規定ではSパラメータが使われています.そのような状況からSパラメータはこれまで高周波回路設計者が理解すればよいというものでしたが,ディジタル回路設計者も理解し取り扱える必要が出てきています.

Sパラメータの考え方は普通の回路(集中定数回路)の考え方と大きく異なるので,あらかじめ理解しておかないと,仕様を見て急に理解しようとしても分かりにくい面があります.

本書では集中定数回路でなく伝送回路(分布定数回路)を第1章から扱ってきました.従って,ある程度長さのある線路を信号が進む状況や,線路途中でグラウンドにショートされたところで信号が消えずに反射してくる考えについて,ある程度慣れているでしょう.

SパラメータのSはScateringの頭文字で散乱という意味です.Sパラメータは回路途中のある点で見て,そこに信号が進む方向と大きさ,またその点から反射する方向とその大きさに分けて考えるもので,散乱という言葉には,どちらにも電気信号が進むという意味があります.それにより伝送線路を含む回路の状態を的確に表すことができます.

図12-13はSパラメータの基本的な考え方を示したものです.ポートの数は任意で定義できますが,この図ではポートが2個の場合です.ポートは実際には同軸コネクタなどが相当します.2ポートは同軸コネクタが二つ回路に付いている場合で,回路内部はブラックボックスで,内部回路構造などがどうなっているかは考えません.

ポート1について,ポートに入力する信号の大きさa_1とポート1から反射などで出てくる信号の大きさb_1の比b_1/a_1をS_{11}と呼びます(ただし,ほかのポートへの入力はない時.この場合$a_2=0$).S_{22}は同様にポート2についてb_2/a_2です(ただし$a_1=0$).ポート間の通過特性(ポート1に入れた信号がポート2に出てくる時の大きさの比)のはS_{21}でb_2/a_1で表されます(ただしa_2

$=0$).ポート1からポート2への伝達特性にかかわらずS_{21}と定義されているのが戸惑いやすいところです.

図12-13の箱の中身が(測定する周波数で)ゲイン10の増幅器の場合,S_{21}は10となります.ポート2からポート1への通過特性のSパラメータはS_{12}ですが,高速伝送回路の評価ではS_{12}パラメータはあまり使いません.ケーブルやパターンの通過損失などはどちらから信号を入れても同じ値になるため,S_{21}のみが通常使われます.なおSパラメータは通常dBで表されます(図12-14).

● ケーブル補正

写真12-2で分かるように,ネットワーク・アナライザと被測定回路との間は同軸ケーブルで接続されます.このケーブルは測定対象や測定する周波数範囲などによって異なるものを使うのが普通です.数百MHzまで使って問題ないケーブルでも,20 GHzまでの特性が必要な場合は損失が多すぎて使えないということがあります.ネットワーク・アナライザを使って時間応答を測る場合は20 GHz程度までの低損失で特性の伸びたケーブルが必要です.測定に使うケーブルの特性を差し引かないと被測定物の周波数特性のみを測ることができません.そのため測定の前にケーブル分の特性を差し引く"校正"を必ず実施します.

写真12-3はこの校正を行っているところです.箱のようなものは自動校正器です.測定に使うケーブルをこれにつなぎます.通常この種の校正器はUSBケーブルで測定器と接続され,測定器の画面で校正メニ

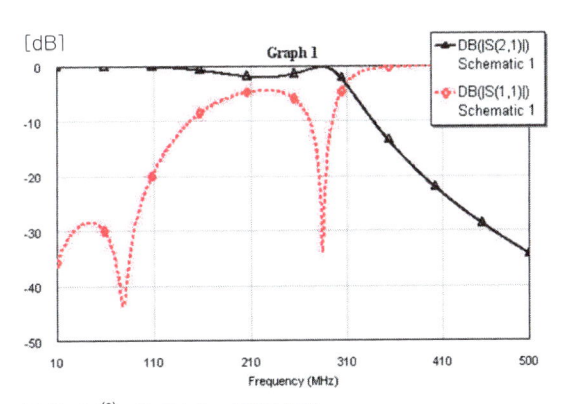

図12-14[3] Sパラメータ表示の例

12-2 伝送損失の周波数特性を評価する　107

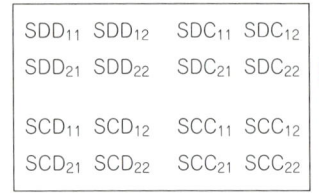

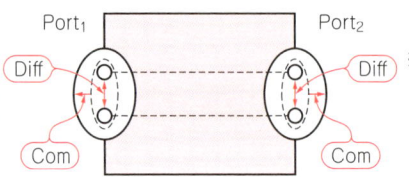

SDD₁₁	SDD₁₂	SDC₁₁	SDC₁₂
SDD₂₁	SDD₂₂	SDC₂₁	SDC₂₂
SCD₁₁	SCD₁₂	SCC₁₁	SCC₁₂
SCD₂₁	SCD₂₂	SCC₂₁	SCC₂₂

※SDD：差動(Diff→Diff)
　SCC：コモン・モード(Com→Com)
　SCD：差動からコモンへの変換(Diff→Com)
　SDC：コモンから差動への変換(Com→Diff)

図12-15　差動2ポートSパラメータ

ューを選択し，つなぎ方などの指示が画面に表示されるのでそれに従って操作を行います．

写真の校正器はポートが二つしかないものでしたが，画面の指示で四つのポートのうち順次二つのポートを選んでつなぐように指示が出て，四つのポートを校正することができました．

● ネットワーク・アナライザによる差動測定

差動線路の通過特性などを測る場合，4ポートのネットワーク・アナライザを使用します．写真12-2は4ポートVNAですが，前面パネルに出ている四つの同軸コネクタが四つのポートです．図12-11で方向性結合器から入出力コネクタを含むチャネルが4セットになります．そのままでは四つのシングルエンド50Ωポートですが，差動線路の損失などは図12-14のような形で得ることができます．

図12-14は写真12-2のVNAの設定画面の一部を示した例で，特定のシングル・ポートを組み合わせて差動ポートを構成するようにすることができます．差動線路を見る場合は基本的に図12-12の(c)の設定を選びます．これで等価的に図12-15の二つの差動ポートとして構成できます．四つのポートをネットワーク・アナライザ内部の計算によって，2ポート差動のSパラメータを求めて表示します．

USBケーブルなど同軸ではないコネクタが付いているケーブルを測る場合は，同軸コネクタへの変換治具を使用します．変換治具の特性を差し引いてケーブルのみの特性を測定します．写真12-4はUSBケーブルを同軸コネクタに変換するUSB試験規格対応の周波数特性測定用治具の例です．

通常のシングルエンド2ポートのSパラメータは，2行2列の行列形式で表示されます．差動の場合は4行4列です．図12-15の左上の四つが差動のSパラメータSDD，右下の四つはコモン・モードのSパラメータSCC，左下の四つはコモン・モードから差動への変換分SCD，右上の四つは差動モードのコモン・モードへの変換分SDCのSパラメータです．

● ネットワーク・アナライザによる時間パラメータ

図12-15で示した16個の差動Sパラメータは周波数ドメイン(領域)の値です．逆フーリエ変換演算を行うと時間パラメータに変換することができます．図12-16は16個のSパラメータに対応した16個の時間パラメータで，ここではTで表示しています．

図12-17は差動パラメータを実測している様子です．

一方のコネクタから基板幅の1/3の位置に意図的に内層グラウンドを1cm程度カットした差動線路を見ています．

図12-18は測定した結果で時間パラメータに変換した場合のグラフです．時間パラメータは12-1節のTDRと同様の情報となり横軸が時間ですが，同時に横軸は線路の位置にもなります．

Tdd11［図12-18(a)］は縦線の間が基板の範囲で

写真12-4　USB3ケーブル測定用治具の例(ホシデン)

SDD₁₁	SDD₁₂	SDC₁₁	SDC₁₂
SDD₂₁	SDD₂₂	SDC₂₁	SDC₂₂
SCD₁₁	SCD₁₂	SCC₁₁	SCC₁₂
SCD₂₁	SCD₂₂	SCC₂₁	SCC₂₂

　逆FT →
　← FT

TDD₁₁	TDD₁₂	TDC₁₁	TDC₁₂
TDD₂₁	TDD₂₂	TDC₂₁	TDC₂₂
TCD₁₁	TCD₁₂	TCC₁₁	TCC₁₂
TCD₂₁	TCD₂₂	TCC₂₁	TCC₂₂

※TDD：差動(Diff→Diff)
　　　　TDD₁₁＝差動TDR，TDD₂₁＝差動TDT
　TCC：コモンモード(Com→Com)
　TCD：差動からコモンへの変換分(Diff→Com)
　TDC：コモンから差動への変換分(Com→Diff)

図12-16　逆フーリエ変換による時間パラメータ

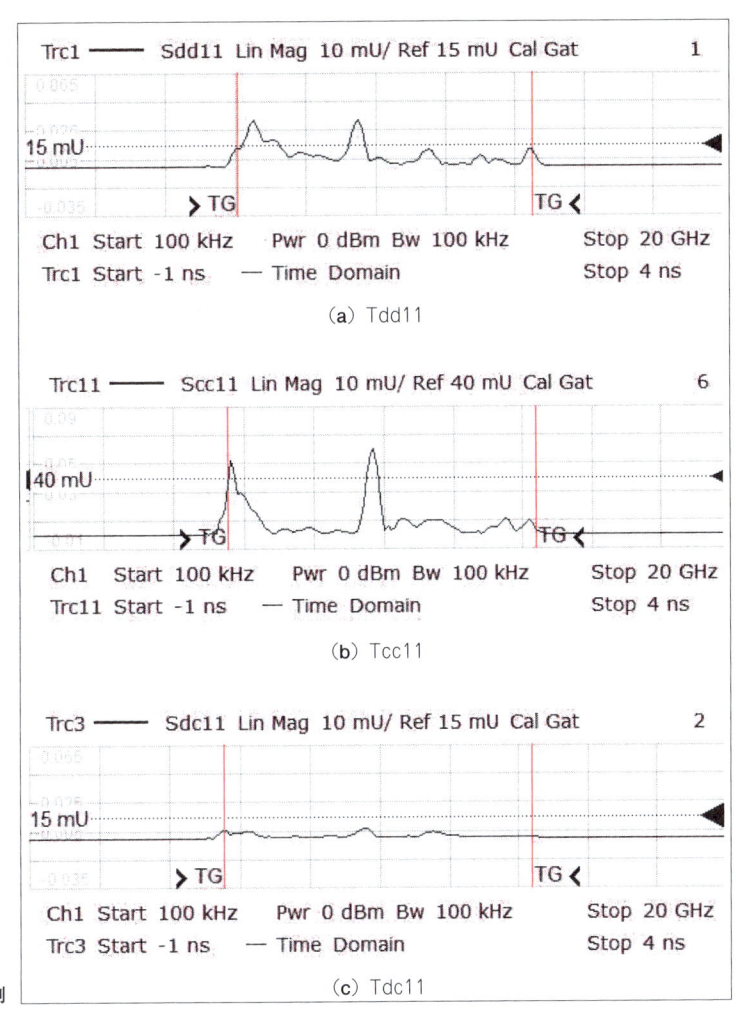

図12-18
差動時間パラメータの例

基板端から約1/3の位置でピークが見られます．この位置は内層がカットされており，差動インピーダンスが大きくなっていることが分かります．Tcc11 [図12-18(b)] は差動線路のコモン・モードを表し，上記と同様の位置でコモン・モード成分が大きくなっていることを示しています．またTdc11 [図12-18(c)] は差動線路の差動成分からコモン・モードへの変換両を表していますが，上記と同様の位置では特に大きなピークは見られず，この部分での差動成分からコモン・モードへの変換は大きくは発生していないことを表しています．時間パラメータを見ることにより線路のどの場所で差動信号からコモン・モードへの変換が起きているかなどを見出すことができます．

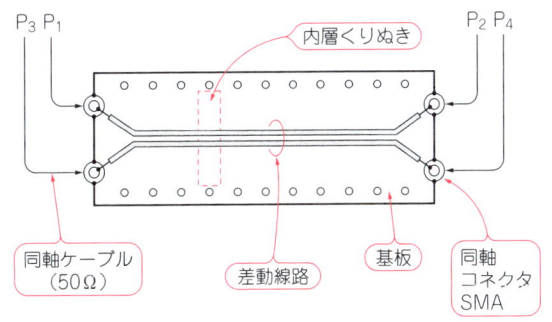

図12-17 差動パラメータ実測の様子

P_1～P_4：ネットワーク・アナライザのポート

◆参考・引用＊文献◆
(1) Tektronix, TDR Impedance Measurements; A foundation for signal Integrity.
(2) Hewlett Packard Application Note 95-1 S-Parameter Techniques, 1997.
(3)＊ ローデ・シュワルツ，R&S ZNB/ZNBT Vector Network Analyzers User Manual 6．

(初出：「トランジスタ技術」2008年12月号)

12-2 伝送損失の周波数特性を評価する　109

Sパラメータ↔Yパラメータ変換式　　　　　Column

　SpiceはYパラメータを基本として計算しています．しかし，高周波ではポートの位置でYパラメータを求めるためにショート（Zパラメータの場合はオープン）にすることは難しく，正確な実測は同軸コネクタ等を用いて本章のネットワーク・アナライザなどを使用して求めるSパラメータが優っています．右のような変換式は高周波～ギガビット帯でYパラメータを用いた回路計算などに使われます．右はYパラメータとSパラメータを互いに変換する式を示しています．

　各ポートのYパラメータは，他のポートをショートして0Vにした時に，各ポートの電流Iと電圧Vの比I/V（アドミタンス）で求められます．なおZパラメータは他ポートをオープンにした時のV/I（インピーダンス）から求められます．ここではYパラメータのみ示しています．なお式中のYパラメータは測定ポートの特性インピーダンスZ_0で正規化されています．正規化されない実際のYパラメータをy'とすると$y'=y/Z_0$となります．

▶ Yパラメータで表したSパラメータ

$$S_{11} = \frac{(1-Y_{11})(1+Y_{22})+Y_{12}Y_{21}}{(1+Y_{11})(1+Y_{22})-Y_{12}Y_{21}}$$

$$S_{12} = \frac{-2Y_{12}}{(1+Y_{11})(1+Y_{22})-Y_{12}Y_{21}}$$

$$S_{21} = \frac{-2Y_{21}}{(1+Y_{11})(1+Y_{22})-Y_{12}Y_{21}}$$

$$S_{22} = \frac{(1+Y_{11})(1-Y_{22})+Y_{12}Y_{21}}{(1+Y_{11})(1+Y_{22})-Y_{12}Y_{21}}$$

▶ Sパラメータで表したYパラメータ

$$Y_{11} = \frac{(1-S_{11})(1+S_{22})+S_{12}S_{21}}{(1+S_{11})(1+S_{22})-S_{12}S_{21}}$$

$$Y_{12} = \frac{-2S_{12}}{(1+S_{11})(1+S_{22})-S_{12}S_{21}}$$

$$Y_{21} = \frac{-2S_{21}}{(1+S_{11})(1+S_{22})-S_{12}S_{21}}$$

$$Y_{22} = \frac{(1+S_{11})(1-S_{22})+S_{12}S_{21}}{(1+S_{11})(1+S_{22})-S_{12}S_{21}}$$

高精度同軸コネクタと実用上限周波数　　　　　Column

　電気信号はTEM（Transversal ElectroMagnetic）波という電磁波として，同軸ケーブルの中心導体に沿って，外部導体と中心導体の間の絶縁体の中を進みます．このとき，導体の表面には電荷が表れており，ケーブル内を進む電磁波と同じく，ほぼ光速で同軸内を進みます．

　なお，この"移動する電荷"とは電子がほぼ光速で導体表面を移動するのではなく，金属表面付近の電子が進行方向に垂直な方向に少し動き，金属内部のプラス電荷のイオンをどれほど覆うかによって電荷がプラスになったりマイナスになったりする現象とされています．

　TEM波は，線路方向に対して垂直な面内で磁界と電界の成分が直交して進みます（第1章参照）．導体に沿わないTEM波の電磁波は，基本的に導体表面の電荷の変化とは独立して空間を球状に広がって進み，空間の大きさによる上限周波数を考慮する必要はありません．一方，同軸線路のように導体に沿って移動するTEM波の場合は，導体表面上をほぼ光速で移動する"電荷"と関連を持ちながら進みます．

　中心導体と外部導体間の距離が使用周波数の波長（の1/4）よりも大きくなると，中心導体と外部導体の間でその周波数で位相的なずれ（TEM波）を保てなくなります．TEM波が保てる上限周波数は外部導体と中心導体の間隔によって決まります．

　表Aはコネクタの種類と実用上限周波数の関係を示したものです．それぞれの周波数以上を加えるとマイクロ波導波管等で使われるTEモードなどが表れ，TEM波は伝わらなくなります．なお，導波管が実現できないマイクロ波より上の周波数（テラヘルツ以上）で細い金属の単線を使えば伝えられることが最近実験的に示されています．

表A　高精度同軸コネクタの実用上限周波数

コネクタ・タイプ*	上限周波数 [GHz]
N	18
3.5 mm	27
2.92 mm	40
2.4 mm	50
1.85 mm	67
1 mm	110

* SMAやBNCコネクタはギガ帯の高精度コネクタ（ネットワーク・アナライザなど用）としては使われていない．

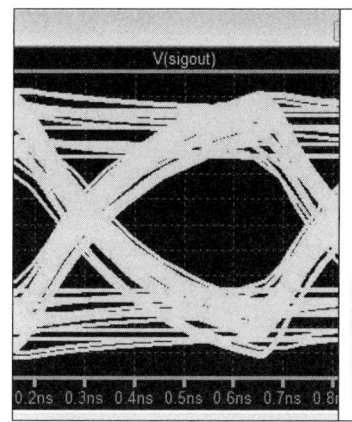

第13章 付属CD-ROMのLTspiceとFreeMatを活用する
シミュレーションで高速ディジタル回路を体験しよう

伝送線路を通ってつながる信号は，線路の長さを考えない集中定数回路の常識とは異なる振る舞いをします．シミュレーション実験で高速ディジタル回路の基本を体感してみましょう．結合線路解析の基本である行列計算もちょっとだけ体験できます．

概 要

この章では付属CD-ROMに収録されているプログラムの説明とインストール方法，およびそれらの伝送線路解析への応用例について説明します．

収録プログラムの紹介

● LTspice
LTspiceはリニアテクノロジー社がフリーで提供しているSPICE系シミュレーション・ソフトウェアの一つで，評価版のような部品数や機能などの制限がありません．世界的に広く使われていて，現在世界で最も多く使われているSPICE系ソフトウェアと言われています[1]．

● FreeMat
行列(マトリクス)演算の能力が高いプログラムとしてMATLABが有名でよく使われています．MATLABのMATはマトリクスのMATです．

MATLAB用に開発されたソフトウェアが一部の手直しで動くフリーのMATLAB互換ソフトウェアがいくつか出ています．Scilabなどが有名ですがMATLABのプログラム(mファイル)を一部変更する必要がある場合が多いでしょう．

FreeMatはScilabより互換性の高いフリー・ソフトウェアで，MATLABのソフトウェア(mファイル)がほぼそのまま動作します．ただし，グラフィック表示機能など動作しないものもあります．またグラフィカルにフィードバック系などを構成できるSimulinkには対応していません参考．

LTspiceの活用

● LTspiceのインストール
付属CD-ROMからLTspiceをインストールする手順を示します(Windows版)．

1) 特権(Administrator)のあるユーザとしてログインしておきます．付属CD-ROMで，LTspiceのディレクトリを選択します．
2) LTspiceIV.exeをクリックします．
3) LTspice IV Installationのウィンドウ(図13-1)が表示されたら"Accept"をクリックします．
4) 図13-1のウィンドウの下の方にあるInstallation Directory:の下にインストール先が表示されるので，表示の場所でよければ"Install Now"をクリックします．別の場所にインストールする場合は"Browse"をクリックして適当な場所を選択します．ここで図

参考：MATLABは広く使われているのにかかわらず，一般向けは20万円程度と高価で，個人で購入することは難しい状況だった．学校などの教育向けの場合は，基本ソフトウェアが2万円程度と比較的安価で導入できていた．このためFreeMatなどフリーの互換性が高いソフトウェアの意味があったといえる．しかし，2014年から一般ユーザでもMATLABが2万円以下で使えるようになっている．

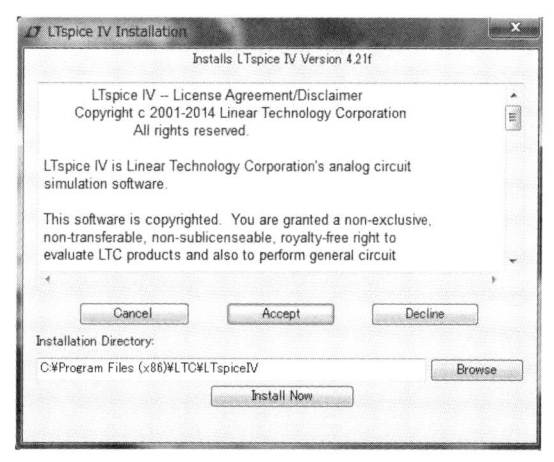

図13-1 LTspiceのInstallationウィンドウ

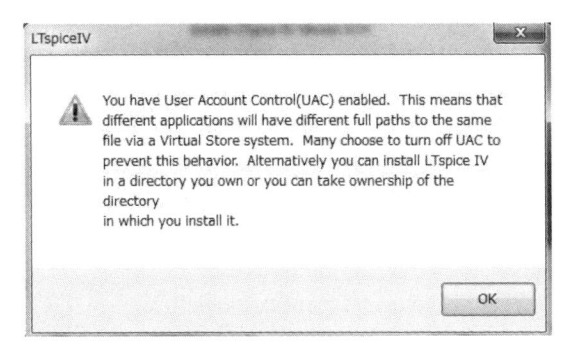

図13-2 インストール先の確認

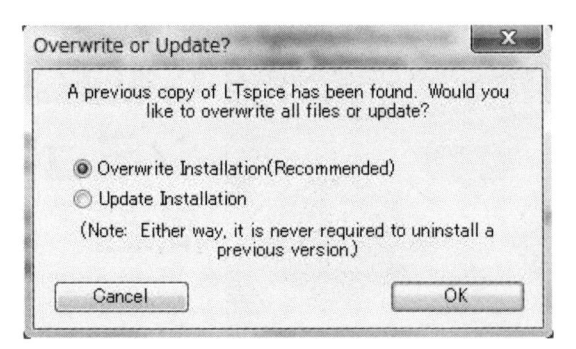

図13-3 Overwrite or Update

13-2のようなウィンドウが表示されることがありますが，通常はこのウィンドウに表示される問題はないと思われるので"OK"をクリックします．

5) 上書きの確認

古いバージョンのLTspiceが既にPCにインストールされていた場合，図13-3のウィンドウが表示されます．通常はOverwrite Installationの方を選択して"OK"をクリックします．

6) インストールの完了

図13-4のウィンドウが表示されたらインストール完了です．"OK"をクリックして終了します．

7) 起動と動作確認

LTspiceのアイコンをダブルクリックしてプログラムが正しく動作するかどうかを確認します．アイコンがうまく表示されていなかった場合は，インストール先のフォルダにあるscad3.exeをクリックします．図13-5の画面が出れば起動成功です．

● LTspice最新版の自動検出

起動時にPCがネットにつながっていると更新問い合わせの画面が現れる場合があります．LTspiceは毎月のように更新されているため，インストールしたバージョンより新しいものがリニアテクノロジー社のサイトからダウンロードできる場合はこのようにメッセージが表示されます．最新版にしたい場合は，ここで"yes"をクリックしてインストールします．図13-1の手順からやり直しとなります．

LTspice回路図作成入門

以下のシミュレーションで使う回路図の基本的な部分を作成します．LTspiceの全般的な操作については章末の参考文献などを参照してください．

1) 起動画面でFile - NewSchematicと選択し，回路図画面にします(図13-6)．ヘッダのはじめにトランジスタの記号が表示されていれば回路図入力画面になっています．また回路図入力画面の場合，LTspiceのウィンドウ内にマウス・ポインタを置くと十字が表示されます．

2) 部品の配置

基本的な部品抵抗を回路図上に配置します．ヘッダのアイコンの中から抵抗記号のアイコンを左クリックし，マウス・ポインタを回路図上に移すと抵抗の記号が付いてきます．回路図画面上でポインタをマウスで動かし，適当な位置でマウスの左ボタンをクリックして回路図上で固定します．次に右ボタンをクリックして部品選択状態を終了します．

間違えて複数配置した場合は，ヘッダ部のはさみ(Cut)アイコンをマウスの左ボタンのクリックで選択し，回路図上の削除したい部品などの上にこのアイコ

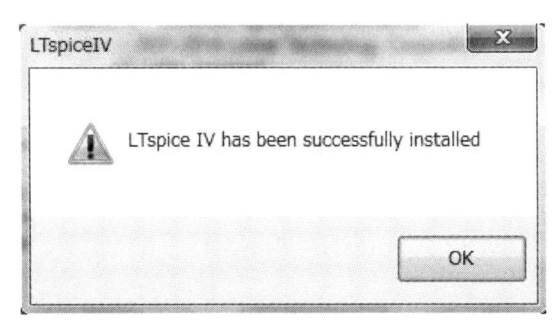

図13-4 インストール完了ウィンドウ

図13-5 LTspice起動時のウィンドウ

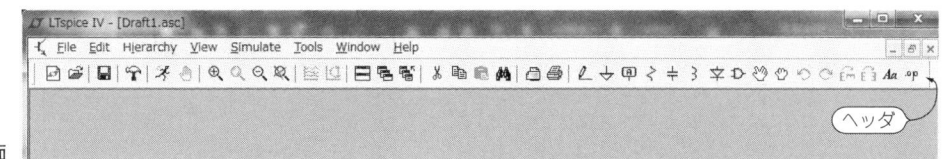

図13-6
回路図入力画面

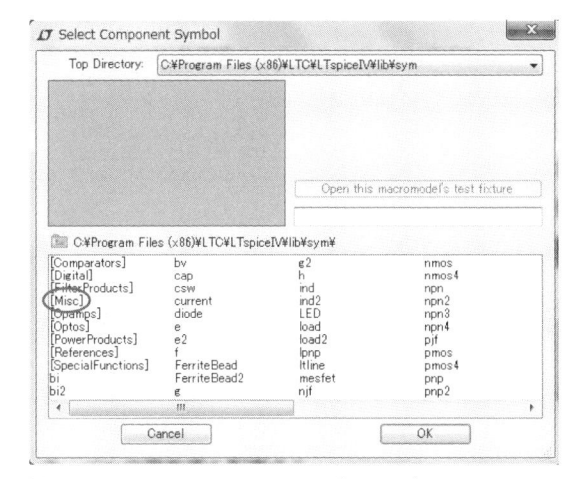

図13-7 Select component symbolウィンドウ

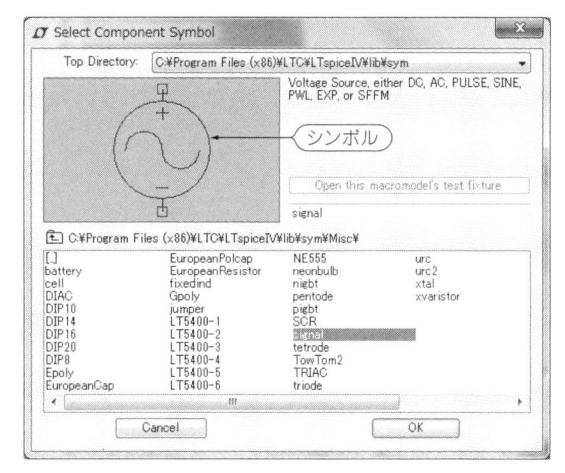

図13-8 ［Misc］signalを選択

ンを置き，マウスを左クリックします．
　誤って消した場合は，ヘッダの中のUndoアイコンを1回クリックするか，Edit - Undoで戻すことができます．
3）パルス発生源を配置する
　ヘッダのアイコンの中からAND記号（componentアイコン）をクリックすると，Select Component Symbolウィンドウが表示されます（図13-7）．

4）このウィンドウの下半分に出ているリストの中から［Misc］を選びます．［Misc］などの［ ］で囲まれている名称は，フォルダで［Misc］のフォルダ内のコンポーネントが表示されます（図13-8）．その中からsignalを選択すると図13-8のようにシンボルが上の欄に表示されます．そこでOKをクリックします．回路図上への配置は抵抗の場合と同じです．
5）信号源（signal）の設定

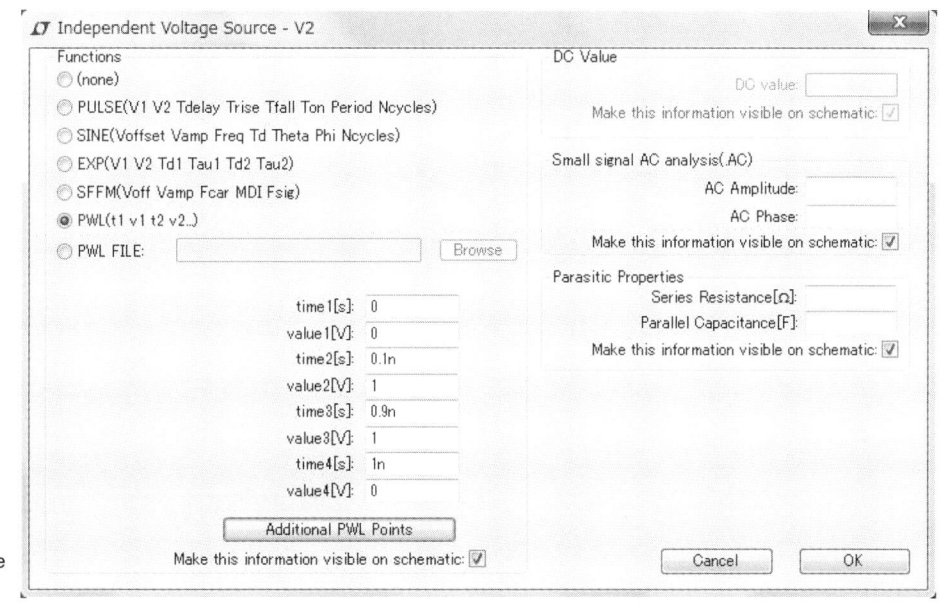

図13-9
Independent Voltage Sourceウィンドウ

LTspice回路図作成入門　113

回路図の信号源記号の上にマウス・ポインタを置いて右クリックすると，図13-9のIndependent Voltage Sourceのウィンドウが出ます．ここでPWLのボタンをクリックします(Signalはいろいろな形に設定が可能な信号源だが，任意パルス波形が指定できるPWLに設定する)．

さらに，その下にあるtime2[s]: value2[V]:…..と表示されている右横の入力スペースに数値を入れていきます．ここでは表のように数値を入れていきます．value4以上の数値を入れる場合はその下の"Additional PWL Points"をクリックします．すると図13-10のPiece-wise Linear Pointsウィンドウが表示されるので，該当個所をクリックして数値を入力します．

回路図上で右クリックしEdit Simulation Cmd.を選択し，このウィンドウを出します．そしてTransientタグでStop Timeを25nなどとして，OKします．その後，回路図上に.tran 25nを配置して計算時間を設定します．

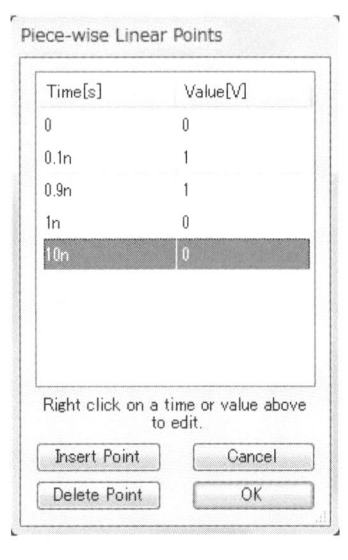

図13-10 Piece-wise Linear Pointsウィンドウ

伝送線路回路のシミュレーション

● シングルエンド伝送線路のシミュレーション

LTspiceに標準で入っている伝送線路モデルtlineを使って，伝送線路の基本的な動作をシミュレーションしてみます．

▶受け端がオープン

線路がなかった場合を見てみましょう．

その場合のLTspiceの回路図が図13-11(a)です．NOLINE_PULSE_OPEN.ascとして収録しています．このファイルをFile‐Openで読み込みます．自分で回路修正などを行ってシミュレーションする場合は，適当なハードディスクのディレクトリに付属CD‐ROMから必要なフォルダごとコピーして実行するとよいでしょう．シミュレーションはSimulate‐Runで実行できます．直接Runアイコン(人が走っている絵)をクリックしても実行できます．このシミュレーション結果は図13-11(b)になります．回路がオープンなので，R1の先にも電源V1の波形がそのまま出ています．

R2がないオープンの場合でもLTspiceは結果が出ますが，SPICEによってはこのようなオープンの場合は計算しないためR2 = 1MEGオームを付けます．

なおSPICEでは大文字と小文字が区別されません．1Mとした場合は1ミリ，すなわち1/1000となります．

▶伝送路を挿入

次に，R1とR2の間に特性インピーダンス50 Ωの伝送線路を挿入してみます．

LTspiceに標準で用意されている伝送線路モデルtlineを使います．これは線路に損失がない場合のモデルです．図13-7のSelect component symbolウィンドウの中央部分の入力位置にtlineとタイプすると呼び出せます．tlineを回路図上に配置し，その上に表示されるTDの部分をクリックするとtlineのパラメ

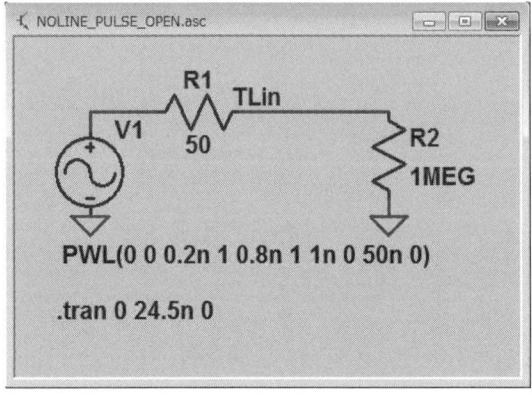

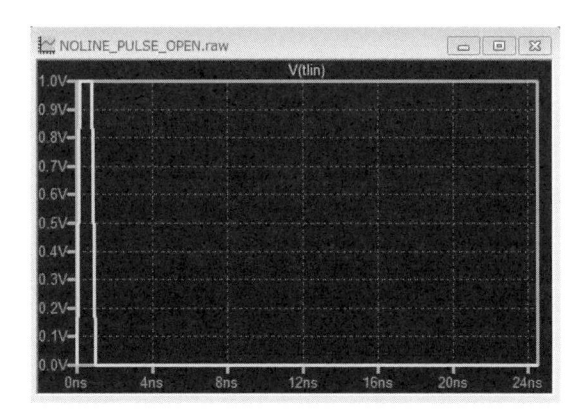

(a) 回路図(NOLINE_PULSE_OPEN.asc) (b) シミュレーション結果波形

図13-11 受け端がオープンの場合①

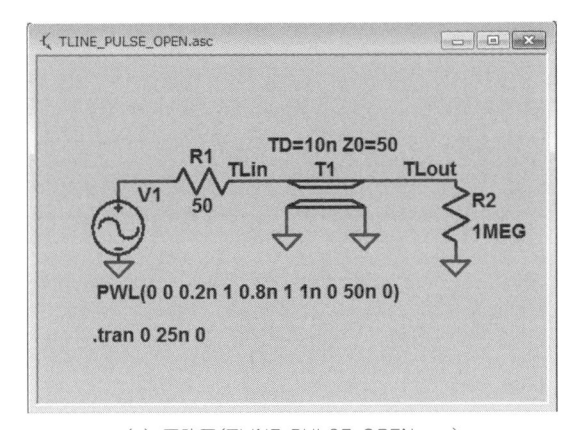

(a) 回路図(TLINE_PULSE_OPEN.asc)　　　　(b) シミュレーション結果波形

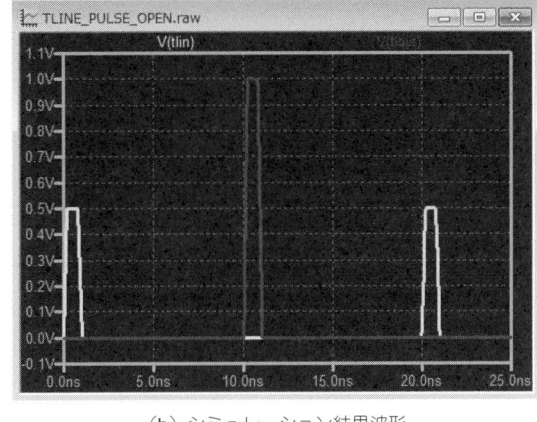

図13-13　受け端がオープンの場合②

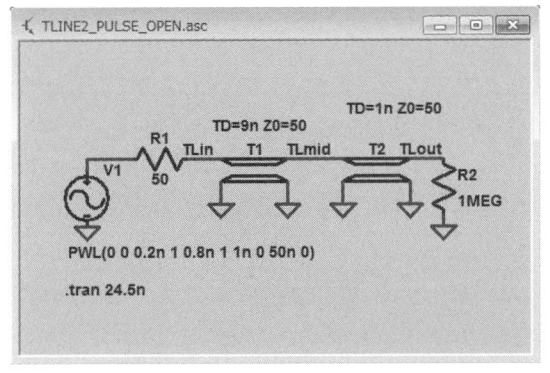

(a) 回路図(TLINE2_PULSE_OPEN.asc)　　　　(b) シミュレーション結果波形

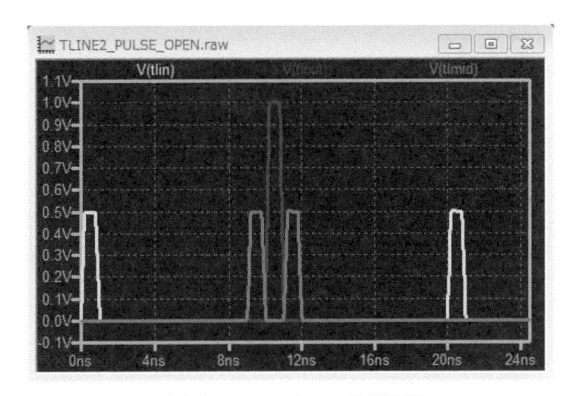

図13-14　受け端がオープンの場合③

ータ設定ウィンドウ(図13-12)が開きます．線路による信号の遅れ時間をTD = 10 n　Z0 = 50と入力して設定します．

シミュレーションを実行すると図13-13(b)のような結果が出ます．信号源のパルスは1Vですが，伝送線路の入力の電圧はその半分の0.5 Vになっています．これは電源内部抵抗を50Ωとしていて，それに特性インピーダンス50Ωの伝送線路がつながっているため，半分の電圧になったものです．線路の端は実質のオープンである1 MEGオームが付いています．図13-12でTD = 10 nsと設定したので，線路端に信号が届くまでに10 nsかかることになり，10 ns後に線路端に信号が現れています．線路端での電圧は1 Vになっています．どこで2倍になったかを確かめるために，伝送線路を線路端直前で二つに分けてその点での波形をシミュレーションしてみます．まず線路端直前の波形を見てみましょう．

図13-14(b)と図13-16(b)を見ると信号が線路端に到達するまでは線路への入力部と同じ波形で進んでいることが分かります．

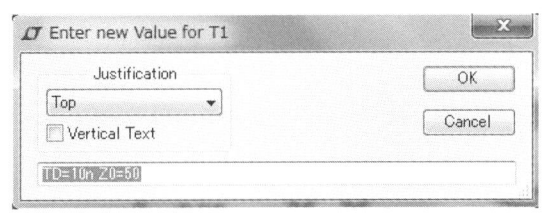

図13-12　tlineのパラメータ設定

▶受け端がオープンとショート

線路端がオープンの場合は信号の位相がそのまま反射して線路を戻ることが分かります．線路端がショートの場合は線路端で反転して逆位相となり線路を戻ることが分かります(図13-15，図13-16)．

▶受け端が特性インピーダンスで終端

電源の内部インピーダンスを50Ωとしているので，その出力とグラウンド間に50Ωをつなぐと電圧は信号源の電圧の半分になります(図13-17，図13-18)．特性インピーダンス50Ωの伝送線路をつないだ場合は，時間遅れがあってから線路端の50Ωに半分の電圧が発生します．

伝送線路回路のシミュレーション　115

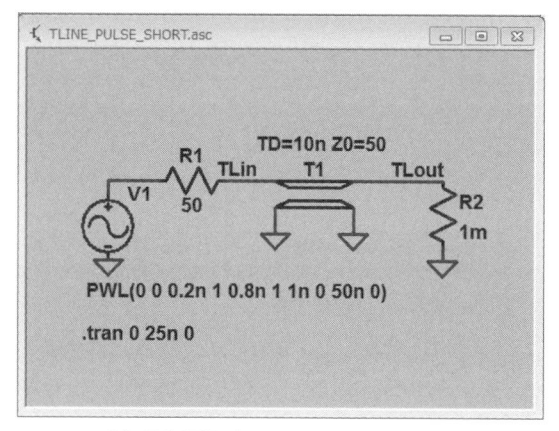

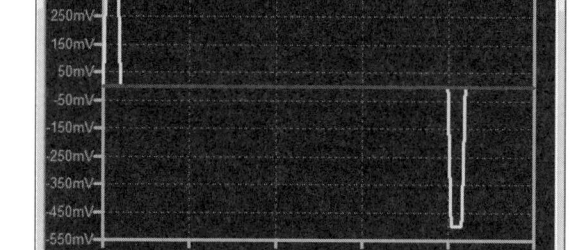

(a) 回路図(TLINE_PULSE_SHORT.asc)　　　　　　　　　　(b) シミュレーション結果波形

図13-15　受け端がショートの場合①(CD-ROM内のデータのR2は図(a)の値に直してください)

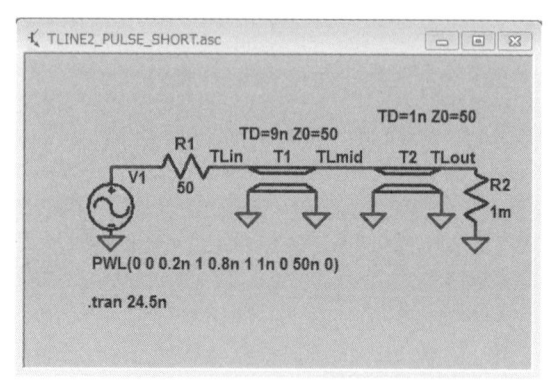

(a) 回路図(TLINE2_PULSE_SHORT.asc)　　　　　　　　　(b) シミュレーション結果波形

図13-16　受け端がショートの場合②

IBISファイル・データをデバイス・シミュレーションへ反映させるには　Column

　本文中のシミュレーション回路の電源の内部インピーダンスは全て50Ωに設定しました．実際のディジタル・デバイスの内部インピーダンスを反映させたい場合は，デバイスのIBISファイルを参考にすることができます．IBISファイルの中のピンごとの出力電流・電圧特性のティピカル値リストの中でリニア特性を示している範囲のV_tとI_tの値を取り出し，$R_t = V_t/I_t$から電源内部抵抗を求めることができます．

　また，ピンごとのデータの浮遊容量とインダクタンスを反映させると，より実際の波形に近づいたシミュレーションができます．

　ただし，マルチギガビットの応答を見る場合には，単純なLとCのパラメータだけでは忠実に波形を再現できないため，マルチギガビット用のデータもIBISファイルに含まれている場合があります．このときはそれらを反映させられます．

　通常，デバイスの入出力ピンには内部デバイス保護のためにプルアップおよびプルダウンの保護ダイオードが入っています．IBISファイルはダイオードのクランプ状態を表現するため，電源電圧以上およびグラウンド電圧以下の電圧まで入出力に対する電流-電圧特性も載せています．この特性に合う形で特性を表現するモデルを組み合わせれば，ノンリニア特性も含めたシミュレーションをすることができます．

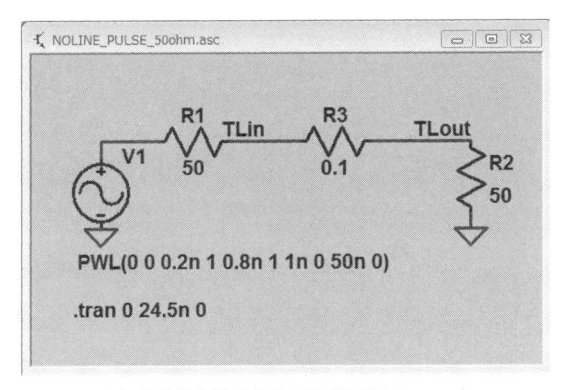

(a) 回路図(NO_LINE_PULSE_50ohm.asc) 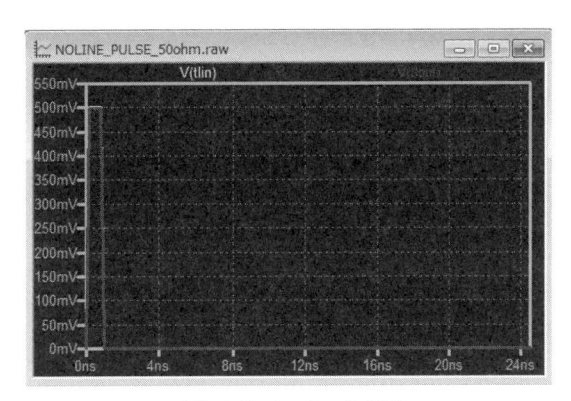　　　　　　　　(b) シミュレーション結果

図13-17　受け端を特性インピーダンスで終端した場合①

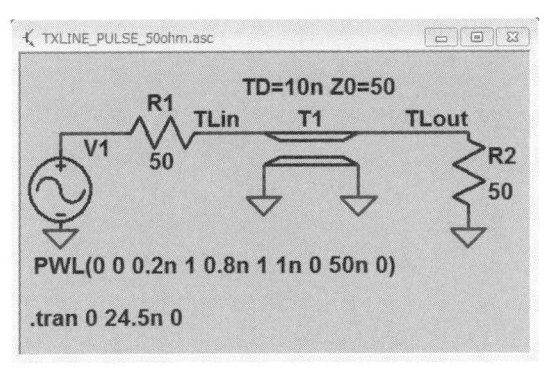

(a) 回路図(TXLINE_PULSE_50ohm.asc) 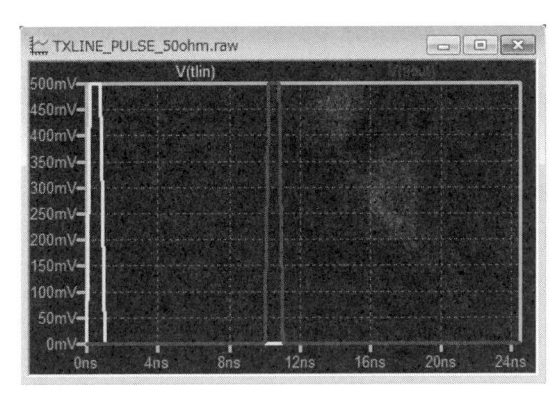　　　　　　　　(b) シミュレーション結果

図13-18　受け端を特性インピーダンスで終端した場合②

　また，20 nsのところを見ても何も信号が出ていません．これはオープンやショートの場合，線路端で信号が反射していても特性インピーダンスと同じ抵抗を線路端につなぐと信号がそこで消えることを意味します．抵抗に入力された電気信号が無駄なく抵抗で熱に変わったわけです．特性インピーダンスと異なる抵抗の場合はどうなるか，自分でシミュレーションしてみてください．

● 差動伝送線路のシミュレーション
▶ モード分解モデル
　第5章の図5-8で分かるように，差動伝送線路は基準グラウンド面と2本の結合線で構成されます．従っ

てLTspice標準の伝送線路tlineでは基本的にシミュレーションできません[注1]．

　本書ではLTspiceで差動線路のシミュレーションができるように，代表的な差動特性インピーダンスの差動線路のサブサーキットを作ります．差動線路などの結合線路の応答をLTspiceで計算するには以下の方法が考えられます．

1) 第4章で説明したように，各線路の単位長さ当たりのインダクタンスと容量および線路間の単位長さ当たりのインダクタンスL_mと容量C_mを使って，線路を多くの部分に分けてLC結合回路から求める方法

2) 線路間の微小長さ当たりのインダクタンス行列およびキャパシタンス行列を元に，モード分解[注2]という手法で独立した伝送線路(tline)と結合パラメータの計算から求める方法

　上記1)の方法は，比較的簡単にspice回路を作ることができるものの，シミュレーション結果に不要なリンギングが発生しやすくなります．リンギングを減らそうとすると線路を分割する数を多くする必要があります．信号の立ち上がりや立ち下がりが短い場合はそれに応じてさらに細かく線路を分割する必要があり，

注1：グラウンド面から十分離れた差動線路についてはtlineで計算することができる．通常のツイスト線や平行2線(絶縁材がビニル)の場合おおよその特性インピーダンスは100 Ω．
　　　従って，ツイスト線を使った回路の場合，tlineでZ0が約100 Ωの設定で長さを指定するとおおよそのシミュレーション結果を得ることができる．
注2：モード分解およびそれによるLTspiceモデルの作成はAppendix 2で説明する．

伝送線路回路のシミュレーション　117

計算時間がかかります．

一方，2)のモード分解法の場合は，伝送線路の部分は結合のない伝送線路で計算できるため，tlineに特性インピーダンスと時間遅れを入れれば長い線路でも短い時間で計算できます．しかも不要なリンギングが発生しません．

ここでは，差動線路の基本的なシミュレーションを実行できるように，2本の差動線路の断面が同じで左右対称の差動インピーダンスが約100Ωで一般的な断面形状の場合のLTspice用Spiceモデルを作成します．

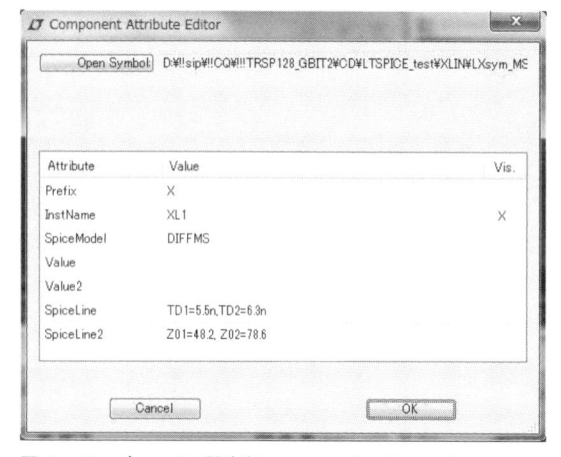

tlineへの設定と同様にはできませんが，比較的簡単な設定で差動線路の計算ができます．シミュレーションしようとするパターンの断面形状がこれとある程度異なっても，差動線路の特性インピーダンスが大きく異ならなければ，これらのモデルが基本的な動作のシミュレーションに使えるでしょう．

実際の断面形状の形で計算したい場合は，Appendix 2とAppendix 3を参考にして独自のモデルを作成してください．

▶100Ωマイクロストリップ差動パターン

（CD-ROMのDIFF_LINEフォルダを一式コピーしておく）

断面が左右対称のマイクロストリップ線です．断面は図13-19(a)のようなものです．線路とグラウンド層の距離は0.15 mm，線路の幅は1.5 mm，線路中心の間隔は1.5 mm，線路の厚さは0.03 mmのようにパラメータを設定します．なお金属は銅，絶縁体はFR4，線路の上側は空気として計算しています．

独自SpiceモデルはLXsym_MS.asyを利用します．CD-ROMの￥LTspice￥data￥DIFF_LINEのファイル一式をPCの適当な場所にコピーします．LTspiceでFile - Openと選択し，Open an Existing fileのウィンドウでファイルの種類をAll Filesにして，上記ディレクトリ内のLXsym_MS.asyを選択します．四角のモデルが表示されたら Edit - Attributes - Edit

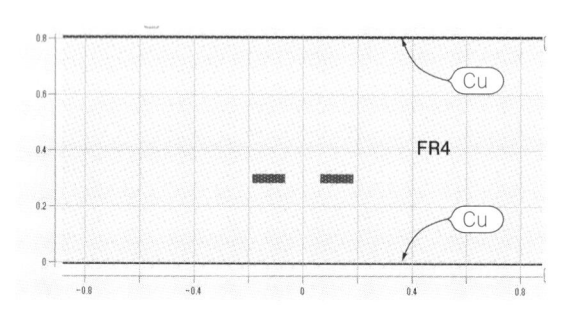

図13-20　ディレイの設定(Component Attribute Editor)

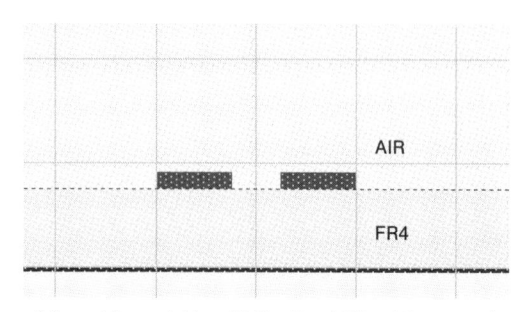

(a) マイクロストリップ線路の断面(グリッドは0.2 mm)

(b) ストリップ線路の断面(グリッドは0.2 mm)

図13-19　マイクロストリップ線路とストリップ線路

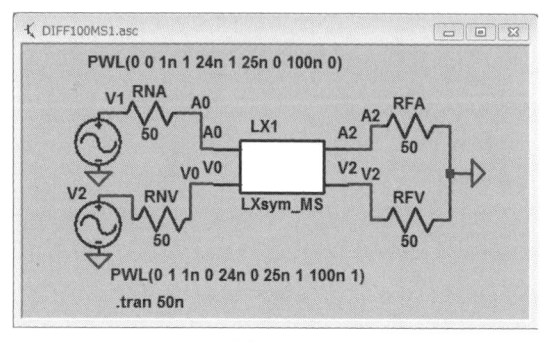

(a) 回路図

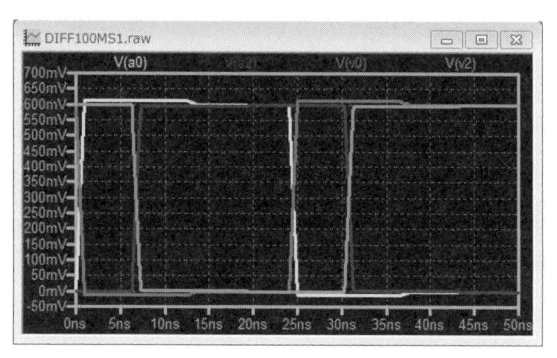

(b) シミュレーション結果

図13-21　10Ωマイクロストリップ差動パターン

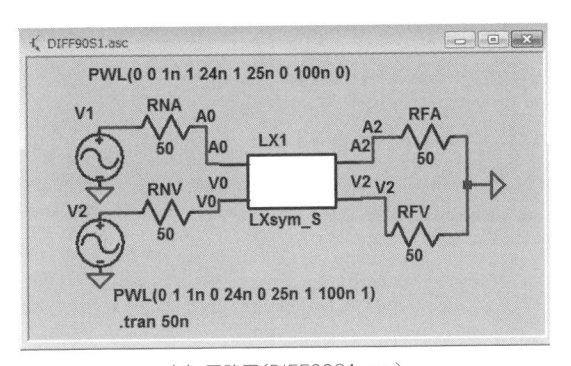

(a) 回路図（DIFF90S1.asc）　　　　　　　　　　　　　　　　(b) シミュレーション結果

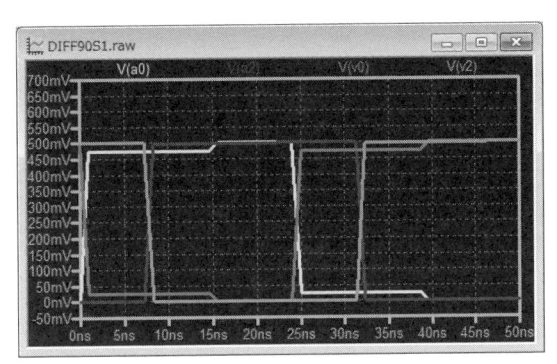

図13-22　90Ωストリップ差動パターン

Attributesを選びます．Symbol Attribute Editorが開くのでSpiceModelの行にLXsym_MS，model fileの行にDIFFMS.libと入力してOKを押します．LTspiceでFile - New Schematicを選び，新規回路図を開きます．いったんそれに名前を付けて上記ディレクトリに保存します．回路図が開いた状態でEdit - Componentと進み，Select Component SymbolでTop Directoryを現在のフォルダに選択設定します．LXsym_MSを選択して回路図に配置します．置いたシンボルの上でコントロール・キーを押しながらマウスを右クリックし，Component Attribute Editor（図13-20）を出します．Spice modelをDIFFMSに，SpiceLineにはTD1 = 5.5 n，TD2 = 6.3 n（1 mの値．1 m以外は比を掛ける）を入れ，SpiceLine2にZ01 = 48.2，Z02 = 78.6と入れてOKします．図13-21（a）のように回路を作ると図13-21（b）の結果が出ます．

▶90Ωストリップ差動パターン
　（サブサーキットDIFFS.lib，LXsym_S.asyを使う）

断面が左右対称で差動インピーダンスが90Ωのストリップ線です．内層の場合はグラウンド層に挟まれていることからインピーダンスが低くなる傾向にあります．このモデルの断面形状［図13-19（b）］はグラウンド層間が0.8 mm，線路とグラウンド層の近い方

の距離は0.3 mmです．線路の幅は1.2 mm，線路中心の間隔は1.5 mm，線路の厚さは0.03 mmです．金属は銅，絶縁体はFR4で計算しています．

線路の長さ（ディレイ）とZ0の設定は，マイクロストリップ線の場合と同様にします（図13-20）（TD1 = 7.3n，TD2 = 7.3n，Z01 = 87.6，Z02 = 45）．図13-22に回路図と結果を示します．

クロストークのシミュレーション

第4章で説明したように，伝送線路間のクロストークをシミュレーションするには，クロストークを起こしている線路間の単位長さ当たりのキャパシタンス行列とインダクタンス行列を元にした結合線路パラメータが必要です．接近した2本線路の場合のクロストークの様子は，差動線路のSpiceモデルを使ってLTspiceで計算できます．外層線路（マイクロストリップ）線路間の場合と内層線路（ストリップ線路）間のクロストークについても，基本的なことをシミュレーションすることができます．

任意の距離の線路間のクロストークを計算させる場合は，複数の線路間のキャパシタンス行列とインダクタンス行列を2Dソルバーなどで計算して別途求め

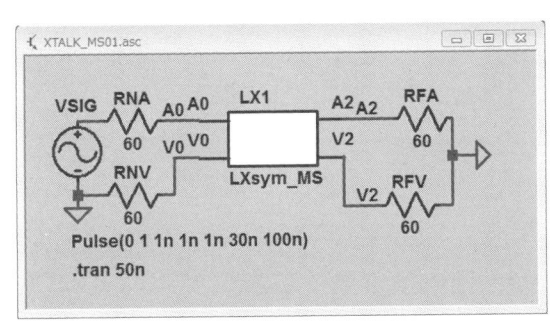

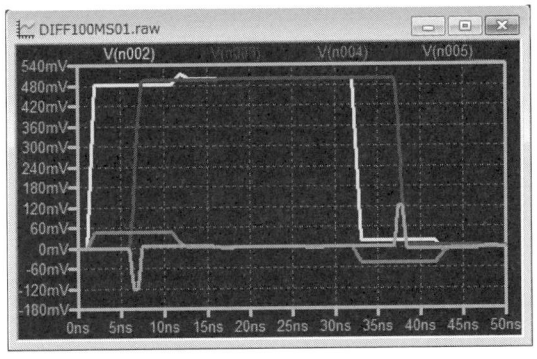

(a) 回路図（XTALK_MS01.asc）　　　　　　　　　　　　　　(b) シミュレーション結果

図13-23　外層クロストーク

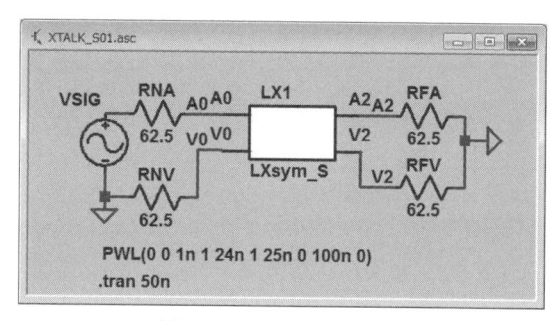

(a) 回路図(XTALK_S01.asc)

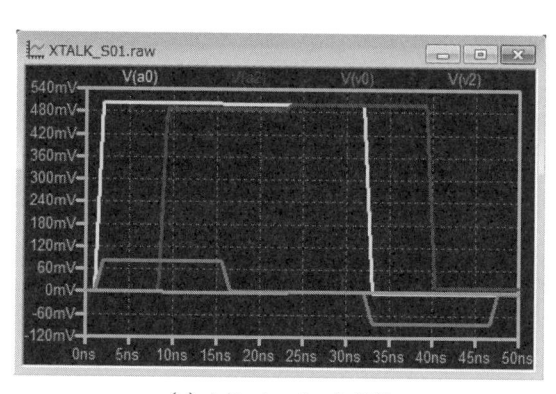

(b) シミュレーション結果

図13-24 内層クロストーク

(Appendix 3参照)，それからAppendix 2に示した方法で行列演算を行って，LTspiceにその結果を取り込むことで計算させることができます．

図13-23(a)は外層線路間のクロストークをシミュレーションするXTALK_MS01.asc回路図で，結果は図13-23(b)です．結合線路のモデルは差動線路のシミュレーションのものを使っています．図13-24(a)は内層線路間のクロストークをシミュレーションするXTALK_S01.asc回路図で，結果は図13-24(b)です．

これらのシミュレーションは線路の長さがデフォルトの1mのままですが，変える場合の結合線路の長さ（ディレイ）の設定は，100Ωマイクロストリップ線の場合と同様にします(図13-20)．

アイ・ダイアグラムをLTspiceで描かせる

第6章や第11章に示したアイ・ダイアグラムをLTspiceで描かせる方法を説明します．

信号源として，PCI Expressなどでテスト・パターンとして使用されている波形をテキスト・ファイルで準備して，それを使う方法をここでは紹介します．

テキスト・ファイル(この場合EYEDIA01.txt)は回路図［図13-25(a)］と同じディレクトリに置きます．信号源の記号の上で右クロックして出てくるComponent Attribute Editorウィンドウ(図13-26)のValue欄にPWL(repeat 100 file = EYEDIA01.txt endrepeat)を入力します．波形用テキスト・ファイルは，スペースを空けて各行に時間と振幅を書きます．振幅は最大1とします．このテキストの行を繰り返すので，最初の行と最後の行の値が同じになるようにします．また初めの部分が立ち上がっている場合は，最

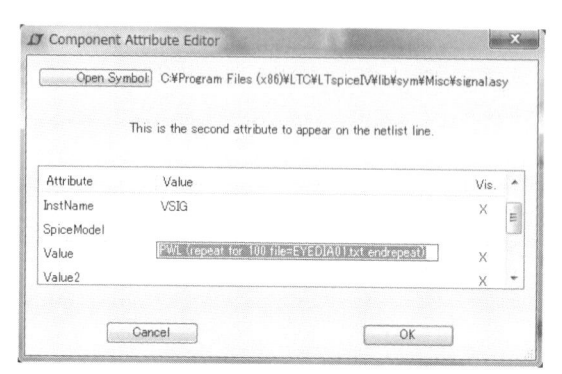

図13-26 信号源の設定

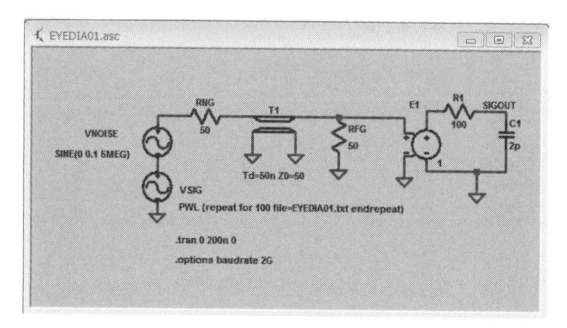

(a) 回路図(EYEDIA01.asc)

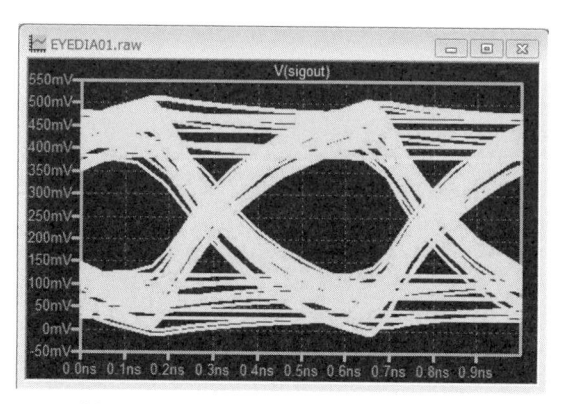

(b) アイ・ダイアグラムのシミュレーション結果

図13-25 アイ・ダイアグラムを描く方法

後の部分も立ち上がるようにするなど，最後の行と最初の行との値の間に不連続がないようにします．テキスト・ファイルはExcelなどで作成後に保存してもよいでしょう．

PRBS波形などのランダム波形をLTspiceのディジタル部品を組み合わせて発生させる方法もあります．回路図中にEdit - Spice DirectiveでEdit text on schematic ウィンドウを表示させて.options baudrate 2Gと書き込みます．2Gはアイ・ダイアグラムの信号一つの時間（UI）の逆数です．

LTspiceを実行させ，図13-25(b)のようなアイ・ダイアグラムの表示が出たらひとまず成功です．次に時間方向の補正を行います．高周波での線路損失に相当する R-C フィルタを入れているので波形に時間遅れが出るためです．波形の画面を選択してPlot Settings - Eye Diagram - Propertiesと選択し，表示されるEye Diagram Display Propertiesウィンドウ（図13-27）でdelay[s]に値を入れて結果を波形で確認しながら補正します．

付属CD-ROMでは¥LTspice¥data¥eyediaのディレクトリにあるEYEDIA01.ascを読み出してください．ほかのディレクトに回路図をコピーする場合は，そのディレクトリに波形のテキスト・ファイルなどもコピーしてください．

行列演算をフリー・ソフトで容易に実行 ［FreeMat］

● FreeMatのインストール

行列（マトリクス）演算を簡単に実行してくれるプログラムとしてMATLAB[5]が有名です．オシロスコープで行うPCI Expressの適合試験はMATLABで書かれています．そのMATLABと同様に行列演算を行うフリー・ソフトウェアとしてScilabやOctaveなどがありますが，そのままは使えず，少しMATLABプログラムを修正する必要があります．

一方，MATLABの記述が，ほとんどそのまま動く

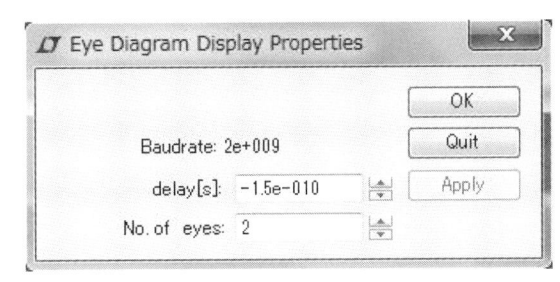

図13-27 アイ・ダイアグラムの位置補正

フリー・ソフトウェアとしてFreeMatがあります．本書付属CD-ROMにはFreeMat バージョン4.2のWindows版を収録しています．Linux版やMac版，あるいは最新のWindows版を直接インストールしたい場合は，http://freemat.sourceforge.net/のダウンロード・ページからダウンロードしてインストールしてください．ここでは付属CD-ROMからWindows版をインストールする手順を示します．

FreeMatでも全てのMATLABの記述が動くわけではなく，画像表示などが動かないケースもあります．

また，MATLABで機能ブロックを組み合わせると伝達関数などのシミュレーションができるSimulinkがありますが，その機能はありません．

1) 特権（Administrator）のあるユーザからログインします．付属CD-ROMでFreeMatのディレクトリを選択します．インストーラは32ビット用と64ビット用の二つがあります．使用するPCによって選択します．間違えると，インストールできてもプログラムは動作しません．注意してください．

2) CD-ROMのリストからFreeMatを選択し，正しいインストーラ・ファイルをダブルクリックします．

"FreeMat-4.2-Setup32bit.exe"

または，

"FreeMat-4.2-Setup64bit.exe"

3) セットアップ中に表示される画面

一部を以下に示します．ここに示していない画面は

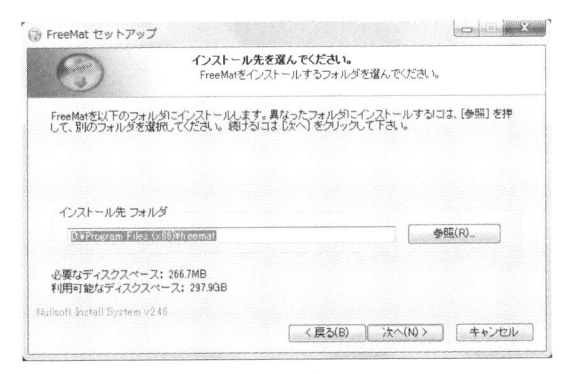

図13-28 インストール先フォルダの指定

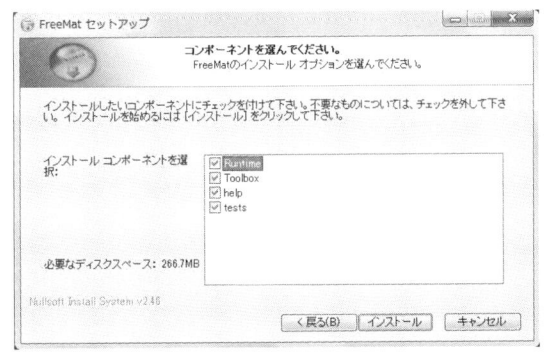

図13-29 コンポーネントの選択

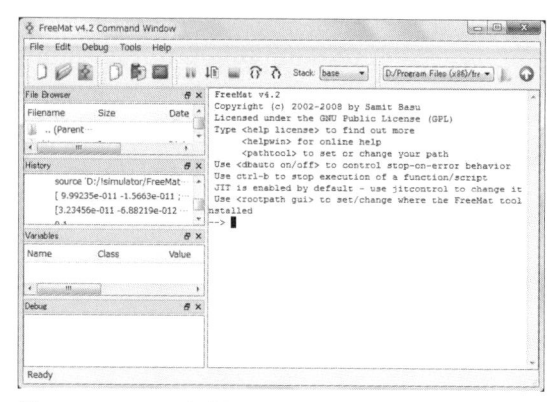

図13-30 FreeMat起動画面

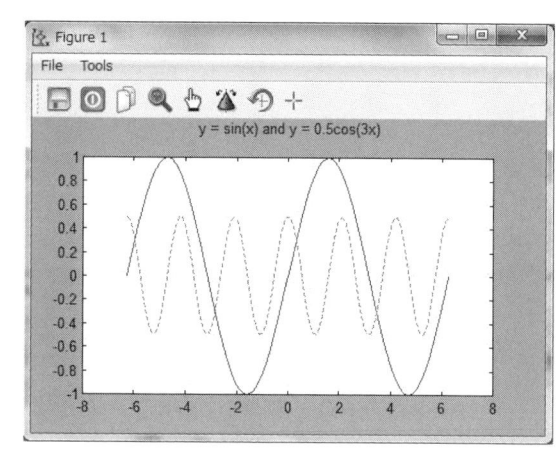

図13-31 plot_xy001.mの実行結果

画面の指示に従って進めてください．日本語表示になっています．図13-28の画面に表示される場所以外にインストールする場合は"参照"をクリックして選択します．また図13-29の画面はインストールするコンポーネントを選択する画面で，デフォルトでは全てチェックが入っています．特に変更しない場合はそのまま"次へ"をクリックします．インストールが終了すると"完了"のウィンドウが表示されます．

4）起動確認

全てのプログラム - FreeMat - FreeMatと選択し，図13-30の画面が出たらFreeMatの起動は成功です．

FreeMatプログラム例

● 基本的な操作

行列（マトリクス）に関する操作の一部を説明します．なおここでは全ての計算機能を紹介できないので，参考文献などを参照してください．基本計算の記述は実質MATLABと同じなので，MATLABによる計算を説明した書籍やURLなどの説明も参考にできます．

● 簡単な四則計算

図13-30で--〉■のカーソルが点滅しているところに入力します．数式を入れてリターン・キーを押すと結果がans= の次の行に表示されます．

--〉5+6
ans =
11
--〉8.3*12
ans =
  99.600
--〉2/15
ans =
  0.1333

● 計算精度の設定

計算精度を上げる場合はformatコマンドで指定します．

--〉format　long
--〉2/15
ans =
  0.13333333333333

通常の精度に戻すには，

--〉format　short

● 変数を利用した計算

--〉x = 2.5
x=
  2.5000
--〉y = 7 + 2i
y=
  7.0000 + 2.0000i
--〉z = x * y
z=
  17.5000 + 5.0000i

上でy，zは複素数

● 1次元配列

--〉A = [1.5,12,30,45]
A =
1.5000 12.0000 30.0000 45.0000

一つでも整数でない数字が混じると小数点表示になります．

● 2次元配列

```
--> A = [1.5,12; 30,45]
A =
 1.5000  12.0000
30.0000  45.0000
```

● 行列内の要素の指定

```
--> A(2,2)
ans=
 45.0000
```

● 逆行列の計算

行列Aの逆行列を計算するにはinv(A)とします.

```
--> inv (A)
ans =
  -0.1538   0.0410
   0.1026  -0.0051
```

● グラフのプロット例(plot_xy001.mとして付属CD-ROMの次のフォルダに収録；¥FreeMat¥data)

```
% sample_grapf_plot
x = linspace(-2*pi,2*pi,100);
y1s = sin(x);
y1c = 0.5*cos(3*x);
plot(x,y1s,x,y1c,'r--');
title('y = sin(x) and y = 0.5cos(3x)');
```

● FreeMatの終了

```
--> quit
```

と入力するか，メニューから，File - Quit

● プログラムの保存(mファイル)と専用エディタ

一連の操作をまとめて保存し，繰り返して使えるようにできます．一般的なテキスト・エディタで作成してもよいのですが，FreeMatに付属の専用エディタを使うこともできます.

Tools - EditorあるいはFreeMatのウィンドウの左上の方にあるEditorアイコンをクリックすると専用エディタが開きます．このエディタでは自動的に各行に番号が表示され，コマンドやコメントなどを色分けして表示します．ここにFreeMatのCommand Windowに入力するコマンドを並べて記述します．行末には";"を付けます．

このような一連の操作を保存したファイルをスクリプトmファイルと呼んでいます．なお引数を入出力できるようにしたり，if文やforループ文を記述することもできます．その場合は関数mファイルと呼んでいます．

● コメント

%を行の初めに付けると，行のそれ以降はコメントになり，実行されません．また行の途中に%を入れるとそれ以降がコメントになります．

◆参考文献◆

(1) リニアテクノロジー社URL；
 ▶ http://www.linear-tech.co.jp/
(2) 渋谷道雄；回路シミュレータLTspiceで学ぶ電子回路，2011年，オーム出版．
(3) 堀米毅；LTspice部品モデル作成術，2013年，CQ出版社．
(4) 赤間世紀：はじめてのFreeMat，2011年，工学社．
(5) 上坂 吉則；MATLABプログラミング入門 改訂版，2011年，牧野書店．
(6) S. Hall, H. Heck；Advanced Signal Integrity for High-Speed Digital Designs, John Wiley & Sons, Inc., 2009.
(7) C. Paul；Transmission Lines in Digital and Analog Electronic Systems SIGNAL INTEGRITY AND CROSSTALK, John Wiley & Sons, Inc., 2010.
(8) 雨谷昭弘；分布定数回路論，1990年，コロナ社．
(9) B. Young；Digital signal integrity: modeling and simulation with interconnects and packages, Prentice-Hall, Inc., 2001.
(10) EE Circle URL；
 ▶ http://www.eecircle.com/downloads/purchase.html
(11) Windward URL；
 ▶ http://www.windward.co.jp/
(12) モガミ電線URL；
 ▶ http://mogami-wire.co.jp/

Appendix 2 モード分解 ＝結合線路の結合を分離し単線の計算に置き換える＝

伝送線路をSPICEで解析する場合，大きく分けて次の二つの方法があります．
1) 線路を分布定数回路の形で扱って微小部分のLとCから計算する方法
2) 線路特性インピーダンスとある長さの線路を通る時間から計算する方法

1)のLとCで分けて計算する方法は，微小区分が十分小さい必要があります．区分の大きさの目安はシミュレーションする波形の立ち上がり/立ち下がり時間の1/10程度となります．これより区分の長さが大きいと本来の伝送線路では起きないリンギングが発生します．

2)の形のシミュレーションをLTspiceで行うには，伝送線路モデルtlineを使います．特性インピーダンスと線路を伝わる遅れ時間のみをパラメータとして計算しているため，1)の場合に起きるLとCを別の部品として扱うことにより発生するリンギングが発生しません．

一方，モード分解という手法を使うと結合線路でも独立したtlineのモデルで計算することができるうえ，計算時間も短くて済みます[7, 8, 9]．

モード分解は行列演算(マトリクス演算)を使って行います．固有行列や逆行列を計算することで求めますが，それらの行列演算を簡単に行えるソフトウェアとしてMATLABが有名です．またMATLAB類似のフリー・ソフトウェアとしていろいろな行列演算ソフトウェアが公開されています．ここでは基本的な行列演算についてはMATLABの記述がそのまま使えるFreeMatを使っています．このソフトウェアは本書付属のCD-ROMに収録しています．またFreeMatの基本的な操作を本章中で説明しています．

式(13-A)はFreeMat(MATLAB)の書式で示した行列計算式で，Lmod，Cmod，ZmodおよびTmodはそれぞれモード域のインダクタンス行列，キャパシタンス行列，インピーダンス行列および遅れ時間(メートル当たり)の行列を示します．LとCは実領域のインダクタンスおよびキャパシタンス行列を示します．またNはC*Lの固有行列，ML*Cで求められる固有行列です．行列の計算なのでC*LとL*Cは基本的に同じものではありません．なおここでLLは線路長さです[7, 12]．

$$\left. \begin{array}{l} \text{Lmod} = \text{inv}(M)\text{*}L\text{*}N; \\ \text{Cmod} = \text{inv}(N)\text{*}C\text{*}M; \\ \text{Zmod} = \text{sqrt}(\text{Lmod*inv}(\text{Cmod})); \\ \text{Tmod} = \text{sqrt}(\text{Lmod*Cmod})\text{*LL}; \end{array} \right\} \cdots\cdots (13\text{-}A)$$

● L，C行列計算プログラムの結果をFreeMatプログラムに取り込む

付属CD-ROMに収録したFreeMat用スクリプトmファイル(lt_mode_from_LCmtx.m)のキャパシタンスとインダクタンス行列の設定箇所は図A-1のようになっています(FreeMat専用エディタ表示の一部)．

Tools - EditorあるいはEditorアイコンのクリックで開きます．先頭に％が付いている行はコメント行で実行されません．8行目にC行列，14行目でL行列

```
4
5      % マイクロストリップ差動線路  LC行列入力
6      % キャパシタンス行列を以下のフォーマットで入力 (書き換える)
7      %外層パターン (マイクロストリップ)
8      C =[ 9.75e-011 -1.74e-011 ;-1.74e-011 9.75e-011 ];
9      %内層パターン (ストリップ)
10     %C =[ 1.23e-010 -3.98e-011 ;-3.98e-011 1.23e-010 ];
11
12     % インダクタンス行列を以下のフォーマットで入力 (書き換える)
13     %外層パターン (マイクロストリップ)
14     L =[ 3.81e-07 1.14e-07 ;1.14e-07 3.81e-07 ];
15     %内層パターン (ストリップ)
16     %L =[ 4.84e-07 1.54e-07 ;1.54e-07 4.84e-07 ];
17
```

図A-1　C行列とL行列(マトリクス)の設定

```
.param ENA1 = -0.7071
.param ENA2 =  0.7071
.param ENV1 =  0.7071
.param ENV2 =  0.7071
.param FNA1 = -0.7071
.param FNA2 =  0.7071
.param FNV1 =  0.7071
.param FNV2 =  0.7071
.param TD1=5.5NS
.param Z01=48.2
.param TD2=6.3NS
.param Z02=78.6
.param EFA1 = -0.7071
.param EFA2 =  0.7071
.param EFV1 =  0.7071
.param EFV2 =  0.7071
.param FFA1 = -0.7071
.param FFA2 =  0.7071
.param FFV1 =  0.7071
.param FFV2 =  0.7071
-->
```

図A-2　LTspice用出力部分

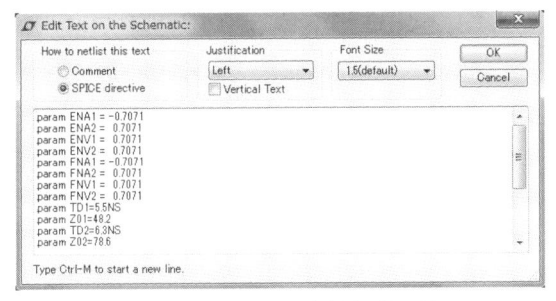

図A-3　LTspiceのSpice Directive画面（一部のみ）
FreeMatの結果（図A-2）をコピペで貼り付ける．

を設定しています．この二つの行に，別途計算した結合線路のC行列とL行列を入力します．FreeMat（MATLAB）の行列書式に注意してください．行末には"；"を付けます．FreeMat専用エディタでDebug ? Current Bufferと選択すると実行され，結果がFreeMatの画面に表示されます．

図A-2は上記mファイルの実行結果がFreeMatウィンドウ上に表示されたものの一部で，行の初めに.paramと書かれたLTspice用Spice Directiveの形になっています．

● LTspiceへの取り込み

LTspiceで回路図を新規に開き，Edit – Spice

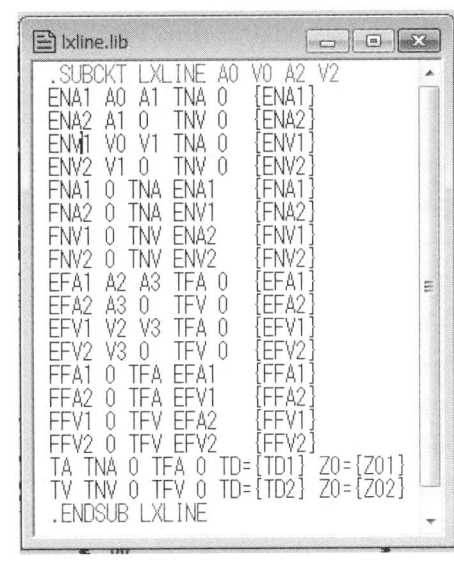

図A-5　LIBファイルの編集

DirectiveとしてSpice Directiveのエディタを表示させます．FreeMat出力の.paramの部分（複数行）をコピーして，LTspiceの中のSpice Directiveのエディタの編集エリアに貼り付けます（図A-3）．

このエディタでOKを押し，回路図上にマウスを移動させると編集結果を回路図上に配置するための枠が出るので，適当な位置で左クリックして配置します（図A-4）．この回路図をいったんFile – Save asで名前（ここではXTEST1.asc）を付け，spiceモデルLXsym_MS.libがあるディレクトリに保存します．

● Spiceモデルを作る

LTspice上でDIFFMSを開き，save asでlxline.libと名前を付けていったん保存します．各行の数値の部

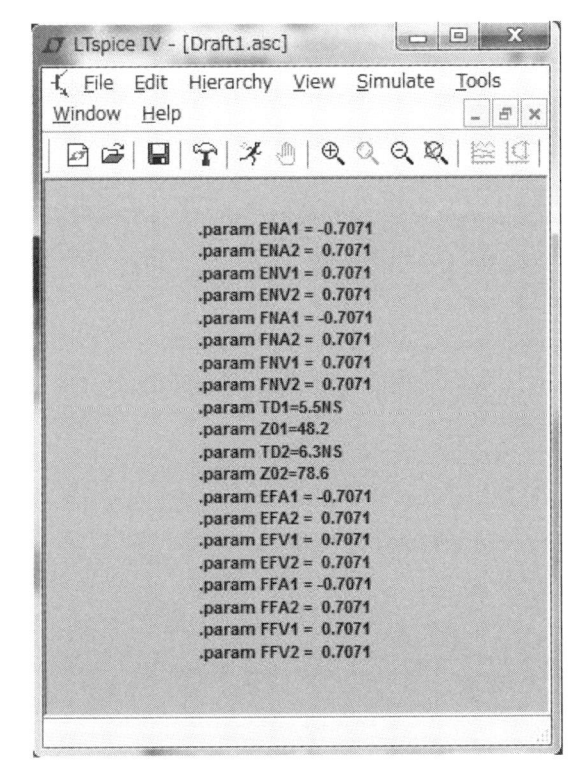

図A-4　SpiceDirectiveの内容を回路図上に配置

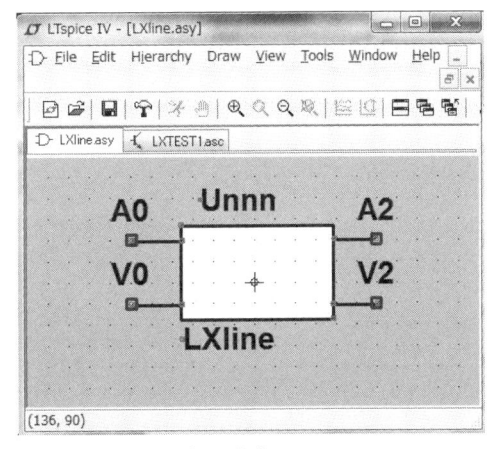

図A-6　lxlineシンボルの作成

Appendix 2　モード分解　＝結合線路の結合を分離し単線の計算に置き換える＝

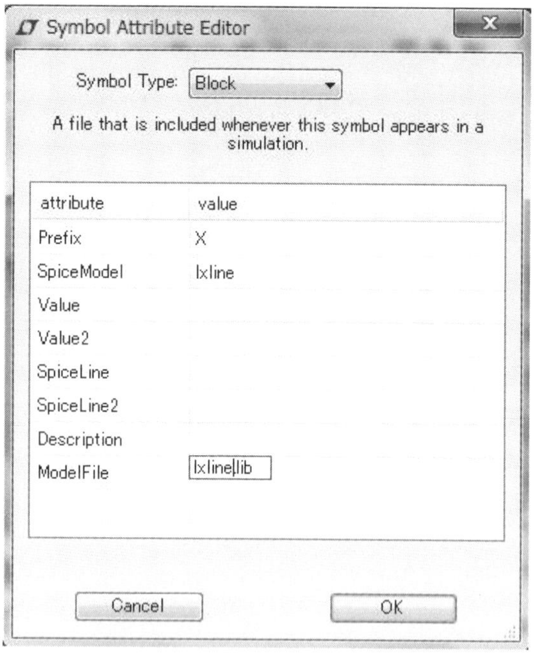

図A-7 lxlineシンボルの編集

分にspice Directiveで書き込んだパラメータ名を入れます（図A-5，修正後のlxline.lib）．||でくくったパラメータは.paramコマンドでシミュレーション実行時に読み込まれます．Componentアイコンをクリックして，上で作成した回路図上にLXsym_MSを配置します．部品が表示されない場合は，Top Directoryの行の右端の矢印を押してディレクトリを回路がある場所に選択します．LXsym_MSにLX1などの適当な部品番号を付けます．この部品の上でコントロールキーを押しながらマウスの右ボタンを押し，図13-20を出します．SpiceModelの行をクリックしてlxlineに変えます．次に同じウィンドウ内のOpen Symbolボタンをクリックして部品図（図A-6）を出します．File - Save asでlxline.asyと名前を付けて保存します．さらにシンボルを表示させた状態で Edit - Attributes - Edit Attributesで出てくるSymbol Attribute Editor（図A-7）のSpice Model行にlxline，Model Fileの行にlxline.libと入力します．いったん回路図に戻り，LXsym_MSの部品を削除してあらためてlxline部品を配置します．

Appendix 3 結合線路のキャパシタンス行列とインダクタンス行列の計算

　キャパシタンス行列（マトリクス）とインダクタンス行列（マトリクス）は，2次元断面を有限要素法やFDTDなどでラプラスの式を解くことで求められます．フリーで有限要素法計算のできるソフトウェアとしてfreefemなどがあります．線路周囲の誘電体が一様のストリップ線路はうまく計算できるようですが，マイクロストリップ線路のように誘電体がエポキシと空気などと異なる場合は，うまく計算できない場合も多いようです．

　安価に入手できてキャパシタンス行列とインダクタンス行列を計算してくれるソフトウェアとしてEE Circle Solutions のTrace Analyzer[10]などがありま

す．年間使用料が5,000円程度です．Analyzerをダウンロードすると，Traceサンプル版として実行させることができます．サンプル版でも2本線路のキャパシタンス行列とインダクタンス行列は計算できます．年間使用利用を支払う前に試してみてください．

　このダウンロード版は本書付属CD - ROMには収録されていません．本文の参考文献に掲載してあるURLよりダウンロードしてください．

　なお，全て日本語で動作するソフトウェアとしてWindWard社のGreenExpressなどがあります[11]．ただし2本線の場合でもライセンス料が数万円します．

CD-ROMの内容と使い方

● CD-ROMのディレクトリ構造と内容

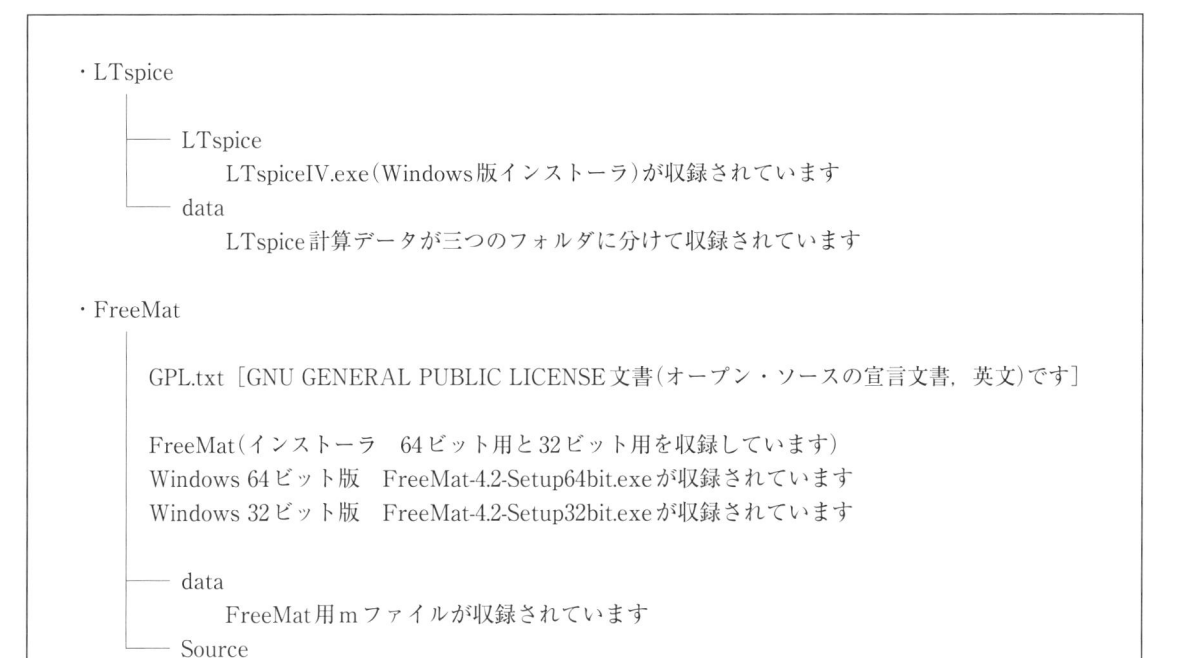

```
・LTspice
    ├── LTspice
    │       LTspiceIV.exe（Windows版インストーラ）が収録されています
    └── data
            LTspice計算データが三つのフォルダに分けて収録されています

・FreeMat
    │   GPL.txt［GNU GENERAL PUBLIC LICENSE 文書（オープン・ソースの宣言文書，英文）です］
    │
    │   FreeMat（インストーラ　64ビット用と32ビット用を収録しています）
    │   Windows 64ビット版　FreeMat-4.2-Setup64bit.exe が収録されています
    │   Windows 32ビット版　FreeMat-4.2-Setup32bit.exe が収録されています
    │
    ├── data
    │       FreeMat用mファイルが収録されています
    └── Source
            FreeMat-4.2のソース・コードが収録されています.
```

● 使用上の注意点

　CD-ROM活用にあたって本書の第13章（p.111 〜）を参照してください．
　各収録ディレクトリにREADMEファイルがある場合はそちらも参照してください．

● LTspiceシミュレーション実行時の注意

　CD-ROMのdataフォルダごとPCの適当なフォルダにいったんコピーしておき，LTspice起動後にそのフォルダの中の回路ファイルを開くようにしてください．一部ファイルだけをPCのフォルダにコピーしてきても，そのファイル関連のファイルが同じフォルダにコピーされていないとうまく動作しません．

● FreeMat実行時の注意

　本書掲載のFreeMat用のmファイルおよび関連ファイルはFreeMatのdataフォルダに入っています．

▶著作権情報

　FreeMatはオープン・ソースGNU GENERAL PUBLIC LICENSE文書で著作権がオープンになっていることを宣言しています．2次使用などにあたってはGNUの文書を確認してください．

● LTspiceインストール時の注意と最新バージョンのダウンロード

　以前のバージョンのLTspiceIVをコンピュータ内に既にインストールしている場合，それより新しいバージョンのLTspiceIVは上書きインストールを行います．基本的に，自分で作成した回路ファイルなどは残りますが，特殊な設定などはデフォルトに書き換えられる場合があります．
　LTspiceはほぼ毎月，ひんぱんにアップデートされています．本書付属CD-ROMに収録されているバージョンより新しいバージョンはLTspiceのホームペー

ジ(米国サイト)からダウンロードできます．日本のリニアテクノロジー社のホームページもLTspiceのページにリンクしています．

● **各ソフトウェアをダウンロードできるURL**

・LTspice

http://www.linear-tech.co.jp/ のページからLTspiceIVダウンロードのページに移ります．直接ダウンロードするページは英文になります．ユーザ登録するかしないか(No thanks)を聞く小さなウインドウが出ます．登録せずにダウンロードする場合はNo thanksを選びます．

なお本書付属CD-ROMにMac版LTspiceは収録していませんが，リニアテクノロジー社のダウンロードページからダウンロードできます．

・FreeMat

http://freemat.sourceforge.net/ のページのDownloadsの見出しの下にあるClick to Download FreeMatをクリックし，その先のページでバージョンやOSを選びます．

●お読みください　～読者への注意とお願い～

本書付属CD-ROM収録データの修正版および補足ファイルのダウンロードについて

本書付属CD-ROMに収録したプログラムやデータの修正版を，随時CQ出版社のホームページに掲載する予定です．トランジスタ技術SPECIAL No.128のページにアクセスしてください．

本書付属CD-ROM収録のLTspiceフォルダ下のdataフォルダのデータは，実習材料として一部未完成のデータ・ファイルが収録されています．本書に沿った完成後のファイル一式を上記に掲載予定です．

また，もともと本書付属CD-ROMには収録していない第13章 Appendixに掲載のspiceモデルと関連のファイルも上記URLに置く予定です．

第14章 高速LVDS回路をシミュレーションしてみる
ギガビットADC基板の実際を見てみよう

基板内での高速データ伝送にはLVDSやCMLが使われる場合が多くみられます．実際の回路動作の様子を，実測とシミュレーションで解析してみました．

LVDSの実際…デバイスと波形

● LVDSがいろいろな回路で使われる理由

ディジタル差動伝送方式として，パソコン周辺で使われるUSBやシリアルATAあるいはPCI Expressなどが有名です．

しかし，これらの方式は単に電気信号を送る回路部分だけでなく，伝送を行うときのプロトコルなど，ソフトウェア的な送信手順なども詳細に決められています．

一方，基板内や機器内部で数百Mbpsのデータ伝送を行う場合は，複雑なソフトウェア的な介在をさせたくないことが多くあります．

LVDSはEIA/TIA-644として定められている規格ですが，ハードウェア面（物理層）のみでソフトウェア面の規定はありません．このことから，基板内や機器内で数百Mbpsのデータ伝送にはLVDSが用いられることが多くなっています．

● LVDS出力を持つ高速ADCの評価ボードを題材とする

高速サンプリングA-Dコンバータ（ADC）において，GHz程度となるクロック入力や数百Mbpsとなるディジタル・データ出力部にはLVDSが使われていることが多いようです．

このようなICを使った基板を設計するには，LVDSに対応した設計を行う必要があります．

一例としてサンプリング周波数1.5 GHzの8ビットA-DコンバータADC08D1500（テキサス・インスツルメンツ，以下TI社）を取り上げます．ここではこのADCの評価基板を使用して，数百MbpsのLVDSの動作を見てみました．

ADC08D1500の評価基板には，ADC単体の基板と，ユニットになっている評価モジュールの2種類があります．後者は，ADCに直結させてLVDSでデータを取り込むFPGAとデータを取り込むメモリなどがひとまとまりになっています．

写真14-1にADC単体の評価基板，**写真14-2**にFPGAなどと一体化したモジュールの外観を示します．

図14-1にADC08D1500の内部ブロック図を示しま

写真14-1 ADC08D1500単体の評価ボード
ADCからの信号がLVDSで基板の外側へ向かって引き出されている．

写真14-2 ADC08D1500評価モジュール
FPGAなどと組み合わせた実用的な状態のモジュール．カバーを開けて中を見ている．

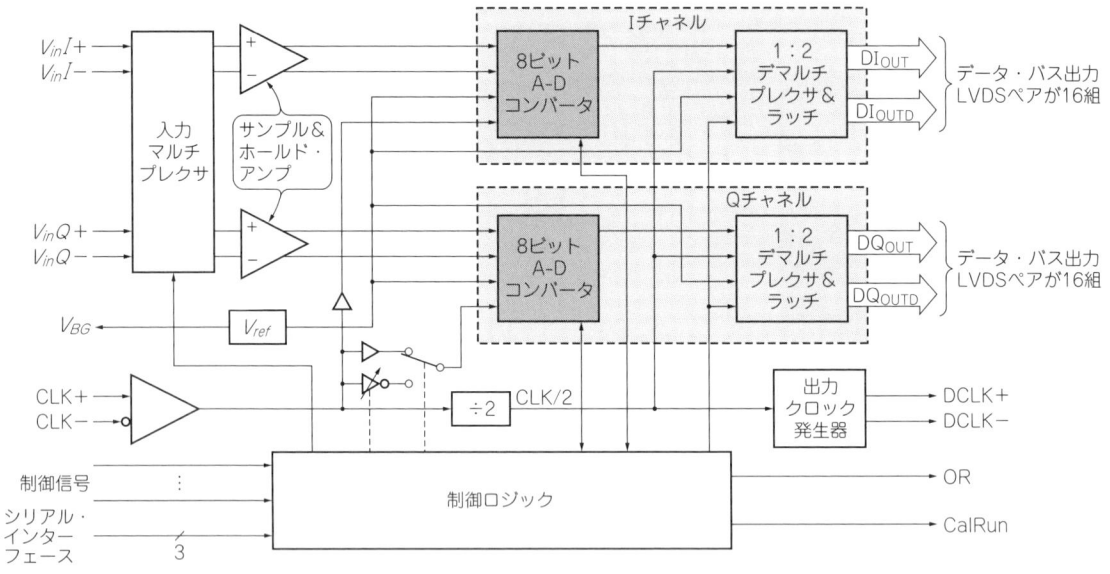

図14-1[(2)] **ADC08D1500のブロック図**
2個のA-Dコンバータがあり，それぞれに16ペアのLVDS出力がある．

す．このADCは1.5GHzサンプリングのADCが2個入っており，タイミングをずらして3GHzサンプリングのADCとして動作させることも可能です．

8ビットのADCですが，データは16ビット並列にLVDSで出力されます．データの出力タイミングはサンプリング周期の2クロックごとになります．クロックが1.5GHzのとき750Mbpsで出力されます（SDRモード時）．

図14-2は入力のアナログ波形とサンプリング・タイミングおよびデータ出力のタイミングを示していま

す．データのLVDS出力は1ビットのパルス幅がクロックの1/2の周期になるSDRモードと1/4周期になるDDRモードが用意されていますが，ここに示したのはSDRモードです．

● 広帯域のオシロスコープとプローブがないと波形観測はできない

500Mbpsと750MbpsのLVDSパルス波形を観測したい場合，どの程度の帯域のオシロスコープやプローブが必要でしょうか．

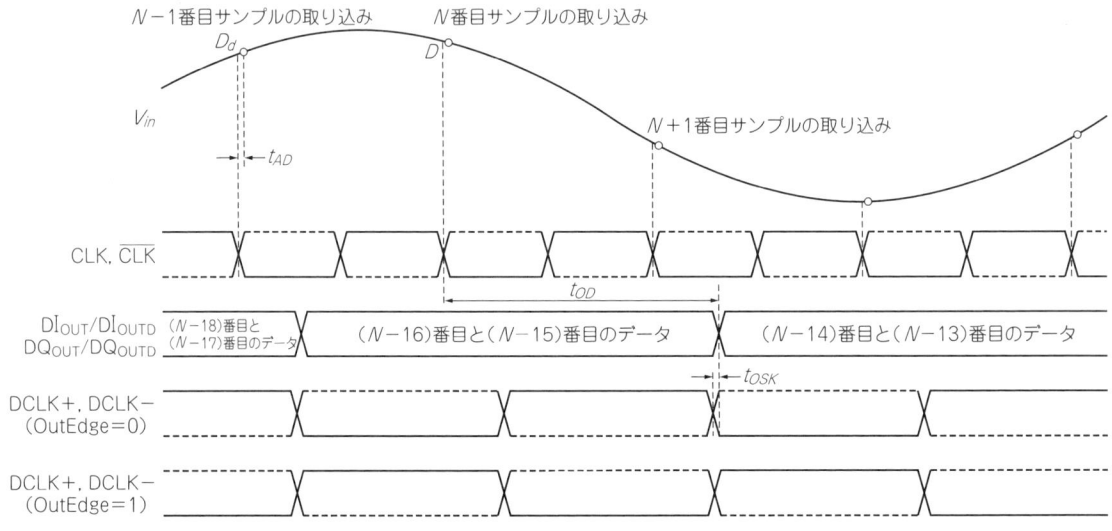

図14-2[(2)] **アナログ入力とクロックおよびデータ出力タイミング**
SDRモードの場合．

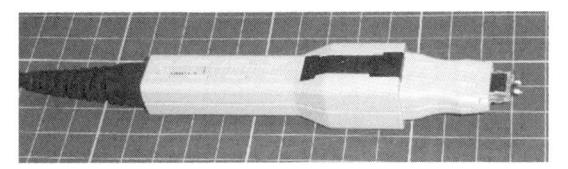

(a) 差動プローブ+手持ちアダプタの外観

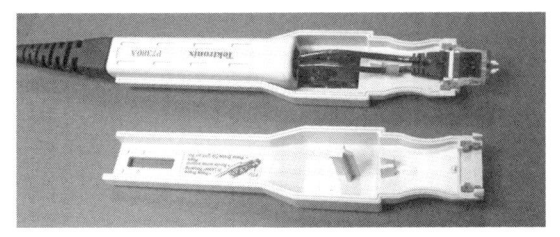

(b) 手持ちアダプタのふたを外したところ

写真14-3　差動プローブP7320A(テクトロニクス社)

写真14-4　先端幅可変手持ち用チップを付けてICの差動ピンに直接プローブを当てている様子

500 Mbpsの1ビットぶんの波形は，250 MHzの矩形波の半周期に相当します．矩形波を見るには最低でも基本周波数の3倍の帯域が必要と言われています．

つまり，オシロスコープとプローブに必要な帯域は，500 Mbpsで1.5 GHz，750 Mbpsでは約2.3 GHzとなります．

今回の測定では帯域2.5 GHzのオシロスコープを使用しました．プローブも，通常のパッシブ・プローブでは帯域が足りないので，アクティブ・プローブが必要です．

オシロスコープに50Ω入力があるならば，アクティブ・プローブがなくても同軸ケーブルでつなぐことで良好な測定ができますが，測定する基板側に50Ωコネクタを設置してある場合に限られます．

▶差動パターンには差動アクティブ・プローブが適している

差動伝送のパターン途中の波形を簡単にチェックするには差動プローブが便利です．差動アクティブ・プローブは測定するパターンの近くにグラウンド点がなくとも，波形が乱れません．

ただし，GHz帯域のアクティブ・プローブは通常耐圧が数V程度と低く，たいへん壊れやすくなっています．測定点にプローブを当てる前に，測定対象のグラウンドにオシロスコープのグラウンドを接続してから測定するようにします．

写真14-3はテクトロニクス社の差動プローブP7320Aです．

差動プローブの先端の間隔は狭いのが普通です．差動パターンは必ずペアで配線され，ICの出力や入力のピンも隣に配置されるため，実質的な問題にはなりません．

▶差動プローブの使い方

差動プローブを手持ちで回路パターンに当てて測定する場合，**写真14-4**のような先端チップを付けることで可能です．しかしピン自体は非常に間隔が狭くなっており，また複数の点を同時に見る場合などは手持ちでは不安定な観測になることがあります．

そこで，**写真14-5**のように小さな抵抗をプローブ

写真14-5　手持ちで難しい場合は，このような先端チップを測定点にはんだ付けする

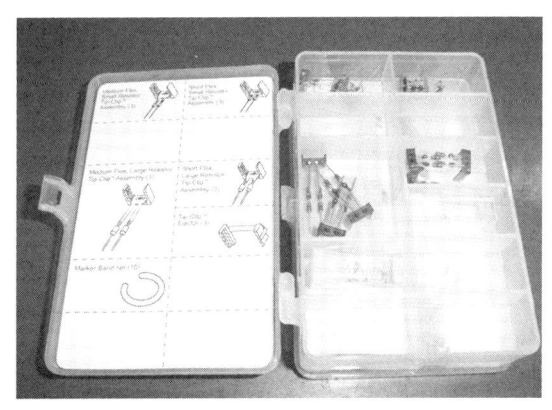

写真14-6　写真14-5のようなチップがプローブのキットに含まれている

LVDSの実際…デバイスと波形　131

写真14-7 評価ボードのGHzクロック入力部
シングルエンド信号を差動に変換している.

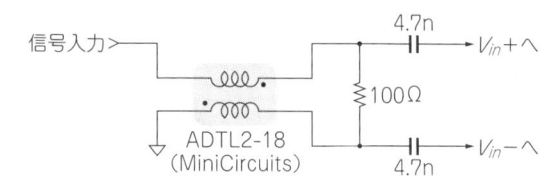

図14-3 写真14-7の入力部分の回路
高周波用のトランスでシングルエンドから差動へ変換している.

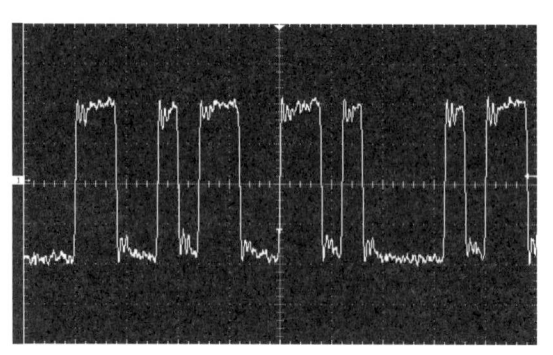

図14-4 A-Dコンバータ出力ピンの位置で見た差動波形
(200 mV/div, 5 ns/div)
出力端なので奇麗な波形が観測できる.

写真14-8 100Ω終端部の100Ωを外して差動伝送用ケーブルを接続した様子

先端に付けるチップが用意されています．あらかじめ用意されている差動パターンの測定点にはんだ付けします．
　写真14-6は差動プローブに付属する抵抗などのチップのセットが入っている箱です．

● A-Dコンバータ単体のLVDS出力波形
　ADC08D1500単体評価ボード(**写真14-1**)を使用していくつか実験を行いました．単体ボードは外部クロックとして1 GHz(レベル0 dBm)を使用して動作させました．**写真14-7**は1.5 GHzまで対応するクロック

入力部で，この部分の回路を**図14-3**に示します．
　図14-4は**写真14-4**のように，ADCの出力ピンに差動プローブを直接当てて見た波形です．500 Mbpsの LVDS 信号が出力されています．
　このボードには約20 cmの差動パターンの後に100Ωの抵抗を付けてあり，抵抗の部分で波形を見られるようになっています．この100Ωを外して，長さ1 mのシリアルATA用ケーブルをはんだ付けしました(**写真14-8**)．
　図14-5はこの接続部の波形を観測したものです．出力ピンでの波形と比べてあまり変化が見られません．
　写真14-9は1 mのケーブルの先のペア線間に100

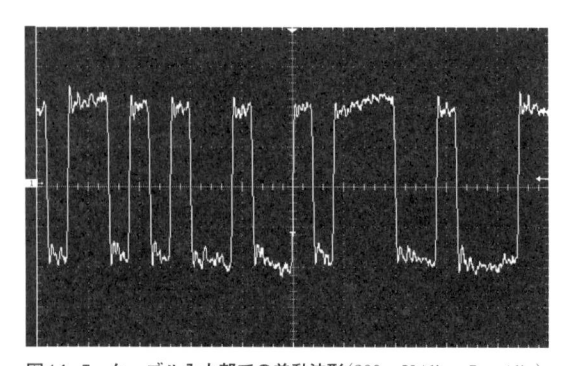

図14-5 ケーブル入力部での差動波形(200 mV/div, 5 ns/div)
パターンを通ったあとだが波形のなまりはない．

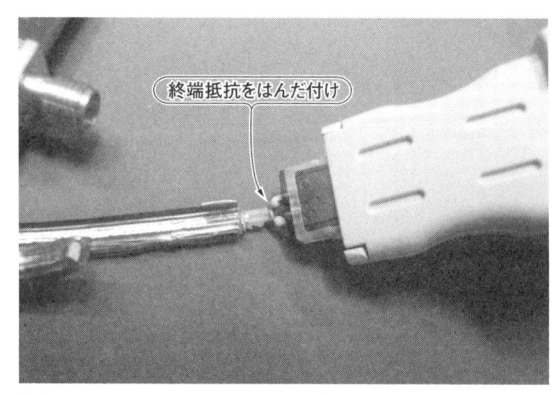

写真14-9 1 mの差動伝送用ケーブルの出力に100Ωを付けて測定

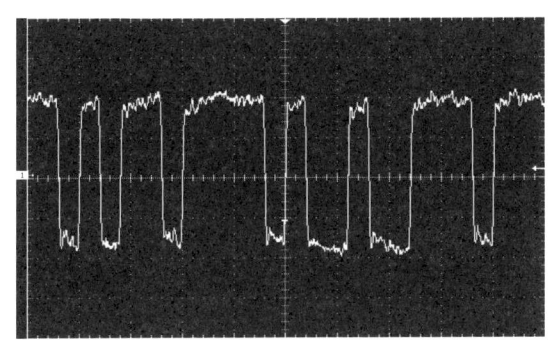

図14-6 1mケーブル出力の差動波形(200 mV/div, 5 ns/div)
終端しているのでケーブルを通ったあとでも奇麗な波形が得られている.

写真14-10 ADC08D1500評価モジュールのA-Dコンバータ付近を拡大
LVDSのパターンも少し見えている.

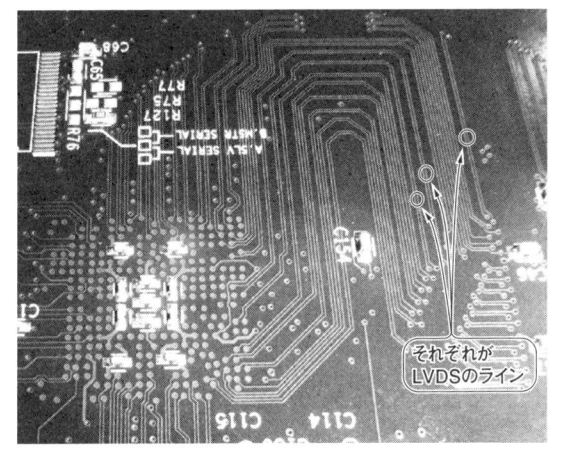

写真14-11 写真14-10の部分の裏側
LVDSのパターンが並んでいる.

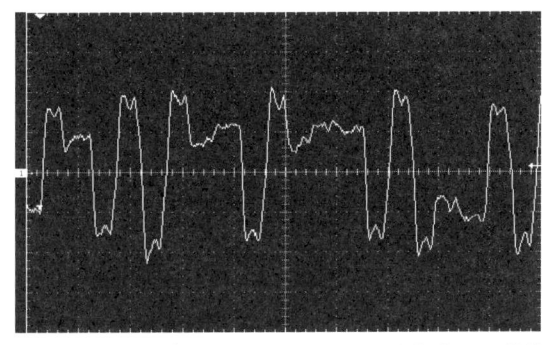

図14-7 評価モジュールのA-Dコンバータ出力ピンでの差動波形(200 mV/div, 2.5 ns/div)
750 Mbps出力. 若干のリンギングが見える.

Ωのチップ抵抗をはんだ付けし,そこでプローブを当てている様子です.図14-6はケーブル端での波形を示します.

図14-4と図14-6を比較すると,シリアルATAのケーブルでは1mでもほとんど波形が減衰していません.伝送している波形は500 Mbpsなのに対して,シリアルATAのケーブルは3 Gbpsに対応した低損失タイプのため,損失が少ないと考えられます.

● 実際に後段のICとつないだ場合の波形と比べてみる

写真14-10はADC08D1500とFPGA,メモリなどをまとめた評価モジュール(写真14-2)の部品面の中央部分です.右がADC,左がFPGAです.

写真14-11はこの部分の裏側で,はんだ面に並んだ多くの配線は出力データ用LVDSの差動ペア配線です.

図14-7はADC出力ピンに差動プローブを当てて測定した波形です.このモジュールでは基板上に実装された1.5 GHzのクロックで動作しており,LVDSデータはこの場合750 Mbpsで出力されています.

写真14-12ははんだ面側でFPGA入力ピンにつながるビアに差動プローブを当てているところです.図14-8はその位置での観測波形です.

▶ADC出力にシリアルATAのケーブルを付けたときと波形が異なる

図14-6で20 cmのパターン+1 mのケーブルを経由した波形と比べると,振幅が20～30%小さく,波形の乱れも見られます.

▶振幅が減っている理由

振幅が減っている原因としてはFPGA込みの基板の方はパターンの幅が狭いことが考えられます.しかし,実際の回路パターンでは実装密度の面から,このモジュールと同等程度の細いパターンになることが多いと考えられます.

▶波形が乱れている理由

波形が乱れている原因としては,差動終端抵抗にFPGA内蔵抵抗を利用しており,基板上に抵抗を配置していないことが考えられます.実装密度が高い基板では基板上に多くの抵抗を置くことは難しくなります.この基板で使用されているBGAパッケージのFPGA

LVDSの実際…デバイスと波形 133

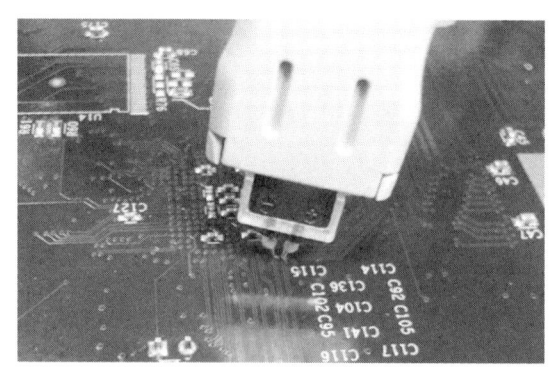

写真14-12 FPGA入力ビア(はんだ面)に差動プローブを当てて観測

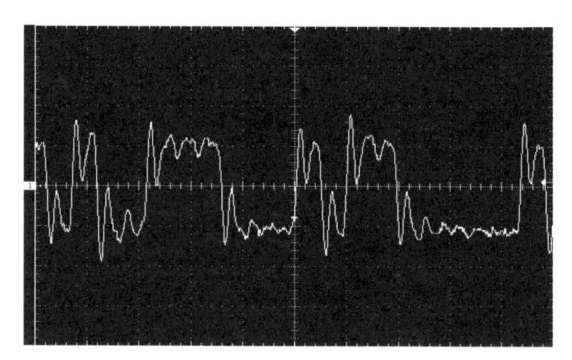

図14-8 FPGA入力部での波形(200 mV/div, 2.5 ns/div)
リンギングが見える.真の終端はIC内部なので,この波形が問題とは言い切れない.

では,抵抗とIC入力ピンの間が離れてしまったり,適切なパターンの引き回しができなくなることも考えられます.このようなことから,高密度FPGAでは終端抵抗をFPGAに内蔵することが普通になりつつあります.

FPGA入力ピンで波形が乱れていても,FPGA内でデータを受け取るチップの部分で良好ならばOKです.FPGAのピンから抵抗までの間の配線にはインダクタンス成分もあり,実際に信号を受け取っている抵抗部分ではそれなりに良好な波形だったとしても,IC外部のピン部分では,乱れた波形になっていることがありえます.

確実に伝送できる差動回路を設計するには

LVDSなどの差動伝送回路を設計する場合にさらに把握しておくとよい知識を,以下に説明します.

● コモン・モード成分の終端

LVDS回路では差動線間に100Ωの終端抵抗を入れています.確かにこれで差動信号成分は終端抵抗に吸収されることになります.

しかし,それは理想的な回路の話で,現実の回路ではいろいろな不完全さがあり,この線間の抵抗のみでは吸収できない成分が存在します.その一つはコモン・モード成分と呼ばれるものです.

▶スイッチ切り替えのタイミングずれでコモン・モード成分が発生し伝送線路を伝わる

ディジタル差動伝送では,ペアになっている2本の線にレベルの異なる信号が常に送り出されていますが,切り替えタイミングがほんの少し違っただけで差動にならない成分が発生します.この成分は両方の線路に同位相で伝わっていきます(図14-9).

このように二つ(以上)の線路に同相のタイミングで乗って線路を移動していく不要な成分は,コモン・モード・ノイズと呼ばれるものになります.

DC的なコモン・モード成分の場合は,DCレベルが異なるだけなので,受けるロジック回路がDC的に許容できる範囲であればあまり問題にはなりません.問題となるのはコモン・モード・ノイズ成分です.

▶コモン・モード成分の伝わり方

コモン・モード・ノイズを矢印で直流の電流経路のように示して説明されることがありますが,ここで述べているコモン・モード・ノイズには当てはまりません.

ここで問題としているコモン・モード・ノイズはμs以下で高速に変化する電気信号です.このような信号は,図14-9に示したように,線路とグラウンド層(あるいは電源層)の間をペアになって進んでいきます.

▶コモン・モード成分を終端して悪影響を回避できる場合もある

このコモン・モード・ノイズの進み方から,コモン・モードを終端するには線路とグラウンド間に終端抵抗を置けばよいことが分かります.

図14-10のように,π型に抵抗を置く方法と,T型に置く方法の二つが考えられます.π型の場合,ペア線間の抵抗は数kΩと大きくなるので,ペア線間

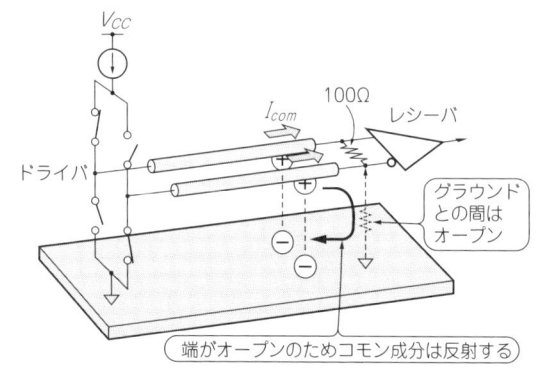

図14-9[1] コモン・モード成分はLVDS終端で反射する
これを放置すると悪影響があるかもしれない.

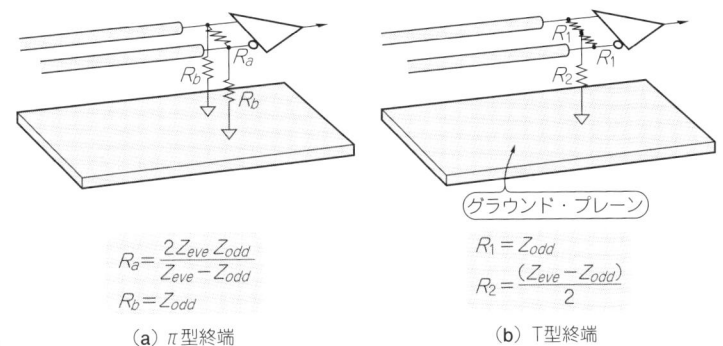

図14-10⁽¹⁾
コモン・モード成分まで考えたときの終端方法

(a) π型終端

$$R_a = \frac{2Z_{eve} Z_{odd}}{Z_{eve} - Z_{odd}}$$

$$R_b = Z_{odd}$$

(b) T型終端

$$R_1 = Z_{odd}$$

$$R_2 = \frac{(Z_{eve} - Z_{odd})}{2}$$

の終端抵抗を省くこともあります．

実際，LVDS以降の差動伝送規格では，ほとんどのものが線間に抵抗を置かず，各線とグラウンド(または電源)間にそれぞれ抵抗を置く方法をとっています．USB，PCI Express，DVIなどがその代表例です．

▶LVDSでは採用しにくい

このように聞くと，この終端抵抗の置き方をLVDSでも採用したくなります．しかし，LVDSは線間に100Ωを置く方法が基本なので，この抵抗を変えるとレシーバの線路検出機能がうまく働かなくなるので，お勧めできません．

ただし，設計時にコモン・モード成分の終端がどうなっているかも気にした方が，よりよい結果を得られる可能性があります．

● 差動伝送線路を電気信号がどのように伝わるか

図14-11は電源V_1から抵抗R_1とスイッチSW_1を経由して特性インピーダンスZ_0の伝送線路に電荷が印加されるところを示しています．SW_1は一瞬だけ接続される場合を考えます．

図14-11(a)はスイッチを閉じたとき，(b)はその直後にスイッチを開けたときを示しています．

スイッチを閉じたときは線路が充電されるため，電源側から電荷が線路に流れ込みます．このとき，ペアになっている側の線路の対抗する部分には，逆極性の電荷がコンデンサに充電されるのと同じメカニズムで現れます．

線路間のコンデンサの部分は，変移電流と呼ばれる電流が流れるという説明がされることもあります．そうして電源のグラウンド側にも電流が流れ込むことになります．

スイッチが開放されると線路に流れる電流は瞬時に消えますが，線路に印加された電荷のペアは電磁気の法則(マクスウェルの式)に従って線路を光の速さで進んでいきます．

光の速さより速く電気情報が進むことは物理的にできないので，この電荷のペアは線路の先がオープンかショートか何かがつながっているかあらかじめ知ることなく進んでいきます．

電荷のペアは自らが進んでいくところの線路の断面形状や性質，絶縁部の誘電率などの性質(線路の特性インピーダンス)だけを頼りに進んでいくことになります．

おおむねMHz程度より遅い変化の電気信号には，特性インピーダンスは当てはまらなくなり，直流的な伝わり方になります．

線路の途中で，特性インピーダンスが100Ωになっていないところがあると，そこで電圧が変わり，反射が起きます．

このイメージをつかめれば，差動伝送パターンを設計するときの基本的な考え方ができると思います．最初から最後まで特性インピーダンスを維持できるように考えてください．

● PSpiceでLVDSのシミュレーションをするには

LVDSのSPICEモデルはほとんど公開されていません．

LVDSデバイスのSPICEモデルとしては，オン・セ

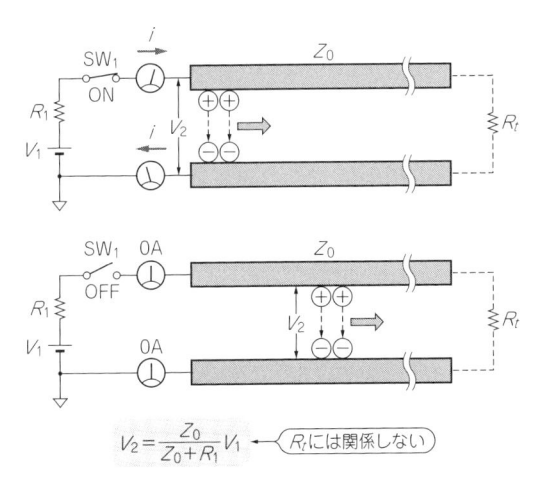

$$V_2 = \frac{Z_0}{Z_0 + R_1} V_1 \quad \leftarrow R_t には関係しない$$

図14-11 伝送線路にパルスが印加されたときの電荷と電流

```
.MODEL TNB NPN (IS=2.71e-17 BF=172 NF=1 VAF=71.4 IKF=4.38e-02
+ ISE=1.33e-15 NE=2 BR=17.9 VAR=2.76 IKR=3.0e-03 ISC=2.22e-16
+ NC=1.578 RB=67 IRB=6.47e-05 RBM=0.001 RE=3 RC=4 CJE=5.09e-14
+ VJE=.8867 MJE=.2868 TF=9.02e-12 ITF=2.53e-02 XTF=2.8 VTF=3.4 PTF=41.56 TR=1NS
+ CJC=20.6e-15 VJC=.6324 MJC=.3006 XCJC=.3 CJS=1.7e-14 VJS=.4193 MJS=.2563
+ EG=1.119 XTI=3.999 XTB=0.8826 FC=0.9)
```

リスト14-1
オン・セミコンダクターのLVDS回路に使えるトランジスタのモデル

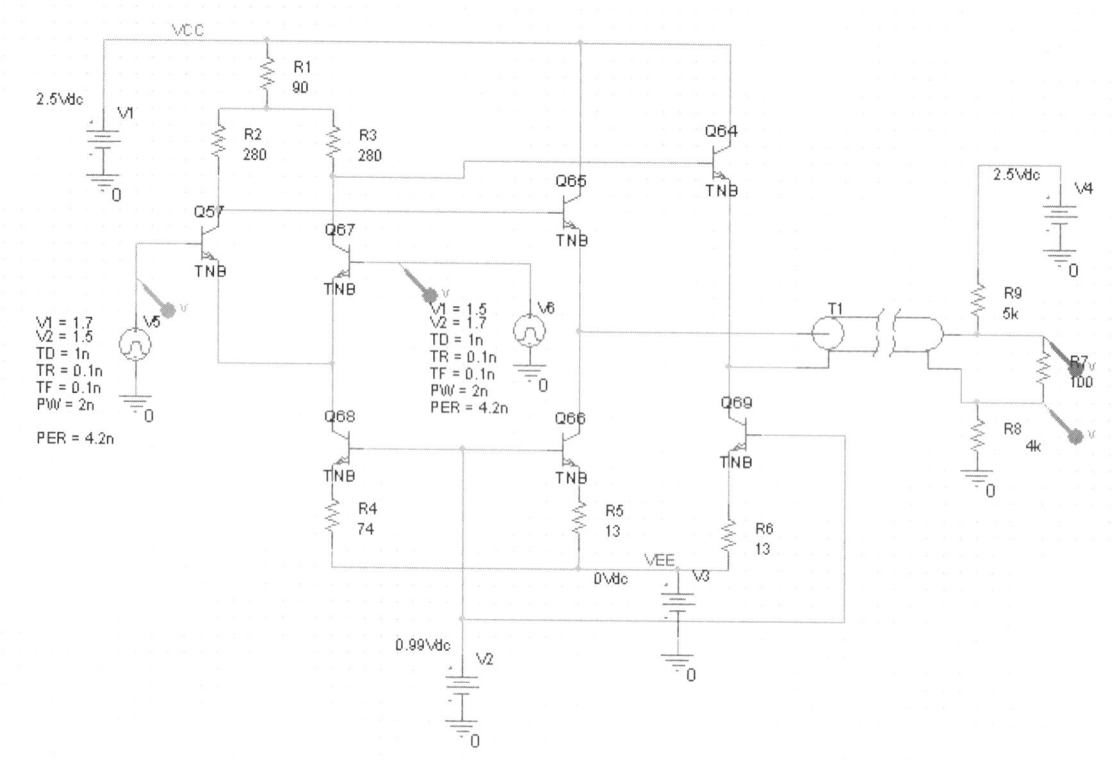

図14-12 オン・セミコンダクターのLVDSのSPICEモデル

ミコンダクターのデバイスのモデルがウェブ・ページからダウンロードできます.

ただし,標準的なLVDSデバイスでなく,より高速の同社のECLロジックなどの電流ロジックの一部に,LVDS対応のものがある,という状況です.

従って,このモデルをそのまま655 Mbpsの標準LVDSデバイスのモデルとして使うことには少し問題があります.とはいえ,LVDSのSPICEモデルとして参考になると思われるので,紹介しておきます.

写真14-13は単体のロジック・デバイスとしてGbpsの速度で動作するオン・セミコンダクター社のデバイスを載せた評価基板です.同社はこのLVDSドライバとレシーバのSPICEモデルをテキストで公開しています(**リスト14-1**).

回路はPSpiceの回路図を画像で提供しています.**図14-12**は筆者がPSpiceに入力し直したものです.

LVDSデバイスの性能を決めるのはトランジスタです.**図14-12**で使われるべきトランジスタは,標準のPSpiceなどにあるトランジスタ・モデルではないので,PSpiceでシミュレーションするにはデバイス・メーカ提供のモデルを取り込む必要があります.

いろいろな方法がありますが,ここでは類似デバイス・モデルのパラメータを元に修正する方法で作成し

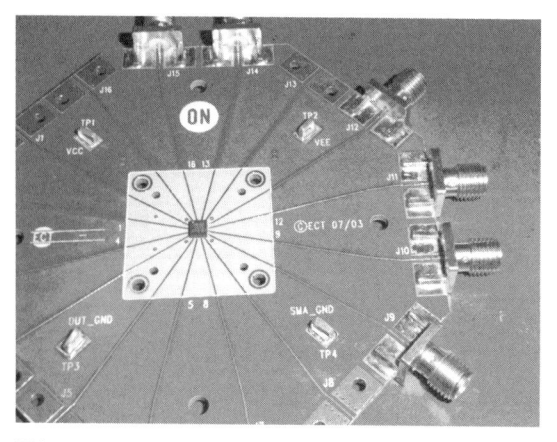

写真14-13 オン・セミコンダクターの高速電流デバイス評価ボード

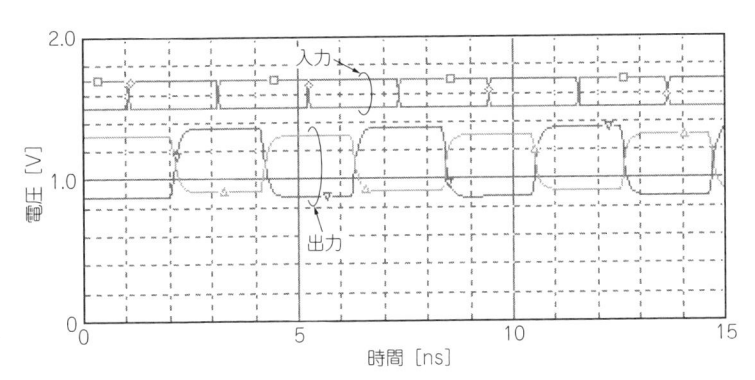

図14-13
図14-12の回路のシミュレーション結果

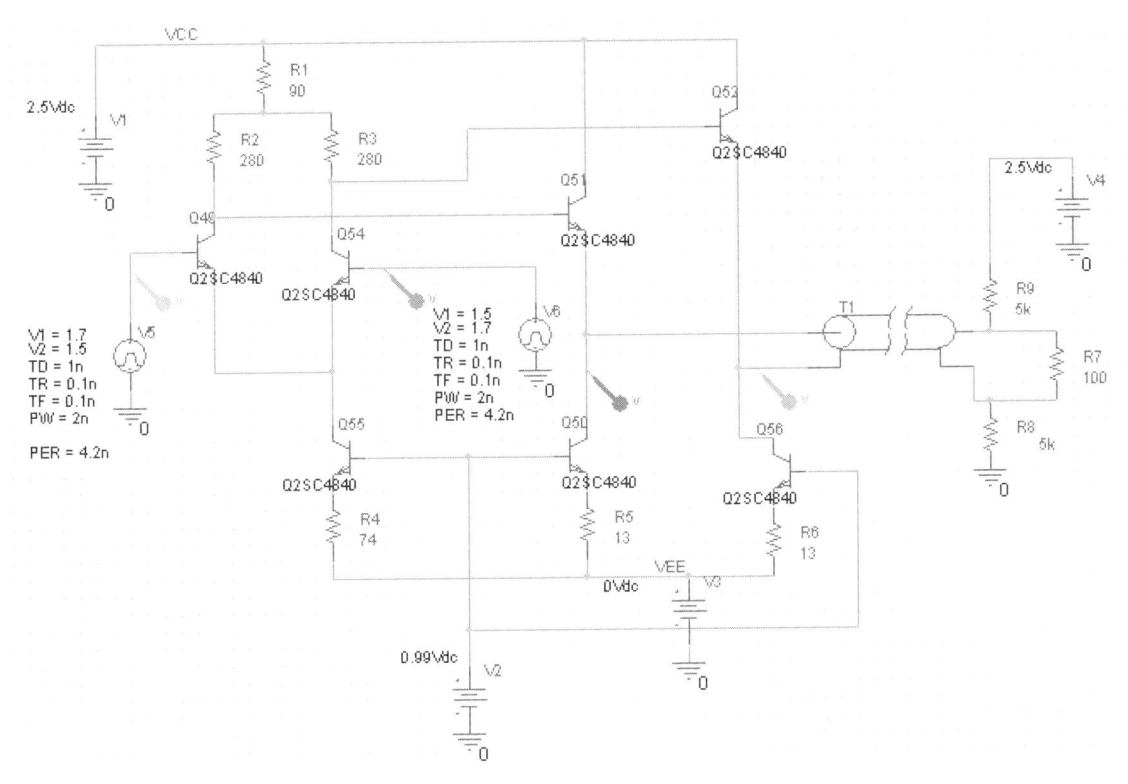

図14-14 高トランジション周波数トランジスタに置き換えたLVDS回路

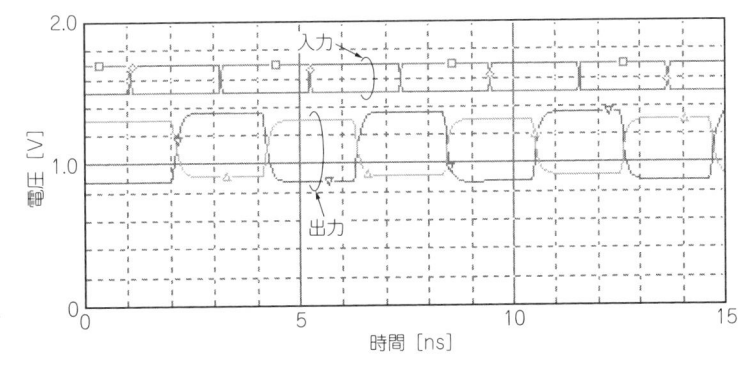

図14-15
図14-14のシミュレーション結果は思わしくない

確実に伝送できる差動回路を設計するには　137

ました．

　図14-13はこのトランジスタ・モデルを取り込んでPSpice評価版でシミュレーションした結果です．トランジスタ技術2005年10月号付属のCD-ROMに収録されていたバージョンを使用しました．

　655 Mbpsは327 MHzのクロック周波数に相当します．そこで，この回路のスイッチング・トランジスタのモデルをトランジョン周波数f_T = 10 GHzの高周波回路用トランジスタ2SC4840のモデルに置き換えてシミュレーションしてみました．

　図14-14にそのときの回路を，図14-15にシミュレーション結果を示します．オリジナルのトランジスタを使用した結果に比べると波形がなまります．単に周波数特性が数GHz帯域まで伸びているというだけのトランジスタでは，高速ロジックのスイッチに適していないことが分かります．高速スイッチング専用のトランジスタが必要なのです．

　メーカから提供されるIBISファイルの波形データと比較して差が小さいことを確認しておくとよいでしょう．

● LVDS以外の差動伝送も考え方は同じ

　汎用的なディジタル差動伝送ということから，本章はLVDSに絞って解説しました．LVDS以外の差動伝送方式の場合も，線路終端を除けば基本的な回路設計手法は共通の部分が多く，今回の内容はそれらの差動伝送方式の設計にも活用できる点が多いと思います．また，シミュレーションはPSpiceでしたが，LTSpiceにも応用可能です．

◆引用文献◆
(1) 志田 晟：ディジタル・データ伝送技術入門，2006年，CQ出版社．
(2) ADC08D1500データシート，ナショナル セミコンダクター（現在はテキサス・インスツルメンツ）．

（初出：「トランジスタ技術」2008年7月号）

Supplement
ギガビット用コモン・モード・フィルタの動作

写真1は，高速差動信号の線路用のコモン・モード・フィルタの例です．図1は同フィルタの形状図です．図1に示す等価回路で分かるように，ペアになった線がフェライト材の棒に巻かれた構造です．電極は四隅にあり，一方の一組の電極にペア線の入力側が，他方の一組に出力側がつながっています．

電源などに入れるコモン・モード・フィルタはフェライト・コアで巻き線間が磁気的に結合されています．コモン・モード成分に対しては磁束が加算されてインダクタとして働き，ノーマル・モードに対してはコアによる結合で巻き線間の磁束が打ち消され，インダクタンスは増えないという動作です(図2)[2]．

高速信号用コモン・モード・フィルタは差動線路に挿入されるとどのように働くのでしょうか[1]．図3のように，pとnで示した2本がペアになった線がグラウンド面上を走っている場合を考えます．pとnにはHが0.4V，Lが0Vの信号がそれぞれ相補的に通っています．これらの信号をここではノーマル・モードと呼びます．ペア線がグラウンド面からある程度離れているとすると，図4(a)で示すように，ペア線間で平均化した電位(0.2V)でグラウンド面からペア線が連続して浮いていると見なせます．

次にペア線で信号タイミングずれ，スキューがある場合を考えます［図4(b)］．ずれた部分でペア線とグラウンド間のコモン・モード電位が0.4V同士の時は0.4V，0V同士の時は0Vとなります．ずれたタイミングの時だけ対グラウンド電位が変化します．グラウ

写真1 高速信号用コモン・モード・フィルタの外形図

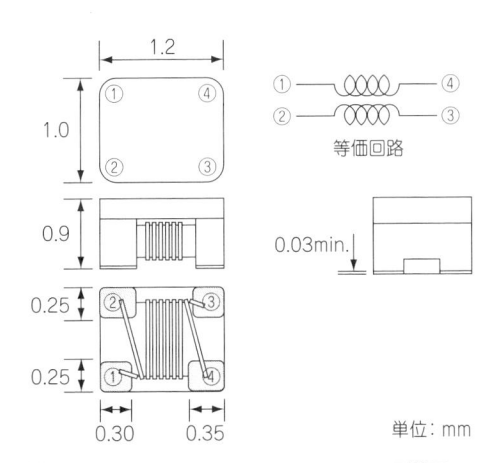

図1[2] 高速信号用コモン・モード・フィルタの形状図

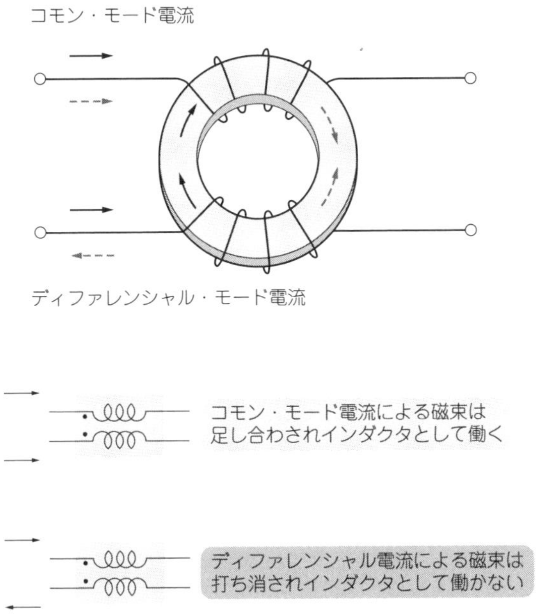

図2 コモン・モード・チョークコイルの動作原理

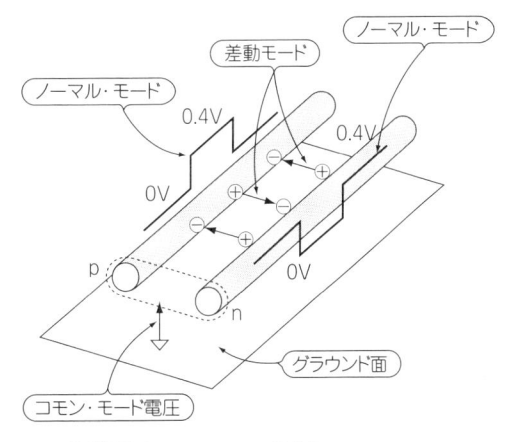

図3 差動線路とコモン・モード成分
⊕は平均電圧(0.2V)より高い電位，⊖は平均電圧(0.2V)より低い電圧を示す．

図4 スキューの影響

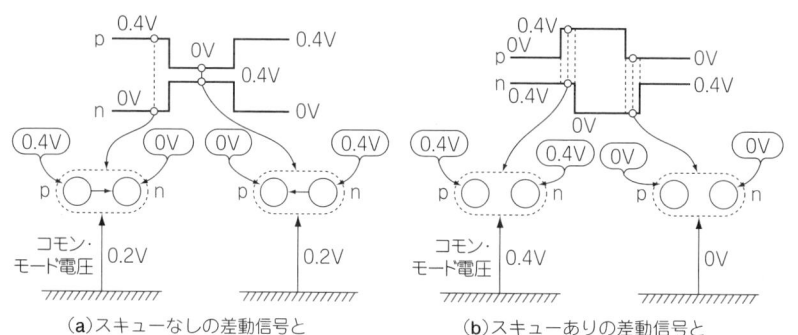

(a) スキューなしの差動信号とコモン・モード電圧
(b) スキューありの差動信号とコモン・モード電圧

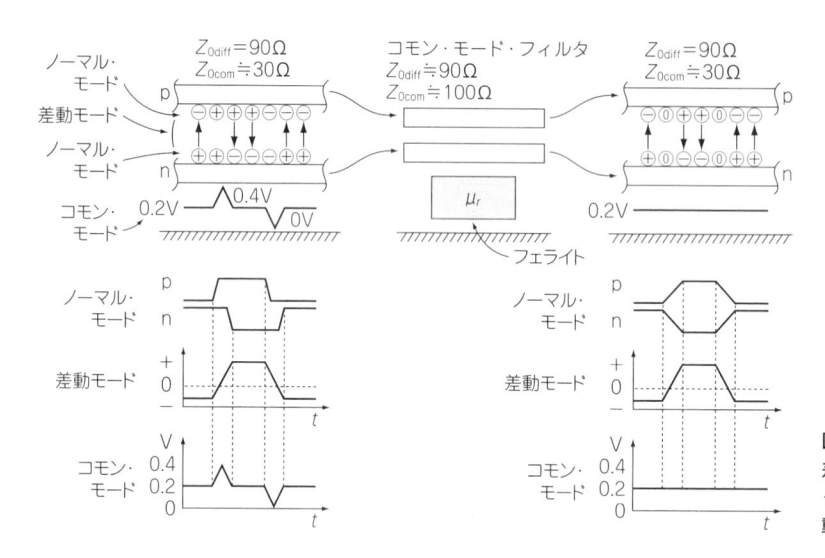

図5 差動線路用コモン・モード・フィルタによるコモン・モード成分の除去動作

ンド面に対してペア線をまとめた電位が変化する成分がACコモン・モード成分です．このようなメカニズムで，ペア線間のタイミングずれスキューがコモン・モード成分に変換されることが分かります．

数百MbpsからGbpsで使われるコモン・モード・フィルタは，**図1**のようにペア線路をフェライト棒に巻いた構造になっている場合が普通です．線路を延ばして考えると，**図5**の上の図のような構造に置き換えられます．ベタ・グラウンド層と差動パターン間がFR4の上を通ってきた後，コモン・フィルタの部分ではベタ層と線路間にフェライトが入ることになります．

線路の特性インピーダンス（第2章参照）は誘電体の比誘電率のルートに比例して低くなり，磁性体の比透磁率のルートに比例して高くなります．差動線路の差動特性インピーダンスの場合も同様の効果となります．フェライトは比透磁率 μ_r が高いため特性インピーダンスが高くなります．

差動線路用コモン・モード・フィルタ部分で，差動線路の特性インピーダンス（90Ω）が大きくずれると差動信号が通りにくくなります．このため差動信号に対して90Ωに近い特性インピーダンスになっている必要があります．フェライトなしの時の90Ωのペア線路そのままの断面形状（間隔）で比透磁率の大きなフェライトに密着させると，差動特性インピーダンスが大きくなってしまいます．そこでフェライトがない場合の特性インピーダンスが低くなるよう，ペア線を密着させた状態でフェライトに巻いています．なおフェライトの比透磁率は通常周波数によって大きく変化するため，使用する周波数帯域ごとにフィルタを選ぶ必要があります．また比誘電率が大きいフェライト材もあり，ここでの説明はフェライトの特性を簡単に比透磁率が大きい材質とした場合の話です．

一方，ペア線路とグラウンド面間を進むコモン・モード成分は，ペア線とグラウンド面間のコモン・モード特性インピーダンスで線路を進んできます．通常，差動特性インピーダンスが90Ωのペア線ではコモン・モードの特性インピーダンスは30Ω程度になっています．

コモン・モード成分は2本のペア線を同相の信号で進むため，線路の幅が約2倍の単線のマイクロストリップ線路のような状態と見なすことができ，単独の線路の1/2程度の特性インピーダンスに下がります．